Pauline de Bok

BEUTE

Mein Jahr auf der Jagd

Aus dem Niederländischen
von Gregor Seferens

C.H.BECK

Titel der niederländischen Originalausgabe:
«Buit. Een jachtjaar»

Originally published by Ambo | Anthos Uitgevers, Amsterdam

Die Autorin wurde für dieses Buch von der
Niederländischen Stiftung für Literatur gefördert.
Die deutsche Ausgabe wurde durch finanzielle Unterstützung
der Niederländischen Stiftung für Literatur ermöglicht.

Nederlands letterenfonds
dutch foundation
for literature

Namen von Personen und Orten in diesem Buch sind fiktiv.

Umschlaggestaltung: Rothfos & Gabler, Hamburg
Umschlagabbildung: © Mark Bridger / Getty Images
Satz: Fotosatz Amann, Memmingen
Druck und Bindung: GGP Media GmbH, Pößneck
Gedruckt auf säurefreiem, alterungsbeständigem Papier
(hergestellt aus chlorfrei gebleichtem Zellstoff)
Printed in Germany
ISBN 978 3406 72112 0

www.chbeck.de

Inhalt

Abschied von der Stadt

Heute hat das neue Jagdjahr begonnen. An der Brücke über die Erasmusgracht warte ich auf eine Freundin, tief in meinen langen schwarzen Wintermantel mit dem Kragen aus Kunstpelz gekuschelt. Ein strenger Westwind weht geradewegs durch ihn hindurch. Nur noch eine kurze Zeit, denke ich, nur noch eine kurze Zeit, und es kümmert mich nicht mehr, dann stiefele ich über die Felder, über matschige Äcker, durch Wälder und struppiges Gebüsch, auf der Suche nach Wild. Oder ich sitze gut eingepackt mit meiner Mauser in der Kanzel und habe etwas Besseres zu tun als zu frieren. Noch zwei Wochen, dann wohne ich wieder auf dem Land, in meinem mecklenburgischen Kuhstall. Diesmal bleibe ich ein Jahr, vielleicht auch länger.

Wenn ich in meiner Wohnung bin, schaue ich immer öfter aus dem Fenster, zum Markt auf dem Platz und der Kreuzung davor, mit den Haltestellen und davonfahrenden Bussen und den quietschenden Straßenbahnen, mit dem nicht endenden Strom von Autos, Fahrrädern und Fußgängern. Zur Bezirksverwaltung, wo Menschen ein- und ausgehen. Ich schaue zu den Frauen mit Kopftuch und ihren Einkaufswägelchen, den kichernden Mädchen und den unergründlichen Jungen, zu den Männern in Dschellabas, zu den Hipstern, zu den Alten hinter ihren Rollatoren, mit einem halben geschnittenen Weißbrot oder einem Netz Apfelsinen im Körbchen. Ich präge mir die Bilder ein, das ist meine Stadt, mein Viertel, hier lebe ich mit meinem Lebensgefährten Boom.

Kurze Zeit später stehe ich am Fenster auf der Rückseite und schaue auf die Grünfläche, die bis zur Gracht reicht, in der Ferne die Hochhäuser des neu entstehenden Wohn- und Büroviertels Zuidas, am Himmel Kondensstreifen von Flugzeugen, die auf dem Weg nach Schiphol sind. Unsere rechteckigen Stadtgartenbeete wirken noch winterlich. Wir haben bereits angefangen, sie für den nächsten Frühling vorzubereiten. Wir, das sind Leute aus dem Viertel, die gerne gärtnern, Gemüse züchten, Blumen pflanzen, Obst anbauen, die es lieben, in ihrer Freizeit in der Erde herumzuwühlen. Demnächst wird der zweite Teil des Zauns errichtet. Eigentlich wollten wir keine Zäune und kämpften daher jahrelang mit den Kaninchen. Wir hatten ungewollt ein Schlaraffenland für sie geschaffen.

Nein, die Stadt unternehme nichts dagegen, sagte der zuständige Beamte des Grünflächenamts, und wir dürften ihnen auch nicht zu Leibe rücken, das stehe nun einmal in der Gemeindeordnung. Amsterdam sei eine Stadt der Tierfreunde. Und ich bin eine Jägerin.

Jetzt, da ich den Anblick des kleinen Parks nur noch für wenige Tage habe, versuche ich nicht an die Kaninchenplage zu denken. Ich stelle mir die jungen Bäume grün und groß vor, die winterlichen Beete üppig bepflanzt, ich denke an die Vögel, die singen und Eier ausbrüten – nein, nicht nur die kreischenden Halsbandsittiche –, ich denke an die vielen Tierarten, die sich in der Stadt angesiedelt haben. Das funktioniert nicht von allein, auch wenn wir das gerne hätten.

Und ich denke sehnsüchtig an meine zweite Heimat mit ihren ausgedehnten Äckern, Buchenwäldern, tiefen Seen, Wallhecken, Toteisseen – wo die Landschaft die endlose russische Ebene bereits ankündigt und wo die Schneeglöckchen schon jetzt verblüht sein werden, wo die Vögel balzen und die Rehböcke ihre Geweihe fegen.

Wenn ich zurückkomme, hierher in die Stadt … mein Kopf bleibt leer, nichts weiß ich darüber, wie es sein wird, wenn ich wiederkomme, nur dass ich nicht mehr dieselbe sein werde. Ich gehe nicht weg, weil ich es in der Stadt nicht mehr aushalte, ich mag die Stadt. Ich gehe weg, weil ich zwei Seelen in meiner Brust habe. Ich weiß, welche die ältere ist, ich weiß nicht, welche die stärkere ist.

Frühling

Eine junge Bache

Als ich zum ersten Mal die kleine Waldwiese im Kublitzer Revier betrete, will ich mich gleich wieder umdrehen. Wie soll ich es hier stundenlang aushalten, umgeben von Bäumen, ohne Horizont, ohne Wild in der Ferne, das ich beobachten könnte, ohne Landschaft beinahe.

Aber das Wild macht sich nichts aus Landschaft, und zwischen den Bäumen und Sträuchern findet es Schutz und Nahrung. Also beschließe ich, der Wiese eine Chance zu geben, und klettere auf den Drückjagdbock am Rain, eine offene Kanzel aus Rundhölzern und Brettern.

Die jungen Buchen am Wegesrand stehen noch voll im dürren braunen Blatt, aber rundum blüht bereits der Schlehdorn. Er verbreitet einen so durchdringenden süßlichen Duft, dass mir davon schlecht wird und ich automatisch flach zu atmen beginne. Bis ich mich schließlich daran gewöhne. Vielleicht überlagert der Geruch ja sogar meinen eigenen. Das käme mir zustatten. Doch ich glaube, die Schweine riechen ihn heraus: Mensch, Gefahr, abhauen. Das hilft ihnen. Ihre Nase reagiert bestimmt auf andere Gerüche als meine Nase, sie riechen viel genauer, und sie haben ein phänomenales Gedächtnis dafür. Mein Hund beachtete früher auch nicht den betäubenden Duft der Veilchen im Gras, doch bei den schwachen Duftspuren einer Katze war er wie von Sinnen. Im Reich der Gerüche sind wir Menschen Banausen.

Vor mir, auf der Kirrung, hüpft eine Goldammer, neben mir trällert eine Nachtigall, Enten, Gänse und Kraniche fliegen lärmend über mich hinweg, ein Mäusebussard schwebt suchend vorüber. Scharf konturiert im grellen Gegenlicht hockt in der Spitze eines abgestorbenen Baums ein Vogel regungslos auf einem zackigen Zweig, wie eine japanische Tuschezeichnung.

Aus meinem linken Augenwinkel bemerke ich eine Bewegung. Aus dem Buchenbestand tritt eine junge Ricke und bleibt bei der Wagenspur stehen, durch die ich soeben gegangen bin. Sie schaut sich um, dreht ihre Ohrmuscheln, streckt die Nase in den Wind, lauscht, schaut, schnuppert, ein Muskelzucken läuft durch ihren Körper, sie wittert mich, will fliehen, tut es dann aber doch nicht, ruckartig dreht sie ihren Hals, beugt sich vor, durch und durch Aufmerksamkeit. Dann geht sie rasch den Pfad entlang, um die Kurve.

Ich sitze da und lasse die Zeit verstreichen, bis die Geruchsspuren, die ich unvermeidlich hinterlassen habe, schwächer werden, bis die Geräusche, die ich beim Hinaufsteigen auf den Hochsitz gemacht habe, verhallt sind, bis ich ein Teil der Umgebung werde.

Ein Frosch beginnt zu quaken, auf der anderen Seite der Wiese versucht ein anderer, ihn zu übertreffen, und in kürzester Zeit schwillt der Froschchor an. Die Paarungszeit der Wasserfrösche hat begonnen, und sie werden in den nächsten Wochen alles übertönen. *Cut*, mit einem Schlag ist alles ruhig, und für einen Moment kann ich lauschen, ob sich im Unterholz etwas rührt. Dann sind die Frösche erneut auf Brautschau und quaken wieder um die Wette. Ich versuche, an dem Lärm vorbeizuhorchen, durch ihn hindurch, dahinter, aber ich höre nichts. Vorläufig bin ich einzig auf meine Augen angewiesen.

Der Mond geht bleich über den Buchen auf. Und dann steht wie aus dem Nichts ein großes Wildschwein vor mir. Ich bin so überrascht, dass das Blut durch meine Adern schießt. Das Tier schaut sich um. Als wundere es sich selbst darüber, dass es auf einmal im letzten Licht steht. Es frisst von dem Lockfutter, schaut sich scheu um, frisst. Da, noch eins kommt aus den Büschen, um einiges kleiner, ein Überläufer, denke ich, gut ein Jahr alt.

Ganz vorsichtig greife ich nach meinem Gewehr, entsichere es, schalte den roten Lichtpunkt in meinem Visier an, lege den Lauf auf die Brustwehr. Ich ziele auf das kleine Schwein, das mir seine Flanke zeigt. Meine Hand ist ruhig, der rote Punkt liegt genau hinter seinem Schulterblatt. Aus dem Unterholz kommen noch drei weitere, unterschiedlich große Sauen. Ich warte. Vielleicht folgen ihnen ja noch Frischlinge. Immer das kleinste Wildschwein schießen, so lautet die Regel.

Die Schweine schlendern umher, sie machen sich noch nicht hemmungslos über die Maiskörner her. Sie bleiben am Rand, in der Nähe der Sträucher. Immer wieder schauen sie auf. Wittern sie mich?

Es ist eine Rotte. Es müssen noch Frischlinge kommen. Die großen Bachen bleiben aufmerksam. Was sie wittern, ist mir ein Rätsel. Eine stößt einen Schrei aus – der mich erschreckt –, springt auf und verschwindet hastig in den Sträuchern. Zwei andere folgen ihr sofort. Jetzt stehen nur noch zwei auf der Wiese. Viel Zeit bleibt mir nicht mehr. Vielleicht kommen sie später wieder, mit der ganzen Rotte, aber die Dunkelheit setzt unweigerlich ein, und der Mond spendet noch nicht genug Licht. In meinen Ohren rauscht es, meine Augen sehen nichts als die beiden Schweine, nein, jetzt ergreift auch die große Bache die Flucht. Der kleine Überläufer schaut auf, nur noch ein paar Maiskörner, scheint er zu denken.

Jetzt oder nie.

Jetzt.

Schnatternd, kreischend und piepend schreckt die Tierwelt auf. Das Wildschwein liegt. Ich sah es fallen. Bumm. Tot. Oder nicht? Das Tier fängt an, mit den Hinterläufen zu strampeln, als wollte es, auf dem Rücken liegend, davonlaufen, die Schalen Richtung Himmel. Hab ich es lahm geschossen? Oder sind das Todeszuckungen? Die Bewegungen werden schwächer, und da, jetzt hören sie auf.

Mein Blickfeld verbreitert sich, ich kehre zurück auf die Wiese, zum Hochsitz, in meinen eigenen Körper. Ich hab's geschafft. Abend für Abend saß ich wie ein Heckenschütze in der Landschaft, um nun dieses Wildschwein zu schießen.

Im nahe gelegenen Dorf wird der eine oder andere aufgeschaut haben. Da, ein Schuss, ein Jäger. So wie ich es auch schon seit Jahren machte: in der Abgeschlossenheit des eigenen Hauses, wo es behaglich ist, wird einem kurz bewusst, dass dort draußen in der unendlichen Landschaft, in der Stille und der Leere, ein Tier getötet wurde. Von einem Menschen. Für einen Moment fällt man aus der Zeit.

Ich steige vom Hochsitz hinunter und gehe zu meiner Beute.

«Ich hab's gehört», sagt Maik Rojahn, als ich ihn anrufe. Er ist der neue Kublitzer Berufsjäger, Ende zwanzig, einer von hier, einer, der wenig Worte macht, mit einer alten Jägerseele. «Du warst das also.» Er kommt mit seinem Pick-up, so dass ich das tote Schwein nicht allein Hunderte von Metern über den matschigen Weg zu meinem Auto schleifen muss.

Wie kompakt, hart und stark ein solches Wildschwein ist, das imponiert mir. Ich hebe einen Hinterlauf hoch: eine Bache. Ich betrachte die Zitzen, sie sind ganz leicht angeschwollen. «Diese Bache hat entweder gerade geworfen oder die Jungen sind noch drin», sagt Maik, als er kurze Zeit später das Tier betrachtet. Er zieht an einer Zitze. «Keine Milch. Sie sind noch drin.»

Erschrecke ich jetzt? Ein wenig. Aber ich denke vor allem: Schwein gehabt. Denn wenn die Bache bereits geworfen hätte, dann würden jetzt irgendwo gerade geborene Frischlinge zugrunde gehen. Dann hätte ich einen großen Fehler gemacht, auch wenn äußerlich an dem Überläufer nichts zu sehen war. Die Grenze zwischen richtig und falsch ist manchmal nur eine Frage von Glück oder Pech. Darum schießen Jäger im Frühling am liebsten Frischlinge, die höchstens ein paar Monate alt sind. Überläuferbachen könnten bereits beschlagen sein, so wie die Sau, die ich soeben getötet habe.

Wie dem auch sei, ich habe Glück gehabt, auch wenn das Erlegen einer hochbeschlagenen Bache hart an der Grenze ist. «Ich würde dies nicht rumposaunen», sagt Maik. Föten ums Leben zu bringen ist, und sei es als Kollateralschaden, ebenfalls ein Tabu. Jedenfalls schweigen Jäger eisern in einem solchen Fall. Nüchtern betrachtet habe ich mit einem Schuss eine ganze Reihe von Wildschweinen getötet. Vom Standpunkt der Schadensbekämpfung aus betrachtet ist das sehr effizient. Und auch was die Vermeidung von Tierleiden angeht, gibt es nichts zu bemängeln: Sie waren auf der Stelle tot. Aber weil ungeborenes Leben verletzlich ist, weckt es den Beschützerinstinkt, vor allem wenn ein Fötus bereits lebensfähig ist.

Maik sucht lieber Zuflucht in einer allgemeinen Jägerweisheit: «Wer als Erster kommt und als Letzter geht, ist der Dümmste.» Der geht als Erster drauf, will er damit nur sagen.

Wir nehmen die Bache bei den Läufen und schwingen sie auf die Ladefläche.

Kehle über dem Kehlkopf aufschärfen, ein gerade Schnitt, ziemlich tief, durch eine Fettschicht hindurch. Den Knorpel vom Zungenbein lösen, damit ich nachher Halt habe.

Jetzt der Bauch: Die Schwarte aufschärfen, das Bauchfell, vorsichtig, nicht das Gedärm beschädigen, das quillt immer schon hervor, ehe ich meine Finger in die Bauchhöhle schieben kann. Doch diesmal nicht, diesmal quillt etwas anderes hervor, eine weiße Haut mit etwas Grauem darin. Ein Fötus. Ich schlucke, für das Aufbrechen spielt es keine Rolle – los, schüttele es von dir ab –, ich benötige meine volle Konzentration für die «rote Arbeit», für das Aufbrechen.

Mit der Handfläche nach oben schiebe ich Zeige- und Mittelfinger in die Öffnung und spanne die Haut, setze die Messerspitze mit der Schneide nach oben zwischen meinen Finger an, um so die Bauchwand aufzuschärfen. Das Messer flach halten, damit ich die Eingeweide nicht durchsteche. Als die Öffnung groß genug ist, ziehe ich die Gebärmutter heraus, um Platz zu schaffen, zwei, drei, vier Föten zähle ich in der Eile. Sie stecken jeweils in einer eigenen Fruchtblase, hintereinander, wie in einer Drehmühle, mit einem Trampolin in der Mitte. Weiter jetzt.

Mit Messer und Wildzange öffne ich den Brustkasten, ich schwitze. Dann das Pièce de résistance, das Schloss, auch Schambeinfuge genannt. Ich fühle, wo das Schloss ist, nehme die spezielle Säge, die verhindert, dass man die Eingeweide beschädigt, und säge, bis der Knochen durchgetrennt ist. Ich ziehe am Pürzel, breche und schärfe auf zwei Seiten am Knochen entlang den Anus los. Jetzt ist das Schwein von oben bis unten geöffnet. *Siehe, der Mensch*, denke ich plötzlich grimmig, was natürlich Unsinn ist, aber näher komme ich meinem eigenen Innern nicht. Rehe und Hirsche sind wie Kühe Wiederkäuer und haben vier Mägen und keine Gallenblase.

Ich ziehe den Kehlkopf samt Speise- und Luftröhre nach unten, nehme dabei mit vollen Händen die Lungen und das Herz mit. Am Zwerchfell schneide ich einen der beiden Pfeiler ab, mit denen es am Bauchfell befestigt ist, und stecke ihn in einen Beutel für die Trichinenschau. Später kommt da noch ein Streifen Muskelfleisch aus einem Vorderlauf hinzu.

Dann weiter. Es ist ein Wunder, wie schön sich alles mit entschlossen zugreifenden Händen am Rücken entlang herausnehmen lässt. Wenn man ein paar Mal ein Tier aufgebrochen hat, weiß man, wie viel Kraft man braucht, um die inneren Organe mit einem Ruck herauszulösen und Magen, Leber, Milz, Nieren, Blase und Därme aus der Leibeshöhle zu ziehen. Brust- und Bauchraum sind anschließend sauber und leer.

Jetzt zuerst die Leber retten. Sie sieht gut und gesund aus, ich stecke meine Messerspitze unter dem Gallenleiter durch, mache einen Schnitt, schiebe meine Finger darunter und ziehe die Gallenblase vorsichtig ab. Alles, was mit Galle in Berührung kommt, ist ungenießbar. Dann die Nieren. «Nimmst du die auch mit?» Maik macht ein angewidertes Gesicht, er isst keine Innereien. Jetzt den Rest kontrollieren. Leber und Milz sind glänzend, dunkel, scharfkantig und nicht vergrößert.

Die Organkontrolle kenne ich von meinem Vater, der so regelmäßig herauszufinden versuchte, woran ein Tier gestorben war. Begriffe aus meiner Kinderzeit: Großer Leberegel, Milzbrand, Bandwurm, Endoparasiten. Wenn ich die Gelegenheit hatte, stand ich neben ihm und sah zu: die dampfenden warmen Eingeweide, der eisenartige Geruch von Blut und der intensive frische Kotgestank, wenn mein Vater die Därme aufschnitt. Ich sog ihn ein, ich sog ihn ein. Jetzt wieder, ein altbekannter Geruch.

Die Kugel hat Herz und Lunge durchbohrt. Ich werfe beide in den Trog mit dem Aufbruch. Schade, am liebsten hätte ich sie mitgenommen. Rasch schärfe ich noch den Magen auf, um nachzusehen, woraus die Henkersmahlzeit des Schweins bestand: ein grünlicher, bröckeliger Brei, hier und da zermalmte Maiskörner.

Zum Schluss mache ich einen Schnitt zwischen den Knochen und

Sehnen eines Hinterlaufs, und wir hängen die Bache an den Haken. «Moment», sagt Maik. Er nimmt sein Messer und schneidet auf beiden Seiten entlang der Bauchöffnung zwei dicke, wabbelige Streifen ab und wirft sie weg. «Sieht besser aus.» Ach ja, die Milchleisten. Die Waage zeigt achtundzwanzig Kilo an. Fertig. Für zwei Euro pro Kilo gehört das Schwein mir.

Als es im Kühlraum hängt und Maik die Papiere fertigmacht, suche ich im Aufbruch nach der Gebärmutter, oder eigentlich nach den Föten. Sie liegen unter einem Berg von Därmen: Das war's also, sie haben nie in der Außenwelt gelebt, sie existieren nicht, es hat sie nie gegeben. Es gibt nichts zu vergessen.

Oder doch. Wenn ich die Gebärmutter aufschärfe. Heimlich schaue ich zu Maik hinüber. Dann steche ich mit dem Messer in eine der Fruchtblasen, ich werde doch nicht wegschauen. Ich will mir bewusst machen, dass ich fünf Schweine auf einen Schlag getötet habe – hinsehen!

Ich drücke ein glitschiges Tierchen aus der Fruchtblase. Es ist grau, alles an ihm ist grau, als wenn es erst im Licht Farbe bekommen hätte. Ganz schwach zeichnen sich Längsstreifen auf seinem Rücken ab. Es ist fast zwanzig Zentimeter lang, sehr dünn, und sein Kopf wirkt merkwürdig groß. Ich öffne das Maul – das mir aufgesperrt seltsam vertraut ist, die scharfen Zähnchen –, auch die Zunge ist grau. Die Augen sind noch geschlossen. Ich schneide einen zweiten Fötus aus seiner Fruchtblase, das Fruchtwasser fließt klar auf den Boden. Auch Nummer drei und vier schneide ich heraus, ich will sie nicht wie Müll, wie Eingeweide für die Raubtiere draußen hinwerfen, ohne sie als die lebenden Wesen gesehen zu haben, die sie waren, bereit, geboren zu werden. Dann werfe ich sie mit dem Aufbruch, der noch auf dem Boden liegt, in den Trog.

Als ich die Leber der Bache in den Kühlschrank lege, schießt mir durch den Kopf: Warum hast du nicht auch die Lebern der Föten herausgeschnitten? Sie sind bestimmt ganz zart. Plötzlich traue ich mich kaum, diesen Gedanken weiterzudenken.

Zeugt Wegwerfen von mehr Respekt? Mir fällt eine Szene aus *Das dunkle Schiff* des deutsch-iranischen Schriftstellers Sherko Fatah ein, in der ein Restaurantbesitzer eines Tages seinen Sohn mit zu einem guten Freund nimmt. Er bittet ihn, sein köstlichstes Gericht für den Jungen zuzubereiten. Der Mann geht in die Küche und kehrt nach einer Weile mit dem Essen wieder. Dem Jungen knurrt inzwischen vor Hunger der Magen, und er isst mit viel Appetit, während die Männer gespannt zusehen: Und? Er wagt es nicht, etwas zu sagen. Daraufhin erklärt der Freund: «Dieses Lamm war noch nicht geboren.» Der Junge versteht nicht so recht. «Es war noch im Mutterleib.» «Daher», ergänzt sein Vater, «ist es so zart», und er ermuntert ihn, noch mehr zu essen. Aber der Junge schmeckt nichts mehr, das Fleisch scheint in seinem Mund zu schmelzen.

Dann beginnt der Vater zu reden. Das Lamm schmecke so gut, sagt er, weil es nur wenig Zeit in sich aufgenommen habe, es sei seinem Ursprung, seiner Schöpfung noch sehr nahe gewesen. Und er ergeht sich über die Kraft des Ursprungs und wie sich alles unweigerlich davon entfernt, der Verlust der Jugend und das Sterben und schließlich der Zerfall zu Staub.

Jahre später fällt dem Jungen, der inzwischen zum Dschihadisten geworden ist, die mystische Predigt seines Vaters wieder ein, und er versteht zu seinem Bedauern immer noch nicht, welche Lehre er daraus hätte ziehen können. Er erinnert sich, dass er reglos auf seinen Teller mit den Essensresten gestarrt hat und dass das Lammfleisch, in Bedeutung getunkt, ihm schwer im Magen gelegen hat. Zum ersten Mal hatte er Abscheu vor Essen empfunden, und dieses Gefühl war nie mehr ganz verschwunden. Von diesem Moment an, so denkt er, sei er ein Gefangener der Zeit gewesen.

Zu Hause nehme ich das Buch aus dem Regal. Ich meinte mich zu erinnern, dass der Junge sich übergeben hat, als er hörte, was er gegessen hat. Wie sich zeigt, stimmt das nicht, aber vielleicht musste ich würgen, als ich das Buch übersetzte, weil es ein Tabu in mir selbst berührte.

Nämlich dass man kein ungeborenes Leben isst, weil dies eine Schändung des Allerverletzbarsten ist, eine Schändung des Lebens, das es beinahe gibt. Gerade weil zwischen Ursprung und Ende fast keine Zeit vergangen ist, weil die Zeit es noch nicht angetastet hat. Aber deshalb könnte man das Verspeisen des Lamms oder der Schweinchen ebenso gut als eine Ehrenbezeugung gegenüber dem Ursprung des Lebens betrachten, gegenüber der Schöpfung, oder – im Weltbild des irakischen Vaters – gegenüber dem Allmächtigen, kommt mir jetzt in den Sinn. Nicht dass ich in diesen Begriffen denke, aber ich kann nichts dagegen tun, dass mir jetzt angesichts des ungeborenen Lebens ein wenig feierlich zumute ist. Und ich betrachte es lieber und würde es lieber essen, als es achtlos in den Müll zu werfen.

Befremdet hat mich die kreisförmige Anordnung, in der die Föten hintereinander lagen. Ich ging davon aus, dass sie kreuz und quer in der Gebärmutter verteilt wären. Noch nie hatte ich eine Gebärmutter mit Jungen darin gesehen. Ich hatte sie nur erfühlt.

Mein Vater fluchte und erhob sich aus dem Stroh. «Es geht nicht, das verdammte Tier ist zu eng, ich komme nicht mit der Hand ran.» Der Bauer schwieg, er wusste auch nicht weiter, er hatte den Tierarzt schließlich nicht umsonst gerufen. Die junge Sau lag langgestreckt in ihrer offenen Box, als ginge sie das alles nichts an.

Mein Vater tauchte seinen schleimig-blutigen Arm in einen Eimer mit warmem Wasser und trocknete ihn stirnrunzelnd ab. Dann schaute er mich an, als sähe er mich an diesem Tag zum ersten Mal, und sein Gesicht hellte sich auf. Er nahm meinen Arm und betastete ihn. «Vielleicht solltest du mit deinen dünnen Armen es einmal versuchen.»

Ich nickte. «Meinetwegen.»

«Krempel den Ärmel hoch», sagte mein Vater, während er nach der Speiseölflasche griff, «und halte die Hand auf, nein, die andere.» Er goss einen Schuss Öl in meine Handfläche, und ich wusste, was ich nun zu tun hatte: meinen rechten Arm mit Öl einreiben, damit er glatt wie ein Aal wurde.

Ich kniete mich hinter der Sau ins Stroh, das vom Fruchtwasser nass war, und tat, was ich meinen Vater schon so oft hatte tun sehen. Ich legte meine Finger ganz eng aneinander, so dass meine Hand ganz schmal und spitz wurde, und steckte sie in die glibberige Scheide der jungen Sau. Es fühlte sich warm und fest an, ich schob meine Hand durch den Tunnel hinein.

«Fühlst du etwas?», fragte mein Vater. Ich schüttelte den Kopf, obwohl ich spürte, dass der Tunnel sich bewegte, dass er fester und weiter wurde. «Tiefer hinein.»

«Jetzt», rief ich, «ein Köpfchen, glaube ich.»

«Versuche mit der Hand darüber hinweg zu langen und klemme die Finger hinter die Ohren.» Mein Vater machte eine Hakenbewegung mit seiner Hand.

Ja, ja, nickte ich, sprachlos vor Anspannung.

«Und jetzt gut festhalten und ziehen!» Meine Hand rutschte ab. «Gut festhalten, sagte ich doch», herrschte mein Vater mich an.

Ich versuchte es noch einmal. «Es bewegt sich», sagte ich.

«Jetzt festhalten.»

Das Ferkel rutschte ein wenig nach vorn, ein kleines Stück nur. «Es steckt fest», sagte ich beklommen. Meine Finger hatte ich hinter die Ohren gehakt, und ich zog mit aller Kraft. Nichts. «Ich schaffe es nicht», winselte ich. Ich zog und zog, bis ich keine Kraft mehr in den Fingern hatte.

«Lass gut sein», sagte mein Vater und verbiss sich seine Verärgerung. Sein Arm war zu dick und meiner nicht kräftig genug. Ein Kaiserschnitt wurde damals beim Vieh noch nicht gemacht.

Wie die Sache ausgegangen ist, weiß ich nicht mehr.

Nach etwa fünf Tagen rufe ich Maik an und sage, dass ich das Schwein abholen will. «Du kannst es auch hier abschwarten und zerlegen», meint er. «Ich könnte dir dabei helfen.»

«Nein», erwidere ich, «aber vielen Dank. Beim letzten Mal habe ich gut aufgepasst, diesmal will ich es alleine machen.» In meinem Tempo, denke ich hinterher, meine eigenen Probleme haben, niemand dabei, der mir auf die Finger sieht, den Kopf schüttelt und mir die Arbeit abnehmen will.

Gemeinsam heben wir das tote Wildschwein in den Kofferraum meines Wagens. Ich frage mich, wie ich es da nachher wieder herauskriegen soll, sage aber nichts. Maik reißt einen Durchschlag des *Wildursprungsscheins* mit dem Trichinenstempel des Tierarztes ab. «Hier.» Seinem Gesichtsausdruck ist nichts zu entnehmen. Ich bezahle.

Zu Hause fahre ich mit dem Auto bis an die Stalltür. Jetzt nicht wie eine Irre drauflosschleppen, ermahne ich mich. Langsam, mit Überlegung, sonst hab ich's nachher im Rücken. Ich darf der Schwerkraft keinen Zentimeter überlassen, denn das macht die Distanz, die ich überbrücken muss, nur größer. Ich stelle die Schubkarre an den Kofferraum und ziehe an den Vorderläufen, bis der Kopf und die Schulterpartie, der schwerste Teil des Schweins, in der Wanne liegen. Die Hinterläufe und der Rest bereiten weniger Probleme.

Die Aluminiumleiter, die auf den Heuboden führt, steht mitten im Stall an einen Dachbalken gelehnt, die unteren Holmenden in einer schmalen Jaucherinne; besser geht es nicht. Ich stelle die Schubkarre dahinter ab, jetzt beginnt der Kraftakt: Wie kriege ich das Schwein auf die Leiter? Ich schiebe einen Fleischerhaken durch die Schnitte an den Hinterläufen, hebe einen Lauf an und hake ihn so hoch wie möglich an eine Leitersprosse. Die Schubkarre schwankt kurz, bleibt aber stehen. Dann den anderen Lauf. Ich betrachte das Ganze aus ein paar Schritten Entfernung. Längst nicht hoch genug. Abwechselnd zerre ich die Haken eine Sprosse höher, ich zittere vor Anstrengung, denn ich muss die Last mit den Händen über den Kopf heben. Jetzt hängen die Haken an der sechsten Sprosse, doch wenn ich die Schubkarre wegfahre, liegt der Kopf des Schweins auf dem Boden, und ich muss es in gebückter Haltung zerlegen.

Die Trittleiter. Immer, wenn ich die Trittleiter zur Hand nehme, schießt es mir durch den Kopf, dass damit die meisten Unfälle im Haushalt passieren. Ich bin auf der Hut. Ich stelle die Trittleiter ganz nah an das Schwein und steige hinauf. Jetzt die Kraft nicht schräg gerichtet ansetzen, so dass der Tritt unter meinen Füßen wegrutscht. Ich bekomme den Haken nicht hoch genug und müsste eigentlich ein Seil suchen, um es über eine höhere Sprosse zu führen, wie eine Art primitiver Flaschenzug. Noch ein einziger Versuch … geschafft. Es geht also doch, jetzt den zweiten Haken.

Als der Kraftakt beendet ist, wetze ich die Messer und lege alles, was ich brauche, auf einen Biertisch. Genau wie mein Vater, der seine Instrumente bereitlegte, ehe er ein Tier operierte. O ja, noch einen Eimer mit warmem Wasser. Und den YouTube-Clip, den ich mir endlos angesehen habe. Ich mache ihn drinnen am Bildschirm abspielbereit für den Fall, dass ich nicht mehr weiterweiß.

Ein Schwein schwartet man nicht einfach ab, indem man ihm wie einem Reh oder Hasen die Haut abzieht. Man muss sie nach und nach losschneiden. Die Bache befand sich gerade im Wechsel vom Winter- zum Sommerfell, die Borsten sind also locker. Schade, diese Schwarte kann ich nicht gerben lassen. Ich träume von einem eigenen Wildschweinfell auf dem Fußboden. Aber an dieser Schwarte kann ich zumindest gut üben, denn ich rutsche immer noch ab und zu aus und zerschneide die Haut. Im Laufe der Arbeit entwickele ich ein Gefühl dafür, wo die Fettschicht dünn ist. Meine Hände sind so glitschig vom Fett, dass ich die Haut kaum straff ziehen kann, um das Messer schräg anzusetzen. Ich gehe in meiner Tätigkeit vollkommen auf und habe keine Ahnung, wie lange ich beschäftigt bin. Ich schwarte das Tier ab, bis ich bei den Tellern angekommen bin und die Haut auf links gedreht über dem Kopf hängt. Mit dem Plastiksack auf dem Betonboden darunter sieht das Tier aus wie ein Kunstobjekt: eine glänzend weiße wächserne Sanduhr über einer himmelblauen Fläche, aus dem After fließt ein dünnes Blutrinnsal. Einen Tick abstrakter, und der Tod ist meilenweit weg. Ich mache ein Foto.

Nachdem die Haut ab ist, muss der Schädel runter. Zuerst rund um den Hals durchschneiden, das Messer gleitet mühelos durch das Fleisch. So fühlt sich das also an. Plötzlich ist da der Henker des Islamischen

Staats mit seinem Messer neben einem knienden Mann mit verbundenen Augen.

Mit beiden Händen packe ich den Schweinekopf und drehe ihn ruckweise nach links und nach rechts, bis die Wirbelsäule knackt, dann noch zwei weiche Stränge zwischen den Wirbeln durchtrennen, und der Kopf fällt ab.

Zerrend und ziehend drehe ich das tote Tier um. Jetzt beginnt die Fleischverarbeitung. Zunächst grob zerlegen, das ist eine mühsame Arbeit. Ab und zu gehe ich mit meinen blutigen Sachen ins Haus, um mir den Film anzusehen. Es scheint ganz einfach zu sein, aber der Mann mit dem Messer ist natürlich ein Fachmann, der schon tausende Mal ein Wildschwein zerlegt hat. Wenn es mir nicht gelingt, das Messer ebenso geschmeidig an den Knochen entlangzuführen oder zwischen den Häuten hindurchgleiten zu lassen, was mache ich hier dann eigentlich? Ein schönes, frisches Stück Wild verderben, bis nur noch malträtierte Fleischklumpen übrig sind, aus denen ich höchstens Gulasch machen kann? Wegen des geronnenen Bluts kann ich nicht einmal mehr genau erkennen, wo die Filets sind, aber schließlich kriege ich sie doch sauber aus den Lenden. Sonntagsbraten war das früher, eins lege ich für nachher beiseite.

Mit der großen Astschere trenne ich die Rippen rund sechs Zentimeter von den Rückenwirbeln entfernt durch. Dann zerschneide ich den Rücken in ein paar lange Rippenstücke. Die Knochen kosten am meisten Kraft, und das, obwohl das Wildschwein noch jung ist. Es ist fraglich, ob ich mit einem erwachsenen Wildschwein alleine fertig werden würde. Angespannt arbeite ich weiter. Am späten Nachmittag ist die Hälfte in pfannenfertige Stücke zerlegt, der Rest ist für Festmähler: eine ganze Hinterkeule, ein Strang Koteletts, ein Nackenstück.

Schön bequem, diese großen Stücke, stundenlanges Garen im Backofen. Auch wenn ich jetzt lieber nicht daran denke. Ich bin erschöpft und muss auch noch aufräumen. Alles ist voller Blut. Mein Blick fällt auf den Kopf.

Irgendwann einmal, so nehme ich mir vor, verarbeite ich den Kopf zu saurer Sülze oder Panhas oder schneide zumindest den Kinnbackenspeck und die Wangen heraus. Es ist dumm, das leckerste Muskelfleisch achtlos wegzuwerfen. Die Wangen, die braucht man zum Kauen, die sind fest und appetitlich. Jetzt also doch noch? Ich schaue wieder zum Kopf hinüber, und plötzlich widerstrebt es mir, da jetzt noch mit dem Messer ranzugehen.

Der Schädel dieser Bache kommt auf jeden Fall in die Wohnzimmervitrine, tröste ich mich, zu dem Marder, den ich einst halbverwest in der Glaswolle in der Decke gefunden habe, zu den Wildtierschädeln, die der Hund angeschleppt hat, zu dem Unterkiefer mit Zähnen, zu dem Fuchsschädel, der Stachelhaut eines Igels und der abgeworfenen Haut einer Ringelnatter – und zu meiner eigenen Beute.

Aber zuerst kommt er ein Jahr in die Erde, damit die Würmer ihn blank fressen. Vor dem Wein an der Stallmauer grabe ich ein Loch und lege den Kopf hinein. Anschließend werfe ich Erde darauf und decke das Ganze mit einem großen Feldstein ab. Im nächsten Frühling werde ich ihn wieder ausgraben.

Als das Sonnenlicht die Welt bereits in warme Farben taucht, steht nur noch der Mörtelkübel mit den Schlachtabfällen im Stall. Das ist der letzte Akt, der muss noch weg. Ich hebe ihn in die Schubkarre und gehe wieder nach draußen. Unentschlossen: Grabe ich ein weiteres Loch oder kippe ich den Abfall irgendwo in die Sträucher, damit sich die Füchse, die Raubvögel und die Wildschweine daran gütlich tun? Das machen viele Jäger, der Abfall ist Aas, und in der Natur leben Aasfresser. Ganz einfach. Aber ich habe gelesen, dass das nicht erlaubt ist. Mit einem Mal habe ich genug von all den Fragen darüber, was erlaubt ist und was nicht und was ökologisch am besten ist. Ich will vor dem Ofen auf dem Sofa liegen.

Ich fahre die Schubkarre an den Rand des Grundstücks und kippe den Wanneninhalt in die Sträucher. Eine kleine Weile beobachte ich den Sonnenuntergang, den ganzen Tag über bin ich im kühlen, düsteren Stall gewesen. Mein Magen knurrt. Mir fällt das Filet ein. Werde ich es jetzt gleich essen?

Ich darf nicht daran denken, ich habe heute zu viel Fleisch gesehen. Es ist ekelerregend, die Einblutungen infolge des Schusses, die Fleischklumpen, die Lappen und Häute, der zerstörte Körper, nur um ihn aufzuessen, nein, heute esse ich ausschließlich Gemüse. Eine Zeitlang betrachte ich noch den Himmel. Ach, ich bin einfach nur fix und fertig, und als ich nach drinnen komme, lasse ich mich der Länge nach aufs Sofa fallen.

Ein Schaudern weckt mich. Es ist kalt und dunkel im Zimmer, ich bin allein. Ich starre an die Decke, und plötzlich überkommt mich wieder der Schreck, der mich an dem Abend packte, als ich die Bache schoss. Auf dem Nachhauseweg schaute ich auf die Uhr im Armaturenbrett: neun Uhr. Und welches Datum hatten wir? 4. Mai. Und wann hatte ich das Schwein erlegt? Eine Stunde zuvor. Also? Also möglicherweise während der beiden Schweigeminuten anlässlich des Totengedenkens. In dem Moment, als Boom mit Tausenden anderen Menschen in Amsterdam bei irgendeinem Mahnmal stand. Siebzig Jahre nach dem Ende des Krieges, auch das noch, und ich erschieße in Deutschland ein Wildschwein.

Ich setze mich hin, missmutig, der Rücken ist steif. An meiner Taille juckt schon den ganzen Nachmittag etwas, wie mir jetzt bewusst wird. Seufzend stehe ich auf, um mir einen Handspiegel zu holen. Tatsächlich, eine Zecke, vielen Dank, mein liebes Schwein. Mit einer Pinzette versuche ich, das Insekt herauszuziehen, kann aber nicht weit genug um meinen eigenen Körper herumsehen. Ich muss die Augen so verdrehen, dass mir schwindlig wird. Knack, sagt mein Nacken, und noch einmal, knack, und ich denke an das Schwein: knack, habe ich ihm die Wirbelsäule gebrochen. Während ich mich drehe und winde, um die Zecke zu fassen zu bekommen, summt plötzlich etwas alarmiert unter meinem Schenkel hervor: eine Hornisse, auf die ich mich um ein Haar draufgesetzt hätte. Sterbenstrunken fliegt sie mir ins Gesicht, ich schreie auf vor Schreck.

Streunen

Einer Traktorspur folgend überquere ich das Getreidefeld in Richtung der Grenze zu Brandenburg, die ein dichter Streifen blühender Schlehen markiert. An dieser Hecke entlang stiefele ich dem Wind und der untergehenden Sonne entgegen. Ich bin auf der Suche nach Damwild, meistens liegt um diese Zeit hier irgendwo ein Rudel und ruht sich aus. Vor allem hoffe ich, das weiße Alttier zu finden, dieses Jahr habe ich es noch nicht gesehen. Hoch über dem Land gehe ich hier, mit weitem Blick über die Hänge, die am Ende der Eiszeit geformt wurden. In der Ferne bemerke ich einen Fleck. Ich suche ihn mit meinem Feldstecher, und ja, es ist eine Ricke, und ein wenig entfernt steht ihre schlanke Version, ein Schmalreh. Mein Jägerblick wird zum Glück immer schärfer.

Zwischen Wagenspuren und Acker wurde der Boden von Schweinen aufgewühlt, ein langer schmaler Streifen bis zum Morast bei der großen Silberweide. Hier bringt eine Kanzel nichts, man müsste in einer mondhellen Nacht den Weg entlangschleichen, gegen den Wind, bis man eine Rotte sieht. Doch wenn man dann auf einen Zweig tritt oder die Jacke beim Anlegen des Gewehrs an der Schulter raschelt, dann laufen sie davon. An Schweine kann man sich schlecht anpirschen.

Ich vertue mich immer noch: So hoch über dem Land gehend, glaube ich als geborener Flachländer, alles zu überblicken. Doch plötzlich kann ich tiefer ins Gelände schauen, in einer Mulde am Osthang liegt offenbar ein Rudel Damwild. Kahlwild, denke ich im ersten Moment, Alttiere mit ihren Nachkommen, aber es sind Hirsche. Sie sehen mitgenommen aus. Schaufelgeweihe sind nicht zu sehen, natürlich, denn die ältesten Hirsche werfen ihre Geweihe als erste ab. Ein wenig belämmert aussehend, döst ein Hirsch mit einer Stange auf dem Kopf vor sich hin. Das muss ein komisches Gefühl sein, plötzlich nur noch auf einer Seite das Gewicht zu spüren. Es ist ein junges Tier, ein sogenannter Gabler, die übriggebliebene Stange hat noch nicht die Breite wie bei einem ausgewachsenen Tier. Als ich mir die Hirsche mit dem Feldstecher der Reihe nach ansehe, bemerke ich noch zwei mit dünnen weißen Stangen, zwei intakte Spießer. Ich habe Glück, um diese Jahreszeit Hirsche zu sehen. Wenn sie die Geweihe abwerfen, bleiben sie noch mehr als sonst im Grenzwald verborgen.

Einmal bin ich dort hindurchgegangen und hatte dabei das Gefühl, etwas Verbotenes zu tun. Ein Bach floss hindurch, Wasser stand in schwarzglänzenden Tümpeln mit schlammigen Ufern voller Hufabdrücke, daneben Malbäume der Wildschweine, und überall lagen Stämme, Äste und Feldsteine. Eine Welt, die sich selbst überlassen war. Schnell ging ich zurück auf die Äcker, diese Welt musste so bleiben, wurde mir wieder bewusst. Im vorigen Jahr habe ich sogar dem Verlangen widerstanden, dort nach abgeworfenen Stangen zu suchen – was übrigens als Wilderei gilt.

Wie lange stehe ich nun schon hier und beobachte das Hirschrudel? Ich kann mich nicht überwinden, es zu verjagen. Stillstehen wird immer leichter, sich nicht bewegen, bis sich die Reglosigkeit in meinem ganzen Körper wie zurückgehaltene Kraft und Wärme anfühlt, ich werde nicht steif. Da stehe ich nun in der Landschaft, und plötzlich muss ich daran denken, wie ich hierhin gekommen bin, warum ich geblieben bin, wie ich hier am Abend verloren herumstehe und ein Rudel beobachte, während die Sonne hinter dem Buchenwald versinkt und ich hier zu Hause bin wie nie zuvor.

An jenem Novemberabend 2012, als ich im Wendland meinen Jagdschein gemacht hatte und überglücklich war, bin ich sogleich über die stillen dunklen Wege zu meinem Kuhstall gefahren, um am nächsten Morgen dort aufwachen zu können. Ich konnte es kaum erwarten, von zu Hause auf die Jagd zu gehen.

Das alte mecklenburgische Vorwerk ist nicht umzäunt, man geht direkt ins Revier. Umgekehrt läuft das Wild über unser Grundstück. Ab jetzt würde ich die Schweine, die im Winter den Obst- und den Gemüsegarten umwühlten, selbst erlegen, mit meinem eigenen Gewehr. Ich brauchte nur die Zustimmung des Jägers, der das Revier gepachtet hatte, aber das würde kein Problem sein, ich kannte ihn schon seit Jahren. Er wohnte ein Dorf weiter, Uwe Meister, ein Maurer mit eigener Baufirma. Er hatte die Ruine auf unserem Grundstück vor dem Einsturz bewahrt und verglaste Türen und Fenster in unseren Kuhstall eingebaut. Ohne zu murren benutzte er die alten Ziegelsteine, die wir für ihn sauber geklopft hatten, oder die Feldsteine, wenn wir die schöner fanden. Während der ersten Jahre unserer Bekanntschaft wusste ich nicht einmal, dass er Jäger war. Selbst als er 2004 die Pacht des Reviers rund um unser Haus übernahm, erfuhr ich davon nichts. Gegenüber Nicht-Jägern sind Jäger schweigsam, weiß ich heute, für die Jagd braucht man Ruhe, keine neugierigen oder aufdringlichen Laien.

Erst als ich mir zum soundsovielten Mal das Chaos ansah, das die Schweine angerichtet hatten, erfuhren wir, dass wir uns deswegen an Uwe wenden sollten. Kurz darauf erlegte einer seiner Jagdfreunde in unserem Obstgarten zwei Wildschweine mit einer einzigen Kugel, ein sogenannter Doppeltreffer. Ein Kunststück, aber eigentlich reiner Zufall. Weidgerecht kann man einen Schuss auf zwei Tiere jedenfalls nicht nennen. Das wusste ich damals schon, denn ich wollte bald darauf mit meiner Ausbildung anfangen und verschlang Bücher über die Jagd.

Wenn ich Uwe traf, fing ich beinahe gegen meinen Willen sofort an, über die Jagd zu reden. Er würde mich einmal mitnehmen, wenn ich meinen Jagdschein hätte, sagte er väterlich. Doch als ich im November erwartungsvoll bei ihm vor der Tür stand, schrak er zurück. Es dauerte eine Weile, bis mir klar wurde, dass ein Jungjäger eine Last ist, weil er zwar eine Jagderlaubnis in der Tasche, ansonsten aber nur Theorie im Kopf hat. Vor allem, wenn er nicht mit der Jagd aufgewachsen ist und nur einen dreiwöchigen Schnellkurs absolviert hat. Und außerdem war ich auch noch eine Ausländerin. Und eine Frau, nicht einmal eine junge, auch wenn man mich hier oft mit «junge Frau» anspricht – aus lauter Höflichkeit, mit einer Spur von Ironie. *Jungjägerin* nennt man mich auch, und das stimmt, denn Jäger wird man erst mit der Zeit, mit jedem Jagdjahr ein wenig mehr.

Zum Glück war ich im Kublitzer Revier, drei Dörfer weiter, als Jäger willkommen. Es gehörte zum Landgut von Hubert Falkner, einem Dortmunder Unternehmer, der das ehemalige *volkseigene Gut*, einen staatlichen Landbaubetrieb, gleich nach der Wende gekauft hatte. Sein Leben lang hatte er schon von einem eigenen Landgut mit Jagdrevier geträumt. Ich durfte in seinem Revier ansitzen, so oft ich nur wollte, und bezahlte lediglich für das Wild, das ich mitnahm, zwei Euro pro Kilo für ein aufgebrochenes Schwein, drei Euro für Damwild und vier für Rehe.

Der Berufsjäger, den er angestellt hatte, bekam den Auftrag, mich in die Praxis der Jagd einzuführen. Das bedeutete: zusammen auf eine Kanzel, denn Hubert war der Ansicht, ich müsse erst lernen, das Wild gut anzusprechen – das heißt, lernen zu erkennen, was mir da vor den Lauf kam. Das ist auf dem Papier vielleicht nicht sehr schwer, aber man versuche nur einmal, draußen, bei Wind und Wetter, bei schlechtem Licht und aufs Äußerste angespannt, einzuschätzen, wie alt ein Tier ist, das vor einem steht, welches Geschlecht es hat und ob es vielleicht Junge hat. Ob es nicht zu weit entfernt ist oder zu schnell läuft, so dass man es mit einem Schuss lediglich verletzt, oder ob es zu sehr mit Kopf oder Hintern zu einem hin steht, so dass man das Fleisch zerschießt. Und außerdem darf man, wenn man all dies weiß, nicht vergessen, einen Kugelfang zu haben, damit die Kugel, wenn man das Ziel verfehlt, in den Boden einschlägt und man niemanden gefährdet. Und so saß ich die ersten Male stundenlang mit Volker Vietsch, dem damaligen Berufsjäger, in der offenen Kanzel und konnte mich nicht bewegen, weil es so eng war.

Eines Abends im Januar wurde ich dann endlich wirklich zum Jäger. In einer weißen Landschaft bei Vollmond schoss ich mein erstes Tier. Der Schnee glitzerte, es war neun Grad unter Null. Nach einer dreiviertel Stunde hörten wir das erste Rascheln, Volker stupste mich an, bewegte den Kopf leicht nach links. Wie in Zeitlupe legte ich das Gewehr an, während ich zugleich versuchte, mein pochendes Herz im Zaum zu halten. Das kleine Schwein, das als erstes an die Kirrung gekommen war, stand lebensgroß in meinem Fadenkreuz, ich schaute noch einmal kurz mit bloßem Auge, ja, es war wirklich ein kleiner und kein erwachsener Keiler, der sollte es sein, und wie in Trance drückte ich ab, ein einziger Brocken aus Konzentration und Nervosität.

Der Schuss zerriss den märchenhaften Abend, der Frischling rannte im Zickzack davon. Ich zitterte am ganzen Körper wie Espenlaub, das Unheil hatte sich vollzogen, ich war schon bei meinem ersten Schuss als Jäger gescheitert. Das hatte ich nun davon, ich hatte mich in das Reich des Bösen begeben – schwarzseherische Gedanken stürmten wie eine Horde durch mein Hirn, auf dem Fuß gefolgt von Scham, brennender Scham. Wie hatte ich glauben können, eine Jägerin zu sein? Welcher Hochmut hatte mich hierhin geführt? Rasch drückte ich Volker das Gewehr in die Hand, damit er vielleicht, vielleicht noch den erlösenden Schuss abgeben konnte.

Er unternahm nichts, und ich plapperte drauflos, ich hätte das Tier verfehlt oder, schlimmer noch, krankgeschossen, oder ich, ich … Was glaubte er?

Er wisse es nicht, sagte er. Gefasst schlug er vor, an der Anschussstelle nachzusehen. Ich eilte die Leiter hinunter und musste mich anschließend zwingen, mich nicht hinter Volkers Rücken zu verstecken, sondern voranzugehen. Denn angenommen ich fand das Tier – und es lebte sogar noch –, dann musste ich der unsagbaren Tatsache ins Auge sehen: Das hast du angerichtet.

Eine Taschenlampe brauchten wir nicht, der Mond war gnadenlos genug. Rote Tropfen im Schnee. Das da? Es sah aus wie ein Feldstein, aber es war mein Schwein. Schwein-chen. Tot, mausetot. Sogleich fiel alle Anspannung von mir ab, mein ganzer Körper glühte vor Erleichterung und Glück. Meine erste Beute, ich hatte sie ins Herz getroffen. Ich fühlte … Nein, ich fühlte kein Mitleid, obwohl ich mich darauf vorbereitet hatte. «Ach», sagte Volker, «so ein Murkel.»

«Wie eine Ratte», murmelte ich.

Er rief Hubert an, den ich jubeln hörte, und drückte mir sein Mobiltelefon in die Hand. «Er will dir das Stück schenken.» «Das hast du sehr gut gemacht, Weidmannsheil!», rief Hubert in mein Ohr, und jetzt glühte ich auch noch vor Stolz. «Allerdings ist es ein kleines Schwein», wiegelte ich ab. «Das ist gerade gut, genau die müssen wir haben.» Und auf einmal fiel mir ein, dass ein großer dicker Keiler auch sehr viel leichter zu treffen ist als so ein Winzling.

Wir schleppten das Schwein durch den Schnee zum Pick-up, in der Wildkammer des Landguts brachen wir es auf, und danach wog es nur noch zwölf Kilo. Volker war bester Laune. «Gleich beim ersten Mal im Dunkeln ein Wildschwein erlegen, das kommt nicht oft vor. Die meisten Jäger schießen zuerst tagsüber ein Reh oder ein Stück Damwild.»

Ein paar Tage später fuhr ich mit einer Kühltasche voller Frischlingfleisch nach Amsterdam. Ich hatte Boom beauftragt, eine Gesellschaft von Allesessern zu einem Festmahl einzuladen. Meine erste Beute musste gefeiert werden.

Während der langen Autofahrt nach Amsterdam überlegte ich, wann ich zum ersten Mal gesehen hatte, wie ein Tier mit einem Schuss getötet wird; nicht im Film, sondern tatsächlich. Es war mein eigener Schuss. Nein, Moment, als Kind hatte ich hin und wieder beobachtet, wie beim Metzger gegenüber das Bolzenschussgerät zum Einsatz kam. Neben dem Laden gab es eine Einfahrt zum weiß gefliesten Schlachtraum. Ich spielte draußen mit meinem Bruder Länderklauen, als wir sahen, wie eine Kuh gebracht wurde. Die Metzgersfrau stand allein im Laden, also schauten wir nach, ob der Metzger hinten war. In anderthalb Meter Höhe befand sich ein großes Fenster, da konnten wir gerade so hindurchsehen und uns folglich auch rasch ducken, wenn der Metzger in unsere Richtung schaute. Denn wenn er uns bemerkte, würde er losbrüllen und uns verjagen.

Die Kuh stand in dem kahlen Raum, die Neonröhren waren an. Der Metzger, einen Zigarrenstumpen im Mund, ging mit seinem Gesellen um das Tier herum. Dann ging er weg, kam mit einem röhrenförmigen Gerät wieder und setzte es auf den Kopf der Kuh. Pang, ertönte es dumpf. Bumm, fiel die Kuh mit einem gewaltigen Rumms auf die Fliesen. Tot. Die Beine ragten seltsam in die Luft, wie bei einem Tisch, den man auf die Seite gelegt hat. Zusammen mit dem Gesellen zog der Metzger die Kuh mit einem Flaschenzug in die Höhe, er durchtrennte die Halsschlagader und fing das Blut in einer Wanne auf.

Als wir zu Hause erzählten, was wir beobachtet hatten, schauten meine Eltern einander an. Meine Mutter sagte etwas auf Französisch zu meinem Vater, das machte sie immer, wenn etwas «nicht für die Kinder bestimmt» war, und dann erklärten sie uns, sie wollten nicht, dass wir beim Metzger durchs Fenster spähten. Ich habe sie nie gefragt, warum nicht, und nun sind beide seit Jahren tot. Aber ich glaube, sie hätten sowieso nicht mehr gewusst, warum sie uns dies damals verboten, ihre Antwort hätte wahrscheinlich das wiedergegeben, was sie im Moment meiner Frage darüber dachten. Erinnerungen holen keine Ereignisse unversehrt aus der Vergangenheit zurück, man erinnert sich als die Person, die man durch das Leben, das man gelebt hat, geworden ist, und nicht als die Person, die man seinerzeit war.

Vielleicht, geht es mir durch den Kopf, war zu Beginn der Sechzigerjahre das, was der Metzger tat, schon nicht mehr legal, oder meine Eltern waren der Ansicht, dass es sich nicht gehörte, durchs Fenster zu spähen. Dass sie unsere zarten Kinderseelen vor dem Anblick des Todes behüten wollten, was man heute als Grund erwarten würde, glaube ich nicht. Den Tod sahen wir oft genug.

Als ich zu jagen begann, begann ich auch Tiere zu zerlegen. Mit einem Mal ist dies etwas, was nicht nur Metzger tun. Ich konnte einfach selbst ein Tier zerteilen und in Stücke schneiden. Als Anfang Mai die Bache in meinem Kuhstall hing, war mir der Metzger von gegenüber plötzlich wieder ganz nah. Auch hier auf unserem mecklenburgischen Vorwerk wurde immer geschlachtet, vielleicht vom ersten Jahr an, ab November 1827. Wo hätten die Bauern damals sonst ihr Fleisch herbekommen sollen? Sogar Mitte des vorigen Jahrhunderts, so erfuhr ich von den Grensling-Kindern, deren Vater das Vorwerk während des Kriegs gekauft hatte, kam ein Großteil der Nahrung noch vom eigenen Hof. Außer Kaffee, Tee und Gewürzen natürlich, dafür gab es in jedem Dorf einen Kolonialwarenladen.

Von einer Schlachtung auf dem Vorwerk hörte ich immer wieder. Es war gleich nach Ende des Krieges, ein nicht enden wollender Strom von Flüchtlingen aus den deutschen Ostgebieten überschwemmte das Land, alle Gebäude des Vorwerks waren mit Vertriebenen überfüllt. Die sowjetischen Soldaten hatten gnadenlos geplündert und versuchten nun, die Ordnung wieder herzustellen. Es fehlte an allem. In jener Zeit wurde immer wieder schwarz geschlachtet, hörte ich von den Flüchtlingskindern von damals, im Anbau hinter dem Kuhstall, wo der Mist hingebracht wurde und wo jetzt unser Innenhof mit Wintergarten ist. Das Fleisch wurde noch in derselben Nacht nach Berlin gebracht, im Buchenwald neben der Chaussee wartete bereits der Wagen für den Transport.

Eines Nachts ging es schief. Bei Anbruch des Tages wurde der gottesfürchtige Grensling von der Polizei aus dem Bett geholt, betrunken und mit noch blutigen Händen. Im Dorf jenseits der Hügel, so wird berichtet, war den Flüchtlingen Vieh gestohlen worden, und die Spur führte zu unserem Stall. Drei Jahre Gefängnis bekam der Bauer, und als er entlassen wurde, musste seine Frau für anderthalb Jahre wegen Mittäterschaft in den Knast. Es gibt zahllose Varianten dieser Geschichte, und jetzt, da ich selbst im Kuhstall mein Wild schlachte, muss ich oft an die Grenslings denken – und wie schicksalshaft das Leben hier früher war.

Auch Jakob Huffel kommt mir wieder häufiger in den Sinn, jener ostpreußische Bauer, der Ende der Fünfzigerjahre hierher kam, als die Grenslings in den Westen geflohen waren. Im Anbau gibt es immer noch die doppelt beplankte Tür, die er mit Stroh ausgestopft hat, auf dem Dachboden liegt immer noch sein Heu. Bis zu seinem Tod kurz nach der Wende hielt er im Anbau Kaninchen. Die schlachtete er vor Ort selbst, damit konnte man in der DDR gut was dazuverdienen.

Um ein Haar hätte es Huffels Paradies nicht mehr gegeben, die Bulldozer standen schon bereit. Und dann retteten Freunde aus Ost-Berlin das verfallene Vorwerk vor dem Abriss und bauten das Haus des Bauern zu ihrem Sommerhaus um. Als ich das erste Mal mit Boom das Vorwerk besuchte, überfiel mich eine Sehnsucht nach einem vergessenen Leben, das offenbar in mir schlummerte. Als das Asbestdach des Kuhstalls in den neunziger Jahren allmählich zerfiel, beschlossen wir, uns zu kümmern. Wir ließen den Stall mit einem Blechdach decken und bauten innerhalb eines Sommers eine Wohnung hinein.

Die Jagd tauchte in jenen Jahren nur mal kurz am Rande auf, wenn wir eine Party gaben. Dann ließen wir von einem Jäger aus der Umgebung ein Wildschwein liefern, das letzte Mal von Uwe, und grillten es am Spieß – und das war es auch schon.

Auch in den Niederlanden war Jagen etwas für andere, dort bemerkte ich überhaupt nichts davon. Man sah nicht einmal Hochsitze in der Landschaft. Außerdem zog ich mit achtzehn in die Stadt. Hin und wieder ging ich noch in den Wald oder fuhr ans Meer, und während der Urlaube im Ausland war ich auch gern in der Natur. Aber sonst … Ich hatte wichtigere Dinge zu tun, Denkdinge und Stadtdinge. Ich hatte mich selbst als Kind vom Land vergessen.

In jenen Jahren kannte ich nur einen Jäger, den Mann, dem meine Mutter manchmal einen Hasen abkaufte, ein knorriger Kerl, der die Bäume in unserem Garten schnitt. Ich bestellte hin und wieder auch einen, und dann machte ich Hasenpfeffer, in Marinade mit Rotwein, gegart mit Honigkuchen. Wenn ich schon einen Hasen zubereitete, was selten vorkam, dann musste es nach früher schmecken.

Wenn es in einem Restaurant Wild auf der Karte gab, bestellte ich es. Immer. Später kam mir der Gedanke, dass die Tiere ein freies Leben geführt hatten, ein weiterer Pluspunkt, denn auf Fleisch aus Massentierhaltung verzichtete ich inzwischen. Aber ans Jagen dachte ich nicht.

Rückblickend: Den letzten Anstoß bekam ich im Wendland, einer Landschaft, die wie eine westdeutsche Enklave auf drei Seiten von der DDR umgeben war. Als ich mich dort 2011 für ein halbes Jahr mit einem

Arbeitsstipendium aufhielt, stieß ich auf die Geschichte einer Jägerin, die in den Achtzigerjahren ihr Revier am Eisernen Vorhang hatte und zur Stasi-Informantin wurde.

Bis dahin hatte ich ein anderes Buch vorgehabt, aber diese Geschichte stellte meine Pläne auf den Kopf. Die Jägerin musste der Ausgangspunkt werden, es gab kein Halten mehr, ich wollte alles über die Jagd wissen. Es dauerte nicht lange, bis ich von dem Gedanken erfasst wurde, selbst zu jagen. Um herauszufinden, ob ich in der Lage sein würde, ein Tier zu töten, und welche Wirkung das auf mich haben würde, musste ich mich dieser Situation aussetzen. Die Recherche für mein Buch, so posaunte ich aus, sei der Grund dafür, eine Jagdausbildung zu beginnen, aber mir war klar, dass dies nicht die ganze Geschichte war.

Mit meinen Romanfiguren Luise Zingg und Merel Alvarez machte ich meine ersten Schritte als Jägerin, und ich ließ sie alles tun, was mir in den Sinn kam. Danach blieb ich allein zurück und dachte: Und jetzt? «Und jetzt?», fragten auch die Menschen in meiner Umgebung, und manchmal fügten sie hoffnungsvoll hinzu: «Hörst du jetzt wieder auf mit dem Jagen?»

Dann schnappte ich nach Luft, wieso? Ich hatte doch gerade erst angefangen. Sollte ich für immer Jungjäger bleiben? Ich hatte eine beinahe vertrocknete Quelle in mir angebohrt, ich wusste, dass eine Jägerin in mir steckte. «Nein», sagte ich, «ich bin noch nicht fertig mit der Jagd. Ich fang gerade erst an.»

Jetzt kommt es auf mich an. Auf mich allein hier in der Landschaft mit ihrem Wild, ihrer Natur, ihrem Wetter. Hier spannt sich der Bogen meines Lebens zurück in die Kindheit, ins Bauernland, zum draußen Herumstreunen, durch Wiesen stiefeln, an Gräben und Tümpeln entlang, zu den Tieren, die mein Leben bevölkerten, zu ihren Krankheiten, ihrer Gesundheit, ihrem Tod. In meinem Leben ging es immer um die Frage nach der Condition humaine, nach Leben und Schicksal, nach unserer Vergänglichkeit und unserer Natur. Als Jägerin bekomme ich auf eine neue Weise Zugang zu dieser Frage, sehr physisch, unausweichlich, als Tier inmitten von Tieren; wer sind wir, sie und ich?

Inzwischen fahre ich im dritten Jahr vom Vorwerk zum Kublitzer Landbaubetrieb, wo mich der Berufsjäger erwartet, um mich mit dem Geländewagen zu einem Hochsitz zu bringen und nach ein paar Stunden wieder abzuholen. Niemals gehe ich auf der Suche nach Wild einfach so im Revier umher. Das tut man nicht, das macht das Wild nur scheu, sagt man mir. Und dass man sich mit dem Gewehr an das Wild anschleicht, anpirscht, das will Hubert Falkner schon mal gar nicht.

Ein paar Hochsitze kann ich mit dem eigenen Wagen erreichen, dann kommt es mir schon eher so vor, als würde ich allein losziehen. Aber dann bin ich nie tief im Revier, nie weit entfernt von der bewohnten Welt.

Anfangs habe ich noch vorgeschlagen, zumindest zu Fuß zum Hochsitz spazieren zu dürfen, doch davon war niemand begeistert. Ein Bauer geht nicht spazieren, ein Jäger geht nicht spazieren, nur Städter gehen spazieren. So denkt man hier darüber. Und kompletter Unsinn ist es nicht. Ich kapitulierte voller Bedauern, als mir klar wurde, dass das Wild an die Geländewagen der Bauern, Forstwirte und Jäger gewöhnt ist: Es flieht aus dem Blickfeld und kommt wieder hervor, sobald das Auto weg ist. Vor Duftspuren von Wanderern sind die Tiere mehr auf der Hut, die sind ihnen fremd. Jedenfalls im Kublitzer Revier, wohin sich nur selten jemand verirrt. Das ist in einem Wald mit viel Wanderverkehr anders, oder in einer Stadt wie Berlin. Die Wildschweine dort machen sich natürlich nichts aus einem Menschen mehr oder weniger. Die wären erst alarmiert, wenn sie niemanden mehr bemerkten.

Ich finde, ich mache nur den halben Job. Der Berufsjäger weiß, wo das Wild steht, er richtet Kirrungen ein, bringt Wildkameras an, beurteilt, ob der Wind günstig steht und wie es mit dem Mond ist. Dann bringt er mich irgendwohin, wo ich gute Chancen auf Beute habe.

Zuhause, im Gelände rund um den Kuhstall, da kann ich nach Herzenslust herumstreunen, um Wild aufzuspüren und zu beobachten. Dort übe ich, mich wie ein Jäger in der Landschaft zu bewegen. Ich versuche, immer näher an das Wild heranzukommen, ohne dass es mich bemerkt. In den paar Jahren, in denen ich nun so durchs Gelände streife, habe ich schon mehr Wild gesehen, gehört und gerochen als in den fünfzehn Jahren davor. Ich lerne, in der Umgebung aufzugehen, und, am wichtigsten, ich achte darauf, woher der Wind kommt.

Dass ich einen intensiven Geruch verbreite, entdeckte ich schon vor Jahren anhand eines ausgeliehenen Hundes. Er wohnte in dem Amsterdamer Viertel De Pijp, und sein Herrchen erlaubte mir immer, ihn mit zum Kuhstall zu nehmen. Wenn ich ihn nach Monaten wieder einmal abholen wollte, schnüffelte er in meinem Schritt und wusste Bescheid. Ich stand für das Leben in der freien Natur, sein Herrchen beachtete er nicht mehr, ausgelassen folgte er mir auf dem Fuß. Er richtete sich nach seiner Nase, ich war mein Körpergeruch.

Wie peinlich es uns auch sein mag, wenn ein Hund unsere intimen Stellen beschnuppert, wir sind nun einmal Säugetiere und kommunizieren auch mithilfe unseres Geruchs. Wir wissen das, aber wir wollen nicht, dass es so ist, außer wenn wir uns einsprühen, um nach wilden Limonen oder Moschus zu riechen. Moschus, ein Sexuallockstoff, wurde, wohlgemerkt, ursprünglich aus einer Drüse unter dem Bauch des Moschushirschs gewonnen. Ich selbst habe es auch benutzt, und ich verwende auch heute noch hin und wieder Parfüm, doch nie hier auf dem Land. Hier versuche ich möglichst nach mir selbst zu riechen, denn alle zusätzlichen fremden Gerüche halten das Wild nur noch mehr auf Distanz.

Wenn ich früher, unterwegs mit dem Hund, Wild sah, dann meist auf der Flucht, denn durch seine Anwesenheit war es noch schneller alarmiert als durch meine. Ich bekam ihn nicht gebändigt, den Stadthund mit seinem Wolfsherz, mit seinem ungebremsten Jagdinstinkt, der ihn übermannte, sobald er Wild roch: Er jagte ihm nach. Oder er folgte wie ein abgeschossener Pfeil mit der Nase auf dem Boden der Spur eines Hasen, den ich – weil ich aufgrund meiner Größe früher über den Hügelkamm hatte schauen können – bereits hatte weglaufen sehen.

Mit dem Hund streunte ich jeden Tag durchs Gelände. Nie begegnete ich jemandem, denn aufgrund der bizarren Hügel und vielen Gewässer ist die Gegend hier kaum zugänglich. Anfangs habe ich mich regelmäßig verlaufen, kam im Morast nicht mehr weiter, stand vor undurchdringlichen Schlehdornhecken, wurde von umgepflügten Wagenspuren überrascht, hatte mich im Nebel verirrt oder den Weg in der einsetzenden Dunkelheit verloren. Das hier ist kein Park, und es gibt keine Schilder.

Alle Anfängerfehler habe ich gemacht. So überquerte ich nichtsahnend matschige Äcker, bis der Lehm an meinen Stiefeln zu kleben begann und ich als Stehaufmännchen endete, auf wulstigen Plateausohlen, die fast zehn Zentimeter dick waren. Dann kam ich fast nicht mehr weiter und musste alle naslang den Lehm mit dem einen Fuß von der Sohle des anderen treten. Selbst der Hund wusste sich keinen Rat mit dem Matsch, der sich zwischen seinen Fußballen ansammelte.

Die Landschaft hat mich Mores gelehrt. Der eigensinnige Städter in mir musste sie ernst nehmen. Um hier über unbetretene Pfade gehen zu können, musste ich lernen, mich anzupassen. Inzwischen ist dies zu meiner zweiten Natur geworden.

Nachdem der Hund an Altersschwäche gestorben war, streifte ich kaum noch durchs Gelände, außer wenn Boom da war. Tief im Innern dachte ich, es allein nicht wirklich wagen zu dürfen, auch wenn ich dies nie zugab. Heute weiß ich, dass es daran nicht lag. Es kam, weil ich mich allein in der Natur wurzellos fühlte und zu sehr mit mir selbst beschäftigt war. Manchmal versuchte ich mir ein Ziel zu setzen, oder ich dachte mir eine Aufgabe aus: Zähle alle Vogelarten, die du siehst, oder das Wild, pflücke Blumen, suche unbekannte Bäume und Sträucher, merke dir die Wolkenarten. Aber das half kein bisschen, im Gegenteil, was sollte ich mit all diesen zusammenhanglosen Fakten, die letztendlich nutzlos waren? Es machte mich nur noch missmutiger, ich vertrieb mir die Zeit in einer Landschaftskulisse. Und dies wurde noch sinnloser, als mir wieder einmal klar wurde, dass ich mir solche Dinge unmöglich merken kann. Alles, was ich aufnehme, muss irgendwie eingebettet sein. Nutzloses Wissen ist schön, aber ich habe kein Talent dafür. Ich muss etwas damit machen, es brauchen.

Aber die Tiere auf dem Vorwerk und darum herum interessierten mich weiterhin, ich war von lebendigen Wesen umgeben, die konnte ich beobachten, sie gaben mir zu denken. Ich wollte nichts von ihnen, nahm sie so, wie sie waren, sie lebten hier mehr als ich. Die Fledermäuse und der Marder auf dem Heuboden, die Mäuse in der Küche, die Maulwürfe und Wühlmäuse im Boden, die halbwilden Katzen und die Füchse, die Waschbären und Rehe. Die Spatzen in der Regenrinne, die Rauchschwalben im Stall, der Specht im hohlen Baum, die Enten auf dem Weidentümpel, die Schwäne und die Silberreiher im Froschteich, die Meisen, die Pfeifer und Zwitscherer im Garten, die Feldlerche, der Rotmilan, der Mäusebussard und der Seeadler hoch am Himmel, die Weinbergschnecken und die schwarzen Nacktschnecken, die Ringelnatter unter dem Holzfußboden.

Nur der Igel ist schon seit Jahren nicht mehr da. Und auch Fasane sehe ich nur noch selten. Mit Bedauern denke ich an den Frühlingstag zurück, als ich am Weidentümpel entlangging und aus dem Gestrüpp aus Schlehdorn- und Hundsrosenschnitt etwa zwölf junge Fasane schossen, als wenn sie abgefeuert worden wären. Vor Schreck legte ich die Arme um den Kopf. Oder der Fasanenhahn, dem ich einen derartigen Schrecken einjagte, dass er steil über das elf Meter hohe Dach des Kuhstalls flog, obwohl Fasane doch sehr mäßige Flieger sind. Sie haben es schwer, nicht weil sie so intensiv bejagt würden (das geschieht hier kaum noch), sondern wegen der Insektizide aus der Landwirtschaft und vor allem, weil sie mit einer wachsenden Zahl von Nesträubern zu kämpfen haben.

Im Frühling halte ich sehnsüchtig nach den Zugvögeln Ausschau. Die Kraniche kommen bereits im Februar, sie schweben auf die Äcker nieder und fressen hungrig, ohne vor mir davonzufliegen, zerzaust und erschöpft. Bald darauf kommen der Rotmilan und die Störche.

Im April warte ich ungeduldig auf den Kuckuck. Wenn sein Ruf erklingt, ist der Frühling wirklich da. Und wenn etwa zur selben Zeit die Schwalben und Nachtigallen eintreffen, dann ist alles gut. Danach halte ich nur noch nach dem Pirol Ausschau. Jedes Jahr denke ich: Er kommt nicht, dieses Jahr kommt er nicht mehr, und dann singe ich sein Lied, wie um ihn anzulocken.

Es rührt mich, dass all diese Tiere praktisch unbemerkt in meiner direkten Umgebung ihr Leben leben. Und wir denken immer, die Welt gehöre uns. Ungeniert tue ich so, als würden wir einander kennen, die Tiere und ich, als wären wir Freunde, oder als könnten wir uns im Gegenteil nicht leiden oder hassten einander sogar. Ich erfreue mich an der Wechselseitigkeit, die ich mir ausdenke, aber das Ganze ist nicht nur ein Spiel. Ich will dazugehören, zu ihrer Welt, ich bin ebenso gut ein Tier, auch wenn ich meine eigene Weise habe, dem Gestalt zu geben, und ein Menschenbewusstsein, eine Sprache, um über große Entfernungen in Raum und Zeit mit anderen Menschen zu kommunizieren. Aber ich habe auch meine Beschränkungen, ich kann das Leben der Tiere nicht anders verstehen als mithilfe meiner körperlichen und geistigen Fähigkeiten. Darüber kann ich nicht hinaus, denn ich *habe* nicht einen Körper, ich *bin* einer. So wie sie.

Jetzt, da es Mai ist, birst das Tierreich vor Aktivität und Lebenslust. Weil die Bäume noch nicht im vollen Laub stehen, beobachte ich oft die Vögel und lausche ihnen. In Gedanken imitiere ich ihr Singen, Pfeifen, Zwitschern, um es mir einzuprägen, so dass ich zu Hause ihre Art bestimmen kann. Aber das misslingt mir immer wieder, und ich vergesse ihren Gesang. Ich habe keine Sprache für Geräusche, keine Methode, sie mir zu merken. Eine Zeit lang glaubte ich, es üben zu können, aber das war umsonst. Hätte mich doch nur jemand als Kind mitgenommen und mir gesagt: Hörst du, das ist ein Gelbspötter und das ein Bluthänfling, und der, hörst du, er macht djüe-djüe, nein, der nicht, das ist ein Fitis. Vieles, was man als Kind nicht gelernt hat, kann man später nicht mehr nachholen.

Dass es um unser Grundstück herum so viele Rehe gibt, habe ich nicht gewusst. Seit dem 1. Mai ist die Jagd auf Böcke und Schmalrehe eröffnet. Ich tue so, als sei ich in meinem Revier. Ich schleiche mich heran, pirsche ohne Gewehr. Auf der Hohen Wiese gleich neben unserem Grundstück steht ein fünf oder sechs Jahre alter Bock, ein Sechser in der Blüte seines Lebens, die weißen Spitzen seines Geweihs leuchten in der Sonne, drei je Stange – für ein Reh ist dies das Maximum. Um ihn herum verfolgen zwei junge Böcke einander, ein graublonder und ein roter, die kleinen Stangen noch im filzigen Bast. Sie bauen sich voreinander auf, scharren drohend mit den Vorderläufen auf dem Boden, senken die Köpfe und stoßen sie vorsichtig zusammen. Der Alte schaut aufmerksam zu, und ich stelle mir vor, dass er genauso gerührt ist wie ich.

Zwei Tage später gehe ich zum Bauwagen an der Ostspitze unseres Grundstücks, um die Treppe anzubringen. Mit Boom habe ich aus alten Fenstern und Brettern einen Aufbau konstruiert, einen Beobachtungsposten mit Blick auf den Froschteich. Im Sommer suchen wir dort Kühlung. Jeden Tag wird das Quaken, Brüllen, Quecken, Unken der Amphibien im Teich lauter. Nur jetzt, während der Paarungszeit, bekomme ich eine Vorstellung davon, wie viele dort leben. Die ersten Abendnebel hängen glitzernd über dem Wasser, es brodelt und dampft – ein einziger Kochtopf voll Fortpflanzungstrieb.

Am Ufer stehen Rehe, auch der kräftige Bock. Er kommt geradewegs auf mich zu. Der Wind weht aus der richtigen Richtung, hinter mir stehen Bäume, ich hebe mich also nicht vom Himmel ab. Er nähert sich weiter, dreißig Meter, verhofft, fünfundzwanzig Meter, verhofft wieder. Na, mal sehen, wer am längsten stillstehen kann? Ich sage dir schon jetzt, dass ich gewinnen werde. Ich kann immer länger regungslos stehen, ohne zwanghaft an Bewegung zu denken, ohne dass mir mit der Zeit alles weh tut. Ich werde gewinnen. Punkt. Er ist jetzt zwanzig Meter entfernt, durch mein Fernglas wirkt es, als könnte ich ihm in die Schnauze beißen. Dann streckt er den Hals, seine Nüstern blähen sich, er verdreht die Lauscher, wendet sich um und verschwindet in aller Ruhe jenseits des Hügels.

Dass es sein Revier ist, in dem ich wohne, wird mir an Himmelfahrt – dem *Herrentag* hier in der ehemaligen DDR – demonstriert. Während ich Frühstück mache, schaue ich wie gewohnt durch die offene Tür nach draußen. Über das Ziegelsteinmäuerchen vor der Ruine der Getreidescheune läuft eine dunkel gefleckte Katze. Plötzlich bleibt sie stehen, dreht sich rasch um und läuft davon. Da muss noch ein anderes Tier sein. Der Fuchs? Aus der Ruine springt ein Rehbock aufs Gras und rennt drohend hinter der Katze her. Es ist wieder der Sechser. Er bleibt noch eine Weile in der Fluchtrichtung der Katze stehen und schaut ihr hinterher, knabbert an den Hundsrosensträuchern und trabt dann in die Ruine zurück.

Da steckt er also. Während der letzten Tage habe ich ihn vergeblich gesucht und schon gedacht, dass Uwes Gastjäger, die jedes Jahr zur Bockjagd aus Niedersachsen kommen, ihn vielleicht erlegt haben. Oder dass er sich möglicherweise tief in die Sträucher zurückgezogen hat. Aber er bringt sich ausgerechnet unter den Augen eines Jägers in Sicherheit, der in seinem Revier nicht schießen darf – Humor kann man dem Tier nicht absprechen.

Noch immer habe ich mich nicht mit meinem gespaltenen Jägerleben abgefunden. Ich bewege mich durch ein Gebiet, in dem ich noch keinen Schuss abgegeben habe, und tue so, als sei es mein Jagdrevier. Es wird Zeit, wieder einmal bei Uwe vorbeizuschauen. Jetzt, da mein viertes Jagdjahr beginnt, bin ich offiziell kein Jungjäger mehr. Außerdem beherrsche ich das übliche Handwerk. Ich nehme all meinen Mut zusammen und frage ihn, ob er und sein Mitpächter Reiner Teichmann, der das Gelände jenseits der Chaussee bejagt, mir eine Jagderlaubnis erteilen. Zum normalen Preis. Er zögert, muss darüber nachdenken.

Hubert erlaubt mir jedes Jahr, einjährige Böcke zu schießen. Mit einem Geweih, das nicht über die Lauscher hinausreicht, fügt Berufsjäger Maik hinzu, während er mich mit dem durch tiefe Reifenspuren rumpelnden Geländewagen zu einem abgelegenen Hochsitz an einem Getreidefeld im Kublitzer Revier bringt.

Ich stelle mich auf stundenlanges Ansitzen ein, als in dem gerodeten Waldstück hinter mir ein erwachsener Rehbock erscheint und sich in der Sonne niederlässt, weniger als vierzig Meter von mir entfernt. Unglaublich: Er hat mich weder gerochen noch gehört noch gesehen.

Das Getreidefeld liegt vor mir wie ein glatter grüner See. Zwei Stöckchen ragen daraus hervor. Sie gehen in die Höhe: die Lauscher einer Ricke. Sie erhebt sich und trottet zum Waldrand. Als sie sich auf dem Sandweg von mir entfernt, sehe ich, wie dick ihr Bauch ist. Zwischen ihren Hinterläufen prangt das Gesäuge. Vom Ende des Ackers her sind Stimmen und aufspritzendes Wasser zu hören. In der Senke liegt der Hechtsee, vom Bootssteg aus springen Kinder ins Wasser.

Und dann tritt er aus dem Wald heraus, ein kleiner Jährling wie aus dem Bilderbuch. Ein Wunder an Liebreiz und Grazie. Sein Gabelgehörn ist noch flauschig. Er knabbert am frischen Laub der herabhängenden Zweige und geht in sich versunken weiter, die tiefstehende Abendsonne streift sein Fell. Ich halte den Atem an. Seine Mutter hat ihn bestimmt vertrieben, weil sie sich auf die Ankunft des neuen Kitzes vorbereitet. Er muss jetzt allein zurechtkommen, doch das stört ihn nicht. Die Maisonne ist bereits warm, und es gibt Futter im Überfluss.

Ich betätige den Abzug.

Der Bock wird in die Höhe geschleudert, zappelt in der Krümmung eines alten toten Weidenstamms und fällt zu Boden, in die hohen Brennnesseln, so dass ich ihn nicht sehen kann. Der Lauf meines Gewehres raucht. Ich lade durch, doch das Tier bleibt unsichtbar. Meine Schläfen pochen. Ich schau mich um. Der Sechser liegt immer noch im Grün und versteckt sich. Es stimmt also, dass Rehwild bei großer Gefahr nicht flüchtet, sondern in Deckung bleibt. Vielleicht ist er ja der Vater des Kleinen, und ich habe vor seinen Augen seinen Nachkömmling erschossen.

Alles war perfekt, ich hatte durchs Visier geschaut, er stand ideal im Fadenkreuz, ich konnte ihn nicht verfehlen oder krankschießen … Ich gehe zum Anschuss und suche nach Schweiß. Irgendwo muss es ein Brennnesselblatt mit ein paar glänzenden roten Tropfen geben. Meine Muskeln sind gespannt, bereit zurückzuweichen. Kein Blut. Hauptsache ich muss nicht noch einmal schießen, aus der Nähe, während der kleine Bock da liegt und verendet. Halt. Jetzt nicht jammern, ich muss das Tier finden.

In der Nähe des Weidenstamms verlaufen jede Menge Wildwechsel, das Gelände ist abschüssig, dahinter liegt ein Wasserlauf. Überall sehe ich etwas Braungraues liegen. Da? Ein Feldstein. Vielleicht dort? Wieder ein Feldstein. Der Boden ist damit übersät, die Bauern haben sie von den Äckern geklaubt und hierhin geworfen.

Ich durchquere das Brennnesselfeld hinter der Weide, keine Spur. Möglicherweise liegt er auch unter den Brennnesseln, aber dann müsste doch irgendwo Blut zu sehen sein. Da, nicht weit entfernt raschelt es, der Sechser ergreift endlich die Flucht. Ich hatte ihn schon ganz vergessen.

Der Waldrand, vielleicht ist der junge Bock dahin geflüchtet. Vor den Bäumen führt ein Pfad durchs Gras. Und da, da liegt er. Tot. Weiß und blutig ragt das Ende seines Vorderlaufs aus dem linken Schultergelenk. Die Wunde ist größer als ein Ei.

Ich will wegsehen.

Die Hinterläufe sind unter dem Bauch gefaltet, als wollte er gerade zum nächsten Sprung ansetzen. Rings um den Hals schimmert die rotbraune Sommerdecke bereits durch. Zögernd streichele ich ihm den Hals. Ich versuche, das Lid über das dunkel glänzende Auge zu schieben, aber es geht nicht. Ich will ihm zureden, beherrsche mich aber. Dass meine Kaltblütigkeit mich manchmal überrascht, ist nun mal so, aber anschließend in Tragik schwelgen, das geht zu weit.

Die Schulter ist zerschmettert. Ach ja, was ich da sehe ist die Austrittswunde, die ist immer größer und blutiger. Ich drehe das Tier um. An der rechten Flanke ist nur ein kleines Einschussloch zu sehen. Da hat sich die Kugel in den Brustkasten gebohrt.

Am liebsten würde ich den kleinen Bock auf meine Schultern nehmen und wegtragen, unter seiner Last gebückt, die Jacke voll Blut. Aber auch das wäre grotesk.

Ich packe seine Vorderläufe mit einer Hand – warum ist dies bloß ein so angenehmes Gefühl, die knöchernen, schlanken Beine in meiner Hand – und ziehe ihn langsam durchs Gras. Sein Kopf wackelt am dünnen Hals hin und her. Auf dem Sandweg schlägt er unsanft auf den

Boden, ein Stück weit entfernt liegt ein tiefes Schlammloch. Ich nehme das Tier bei den vier Läufen und hoffe, dass der linke Vorderlauf nicht abreißt. An der Kreuzung rufe ich Maik an und setze mich ins Gras, um auf ihn zu warten.

«Weidmannsheil», sagt Maik, als er sich das Stück angesehen hat. Aber er fügt hinzu: «Den hätte ich nicht geschossen, das hätte ein kräftiger Bock werden können.»

Tja, das hätte ich jetzt nicht unbedingt noch gebraucht.

Als der Bock im Kühlraum hängt und ich mit der Leber und den Nieren nach Hause fahre, sehe ich wie in einer Schleife immer wieder vor mir, wie ich mit Gewalt eine idyllische Szene zerstört habe. Warum habe ich das Tier eigentlich geschossen? War das nötig?

Daheim begebe ich mich rasch in den Kuhstall. Mit dem Jagdmesser, den Tüten mit Leber und Nieren und der noch blutigen Wildzange gehe ich lieber nicht ins Blickfeld des Wohnhauses. Meine Freunde sind gerade angekommen, und ich will nicht, dass sie mich so sehen. Erst jetzt fallen mir die Stiefel ins Auge, die auch ganz blutverschmiert sind.

Im Anbau spüle ich die Sachen sauber, ich lege die Innereien in den Kühlschrank und setze mich mit einem Bier nach draußen. Es ist Viertel vor neun, die Sonne ist noch nicht untergegangen, und ich bin schon wieder zurück von der Jagd. Der Tag wirkt mit einem Mal befremdlich auf mich, ebenso unheimlich, wie wenn ich nachmittags aus dem Kino komme, als hätte jemand vergessen, das Tageslicht auszuschalten. Niedergeschlagen fühle ich mich. Eigentlich habe ich mich noch keinen Moment über meinen Schuss gefreut.

Zum ersten Mal.

Ich denke an den Rehbock, den ich in meinem ersten Jägermai geschossen habe. Wie begeistert war ich da, ich hatte es geschafft, der Schuss saß, ich fühlte mich wie ein richtiger Jäger. Es war ein hageres Tierchen, das nah bei seiner Mutter blieb und noch nicht wusste, dass es bald verstoßen werden würde, weil sie demnächst wieder setzen würde. Doch dieser Bock – und da ist sie wieder, die Schleife – war bereits allein unterwegs, voller Vertrauen in die Welt, pure Grazie, mit einem süßen Gabelgehörn im Bast. Es war ein schöner sonniger Abend im Mai, und das Leben leuchtete ihm entgegen.

Und dann saß da eine Jägerin auf einem Hochsitz, und die war der Ansicht, es könnte gut aus und vorbei sein mit diesem Leben. Und sie betätigte den Abzug. Unumkehrbar. Alles zerstört.

Am nächsten Tag brutzeln glänzende Rehleberscheiben in der Butter, ganz kurz nur, mit ein wenig Salz und Pfeffer. Sie zergehen auf meiner Zunge.

Vier Tage später hole ich meine Beute aus der Kublitzer Kühlkammer. Ist das wirklich mein Gabelbock? Sein Fell ist voller Schlamm, und weil er nur an einem Lauf am Haken gehangen hat, damit die Schenkel schneller auskühlen konnten, hat er sich in der Totenstarre vollkommen verzogen. Das hübsche Reh gibt es nicht mehr. Am Fleischerhaken hängt ein Stück Wild. Ein aufgebrochenes oder ausgeweidetes Tier ist kein gewöhnliches totes Tier, es ist mehr als das, es ist entweiht. Seltsam, dass diese beiden ähnlich klingenden Wörter nichts miteinander zu tun haben, sie passen zueinander. Dadurch, dass die Eingeweide entnommen wurden, ist die Leiche geschändet, doch wie sonst sollte man das Fleisch essen? Und darum habe ich den kleinen Bock ja gerade geschossen, um ihn zu essen.

Den Kopf habe ich draußen auf den großen Feldstein gelegt, um ihn mir nach dem Zerlegen in Ruhe anzusehen, ehe ich ihn neben dem Schädel der Bache vergrabe. Die Zungenspitze und ein paar grüne Blättchen ragen aus dem Maul. Ich versuche, es mit dem Finger zu öffnen, weil ich beim Aufbrechen vergessen habe, nach dem Gebiss zu schauen, aber die Kiefer lassen sich nicht mehr bewegen. In einem Jahr, wenn ich den Schädel ausgrabe, ergibt sich eine neue Gelegenheit.

Ich drehe den Kopf um, im Schlund steckt ein grünlicher Brei. Dann das Gehörn: An der linken Stange schaut bereits ein weißer Punkt des Horns aus dem Bast. Die Haut ist lose, ich kann sie auf der Stange hin und her bewegen. Ich steche mit dem Messer hinein – was ich über das

Entweihen gesagt habe, will ich jetzt im Moment nicht hören – und ziehe die lockere Haut bis zur Rose hinunter. An der Stange befinden sich Blutreste und harte Perlen. Wenn der Bock demnächst den juckenden Bast abgestrichen hätte, hätte sich das Gehörn durch den Saft der Bäume und Sträucher dunkler gefärbt. Seine Augen sind glanzlos geworden und haben Runzeln, sie fangen an auszutrocknen. Ich stecke mein Jagdmesser in die am Stiefel befestigte Scheide.

Wolfsfieber

Auf dem Strommast neben der Wagenspur hockt ein Mäusebussard, wie eine Skulptur. Er fliegt nicht weg, als ich mich mit einem Stapel Bücher draußen auf das Treppenpodest in die Sonne setze. Es wird noch Stunden dauern, bis die Sonne hinter dem Horizont verschwindet. Das Getreide wird allmählich gelb. Der Holunder erlebt seine schönsten Tage, mit lauter cremefarbenen Blütendolden. Was macht ein Raubvogel auf einem Pfahl? Stillsitzen, warten, den Blick schweifen lassen, die Ohren spitzen, nach Beute Ausschau halten. Ansitzen also. Genau wie ich auf dem Hochsitz.

Als Jäger ist er unendlich viel besser ausgerüstet als ich. Aber ich habe ein Gewehr und ein Zielfernrohr. Auch wenn ich nicht zu der einzigen Art gehöre, die Werkzeuge für die Jagd benutzt, so sind meine doch am besten entwickelt. Darum muss ich mich an jede Menge Regeln halten, gesetzliche und weidmännische. Um die Chancengleichheit zwischen Jäger und Beute einigermaßen zu erhalten und mich nicht allzu weit von der Art des Jagens zu entfernen, wie Raubvögel und vor allem unser alter Rivale, der Wolf, sie betreiben.

He, da fliegt der Bussard davon, er schwebt hinab zwischen die Traktorspuren. Für ihn ist es keine Frage, warum er jagt, er hat Hunger. Ich stehe bei der Warum-Frage betreten da. Nicht, dass ich keine Antwort wüsste, ich weiß zu viele, und sie haben alle etwas Willkürliches, etwas Konstruiertes, sie sind alle auch richtig, oder zumindest ist etwas dran. Das muss mir reichen, ich gehe nicht auf die Jagd, weil mein Magen knurrt, ich bin nicht wie meine entfernten Vorfahren.

Am Ende folgt auf die Frage nach dem Warum oft die Frage: «Wie *kannst* du das, ein Tier töten?» Gefolgt von: «Ich könnte das nicht.» Manchmal endend in einem mehr oder weniger laut ausgesprochenen: «Wie kannst du nur!»

Tja, das weiß ich auch nicht, und wenn ich stur werde, weil mein Gesprächspartner sich für einen besseren Menschen hält, würde ich am liebsten sagen: «Vielleicht solltest du es selbst einmal versuchen, so schwierig ist das nicht.» Aber ich will die Menschen gar nicht dazu bringen zu jagen, meinetwegen darf ein jeder Fleisch essen, auch wenn er glaubt, nicht in der Lage zu sein, ein Tier zu töten. Warum sollte das jeder können, und warum sollte er es überhaupt wollen? Arbeitsteilung ist so alt wie die Jagd.

Dennoch denke ich auch: Es gibt viel, wovor ein Mensch zurückschreckt, bis er es einmal getan hat, doch ausschlaggebend ist das nicht. Man frage nur einen Chirurgen, einen Piloten, einen Stuntman oder eine Frau, die ein Kind zur Welt bringen wird, ganz zu schweigen von all jenen Menschen, die einander nach dem Leben trachten. Wenn es darauf ankommt, können Menschen sehr viel ertragen. Und sie sind zu vielem fähig. Die Entschiedenheit, mit der viele behaupten, sie könnten kein Tier töten, drückt vor allem eine Absicht aus: Sie wollen es nicht können, weil sie es verwerflich finden, oder weil sie Mitleid haben.

Ich will es können, und ich kann es, auch wenn ich das früher nicht gedacht hätte. Boom zweifelte sogar noch daran, als ich meinen Jagdschein bereits in der Tasche hatte, gestand er unlängst. Bis ich es tat. Peng.

Damit schoss ich mich in den Augen vieler als Tierfreund in Stücke. Gleichzeitig lebe ich mehr denn je mit und an der Seite von Tieren. Am frühen Morgen oder wenn die Dämmerung einsetzt, nachts, zu all den Zeiten des Tages, die viel mehr den wilden Tieren als den Menschen gehören, sind sie dort draußen. Das berührt mich, vor allem wenn es sich um große Säugetiere handelt, Hirsche, Rehe, Wildschweine. Wie sie hier herumlaufen, fressen, ihr Leben leben, gleichsam vor meinen Augen. Fast keiner kennt sie als Individuen, niemand weiß, wie viele es sind oder wo sie sich genau aufhalten, wenn sie aus dem Blickfeld verschwunden sind. Sie brauchen uns nicht.

Ich lebe hier nur mit den Tieren um mich herum, und zugleich wohne ich in einer digitalisierten Welt, in der die Spuren eines jeden nachverfolgt werden können, wo Drohnen und Atomwaffen zu unserer Sicherheit ständig einsatzbereit sind, wo unsere Körper einer ständigen Kontrolle unterliegen und an denen immer dreister herumgebastelt wird, sobald etwas nicht funktioniert, in einer Welt auch, die uns immer mehr Angst macht. Ich schaue auf meinen Bildschirm, dann aus dem Fenster und wieder auf meinen Bildschirm und wieder hinaus, und da laufen sie, sie haben keine Ahnung von alldem. Ich schaue und kann mich nicht losreißen von der Schönheit dieses wilden Lebens, diesem Leben um seiner selbst willen, der Härte dieses Daseins, der Selbstverständlichkeit.

Wie leicht könnten wir all dies zerstören mit unseren Versuchen, die Welt nach unseren Vorstellungen zu gestalten, bei denen wir uns der Illusion hingeben, alles besser zu machen. Mir wird dabei immer seltsamer zumute, während ich Woche für Woche, Monat für Monat im Jagdrevier wohne, langsamer lebe und stiller, und schaue und lausche – und dies füllt meine Tage immer mehr.

Wo die Wagenspur hinter dem Weidentümpel eine Kurve macht, lag diese Woche ein Haufen. Er sah aus wie der eines Hundes. Merkwürdig, Hunde sehe ich hier eigentlich nie. Oder könnte es … Die Abbildungen von Wolfskot auf meinem Bildschirm sehen genauso aus wie der, den ich gesehen habe. Der Wolf hinterlässt seinen Kot gern mitten auf seinen Wegen, las ich. Vielleicht also doch … Polen ist schließlich nur sechzig Kilometer von hier entfernt, und in Brandenburg, jenseits des Getreidefelds, leben bereits mehr als einhundert Wölfe. Rund fünfundzwanzig Kilometer südwestlich von hier wurde schon einer gesichtet, in der Nähe des Städtchens, wo Maik herstammt.

Ich muss ihn einmal danach fragen, obwohl ich fürchte, von ihm ausgelacht zu werden. Neulich war die Stimmung schon einmal ziemlich gereizt, als das Gespräch auf den Wolf kam. Bildete ich mir ein, ich käme als Jäger aus der großen Stadt und sei sogleich einem Wolf auf der Spur? Laien meldeten alle naslang, sie hätten einen Wolf gesehen.

Aus dem Augenwinkel nehme ich eine Bewegung wahr. Der Kopf

eines Schmalrehs ragt aus dem Getreidefeld. Das Reh schaut in meine Richtung. Ich lächle. Wie oft werde ich wohl vom Wild beobachtet – auch wenn ich glaube, unbemerkt umherzuschleichen, eine unbeholfene Menschengestalt, die versucht, schlauer zu sein als das Wild. Der Kopf des Rehs gleitet hinter die Kastanien, so, als würde es auf einer Schiene rollen, wie die beweglichen Ziele auf einem Schießstand.

Wie ich dazu in der Lage sein kann, ein Tier zu töten, das war die Frage. Indem ich es tue, hier in dieser Landschaft, umgeben von Hochwild, Niederwild, Raubwild, von Jägern und ihrer Beute, im Rhythmus der Tage, der Jahreszeiten und des Zyklus von Leben und Tod. Manchmal stirbt ein Tier, weil ich es will. Weil ich Fleisch essen will, weil ich will, dass der Wald unten an der Chaussee sich verjüngt, weil ich nicht will, dass das Wild mit seinen neuen Geweihen meine Kirschbäume kaputtfegt, den Gemüsegarten leerfrisst, die zarte Rinde von den Bäumen schält. Weil ich dem Niederwild auch ein Leben gönne, und sei es auch nur, weil mich der Anblick einer jubelnden Lerche über dem Acker oder das Gockgock der Fasane erfreut, und weil ich die Hasen vermissen würde, wenn die Raubtiere fast alle fressen würden, und ich auch selbst ab und zu gerne einen verzehre.

Die Jagd ist für uns zum Überleben schon lange keine Notwendigkeit mehr. Wir haben sie größtenteils durch andere Verfahren der Fleischgewinnung ersetzt. Wir halten Tiere – Vieh – in Gefangenschaft und sind dadurch in der Lage, so viel Milch und Fleisch zu produzieren, wie wir nur wollen, und *das* immer stärker industrialisiert.

Gleichzeitig sind wir von Tieren fasziniert. Dem tut unsere Verstädterung keinen Abbruch, im Gegenteil, je städtischer wir werden, desto verrückter sind wir nach Tieren. Wir holen sie uns ins Haus, wir stürmen die Zoos, besuchen die wilden Tiere in ihrem Biotop, fliegen dank Minikamera beim Vogelzug mit um die Welt, lesen allwöchentlich in der Zeitung, was für erstaunliche Dinge die Wissenschaftler wieder entdeckt haben. Und eine wachsende Zahl von Menschen wartet voller Ungeduld auf die Rückkehr des Wolfs.

Wir sind *biophil*, las ich neulich irgendwo und landete bei Edmund O. Wilson, einem berühmten Ameisenspezialisten und Begründer der Soziobiologie und der evolutionären Psychologie. Als ich drauf und dran war, in der heillosen *nature-nurture*-Diskussion zu ertrinken, kehrte ich um und ging ins Jagdrevier, nahm aber Wilsons Bemerkung mit: Der Mensch hat ein instinktives Gefühl der Verbundenheit mit allem, was lebt.

Als Jäger lebe ich davon. Ich jage nicht, um über die Natur zu herrschen, sondern weil ich Natur bin, Tier, Säugetier, Raubtier. Und indem ich mich entsprechend verhalte, verändere ich mich, schärfe meine Sinne, werde kräftiger, abgehärteter, ich wecke den Instinkt zum Überleben in mir und werde mir des Lebens in all seiner Bizarrerie bewusst. Ich erschieße ein Tier, und noch eins. Es ist schon lange nicht mehr nur schönes Wetter, wenn die Sonne scheint.

Dass ein Raubtier in uns steckt, sehe ich auf dem Feld auch bei anderen Jägern. Zum ersten Mal geschah dies im Wendland, als ich an einem nebligen Herbstmorgen, kurz nach meiner Jagdprüfung, an einer Treibjagd auf Niederwild teilnahm, im Revier von Rudolf Sameit, einem Wildbiologen und Dozenten an der Jagdschule.

Wir durchkämmten ein triefnasses Ölrettichfeld, vier Jäger und fünf Hunde. Flatternd flog ein Fasan aus dem Schussfeld. «Den hätten wir haben müssen», sagte Sameit – im Klassenraum die Ruhe selbst – grimmig und erregt. Wir gingen an einem Entwässerungsgraben entlang, zwei Schützen links, zwei rechts, die Hunde voraus. Sameit berichtete von den Grillen seines jungen Dackels, beobachtete aber währenddessen mit stechendem Blick das Feld.

«Hase! Nach hinten durchs Wasser!», rief die Jägerin auf der anderen Seite. Ich hörte einen Plumps, und ehe ich wusste, was geschah, hatte sich Sameit mitten im Satz umgedreht und in derselben Bewegung geschossen. Ich sah den Hasen erst, als er leblos auf dem kahlen Acker lag. Verdutzt schaute ich auf die Flinte in meinen Händen, ich hatte sie nicht einmal angelegt. Meine Reflexe waren noch untrainiert. Zwischen dem Reiz und der Aktion darf keine Zeit vergehen. Das ist es auch, was ein Raubtier macht: Nach dem Reiz «Beute» aus der Ruhehaltung heraus blitzschnell und instinktiv eine exakte Bewegungsabfolge abrufen – der Schuss kommt mehr aus dem Körper als aus dem Gewehr.

Plötzlich erinnerte Sameit mich an einen Fuchs. Er war sich der Handlungen, die er innerhalb des Bruchteils einer Sekunde ausführte, kaum bewusst. Wie sollte er auch, er geht schon zur Jagd seit er sechzehn war. Er war seit einem halben Jahrhundert Jäger und seit einem halben Jahrhundert ein lebendes Paradoxon: nicht nur feuriger Befürworter der Jagd, sondern auch ein engagierter Natur- und Tierschützer. Das bewunderte ich an ihm, er war der erste Jäger, bei dem ich alle drei Haltungen fand, und er schien sie mühelos in sich vereinen zu können.

«Der Trieb, etwas zu greifen, ist sehr fundamental», sagte er später. «Wir können zwar so tun, als hätten wir ihn nicht mehr, aber das ist Unsinn. Auch Menschen verfügen immer noch über einen Jagdinstinkt, das zeigt sich nicht nur bei der Jagd.»

Ich denke daran, wie wir als Kinder Fangen, Verstecken und Räuber-und-Gendarm spielten, und spüre die Erregung, das Kreischen und Packen. Dieses Gefühl in meinem Körper gibt es noch immer. Wenn etwas wegrennt, will ich reflexhaft hinterher. Und wenn mich etwas verfolgt, ergreife ich wie ein Hase die Flucht. Das auch.

Jäger leben in einer parallelen Wirklichkeit, wurde mir allmählich klar, einer Wirklichkeit, von der die meisten Menschen keine Vorstellung haben. Sameit gewährte mir einen ersten Einblick in diese Welt. Denn obwohl ich den Jagdschein hatte, wusste ich nur halb, was mich alles erwartete.

Atemlos lauschte ich, wie er gelernt hatte, einen festsitzenden Hund aus einem Bau zu befreien und Raubwild mit den Händen zu fangen, wie gefährlich die Zähne eines Dachses sind und wie stark seine Kiefer. Oder wie sein Hund in einem Maisfeld einen einhundert Kilo schweren angeschossenen Keiler gestellt hatte und dann Gefahr lief, den Kürzeren zu ziehen. Einen Schuss konnte er wegen des Hundes nicht abgeben, und daher hatte er das Wildschwein von hinten beim Hals gefasst und ihm das Jagdmesser zwischen die Rippen gestochen, mitten ins Herz.

Mir war vorher nicht bewusst gewesen, dass «abstechen» ein Duell zwischen Mensch und Schwein ist. «Die Wildschweinjagd ist sehr elementar», sagte er, «man muss dabei seinen Körper einsetzen. Gerade der Umstand, dass Wildschweine sich wehren, macht die Jagd auf sie so beliebt. Jagen ist auch eine Auseinandersetzung zwischen Mensch und Tier, und dazu gehört, dass man verlieren kann.»

«Hast du schon mal einen Wolf gesehen?», fragte ich Maik vor einiger Zeit, als wir mit dem Wagen das Wildruhegebiet im Kublitzer Revier inspizierten.

«Nein», antwortete er. «Und das wird auch nur ein einziges Mal der Fall sein, danach ist er tot.»

«Aber er darf doch gar nicht bejagt werden, er soll sich doch gerade ansiedeln?»

«Stimmt», murmelte er und schwieg dann.

Das hätte ich wissen können, am besten hielt ich mich zurück. Nichts verdirbt Jägern die Stimmung so wie der Wolf, und kein Thema sorgt für mehr Uneinigkeit.

Gegen seinen Willen polterte er los und schimpfte auf «all die Idioten», die darauf warteten, den Wolf zu begrüßen. Und was das alles kostete, das seien Millionen verschlingende Projekte. «Wenn ein einziges Kind im Wald von einem Wolf angefallen wird, dann ist es einer zu viel», sagte er drohend.

Ob ihm Fälle bekannt seien, bei denen Wölfe Menschen angegriffen hätten, wandte ich ein.

«Ein Wolf ist ein großes Raubtier.» Er schleuderte es mir beinahe entgegen.

Dass Wölfe den Menschen aus dem Weg gehen, dass wir als Beute für sie nicht interessant sind, behielt ich für mich. Und natürlich auch die Frage, ob ein Kind, das von einem Hund totgebissen wurde, gerächt werden müsste, indem man alle Hunde ausrottete. Ich hatte einfach nur wissen wollen, ob er es auch tat: nach Wolfsspuren Ausschau halten. Doch er hatte mich bereits bei den Idioten einsortiert und ließ sich nicht weiter in die Karten schauen.

Der Wolf wirft ein grelles Licht auf unseren Umgang mit Tieren. Wir kennen ihn vor allem als mythische Figur. Seit die Menschen Vieh halten und der Wolf Schafe, Ziegen und Kälber aus ihren Herden raubt, heißt es, er richte «Massaker unter unseren Tieren» an. Er fraß nicht nur Rotkäppchen im Märchen – das sicher auf wahren Geschichten beruht –, er verschlang ganze Kinderscharen und sprang auch Erwachsenen an die Kehle. Er tauchte auf als Gruselwolf, Isegrim, grauer Hund und als Werwolf – als Mensch, der mitten in der Nacht die Gestalt eines Wolfes annimmt, um Unheil zu stiften. In den Geschichten über seine Fresslust, seinen Blutdurst und seine Mordgier entwickelte sich der Wolf zu einem Untier par excellence, Bundesgenosse des Teufels.

Er musste ausgerottet werden, jede Methode war erlaubt. Berüchtigt ist die Wolfsangel – die zugleich auch ein Runenzeichen ist, dessen Verwendung im Kontext von rechtsextremen Organisationen in Deutschland verboten ist –, ein mit Widerhaken versehenes Flacheisen, das in den Eingeweiden von Wild versteckt wurde, die man anschließend an einen Baum hängte. Wenn der Wolf hochsprang, um an den Köder zu gelangen, spießten sich die Haken in seinen Rachen, und er blieb daran hängen, bis er verendete.

Vor gut einhundert Jahren war es endlich geschafft: In ganz Westeuropa war kein Wolf mehr zu finden. Wir hatten uns mit aller Brutalität, die in uns steckt, unseres größten Rivalen entledigt.

Wie schwindelerregend weit zurück der Einfluss des Wolfs reicht und wie tief er in der Evolution verankert ist, wird mir wieder einmal bewusst, als ich das Buch *Wolf Hund Mensch* des österreichischen Wolfspezialisten Kurt Kotrschal aufschlage. Der Untertitel lautet: «Die Geschichte einer jahrtausendealten Beziehung».

Es war der Wolf – auch wenn es möglicherweise ein wenig übertrieben klingt, schreibt Kotrschal selbst –, der Pferde und Hirsche schuf.

Auch andere Raubtiere trugen dazu bei, aber der Wolf und seine Vorläufer hatten in ihren fünf Millionen Jahren als Jäger den größten Erfolg, und ihre Selektion durch Jagd hat unsere großen Huftiere zu dem gemacht, was sie heute sind. Denn es überlebten nur die, die am aufmerksamsten waren, die am schnellsten laufen konnten und den längsten Atem hatten.

Und so folgte eins aus dem andern. Um mit den besten Fluchttieren Schritt halten zu können, mussten die Wölfe immer schneller laufen und geschickter jagen können. Dasselbe galt auch für Menschenartige und Menschen. Allerdings üben sie erst seit 500 000 Jahren Jagddruck auf ihre Beute aus, die Wolfsartigen mindestens zehnmal solange. Ob es jemanden gibt, der begreifen kann, wie lange das ist? Mir wird dabei schwindlig. Im evolutionären Rüstungswettlauf stehen die Wolfsartigen einsam an der Spitze.

Jäger und Beute haben einander zu dem gemacht, was sie sind. Wolf und Mensch – zwei sehr unterschiedliche Arten – hatten von Beginn an in ihren Überlebensstrategien so viele Gemeinsamkeiten: Beide sind Jäger und Sammler, fressen fast alles, sind selbst für andere Tiere nur selten Beute, beide ziehen auf ihrer Suche nach Nahrung umher und jagen im Gruppenverband, sie arbeiten also mit Artgenossen zusammen, und sie sind – das ist entscheidend – in der Lage, sich schnell auf eine neue Situation einzustellen, was ein großes Denk- und Lernvermögen voraussetzt. Wolf und Mensch sind beide «Top-Prädatoren», im buchstäblichen Sinne: Sie stehen an der Spitze der Nahrungspyramide.

Erst als die Landschaft orangefarben glüht und die schmale Sichel des Mondes kurz vor der Sonne hinter den Wipfeln des Staatswalds verschwindet, lege ich das Buch aus der Hand. Es dauert nicht mehr lange bis zur Sommersonnenwende. Ich stelle meinen Stuhl an die Feuerstelle im Gras, werfe ein paar Zweige und Scheite hinein und zünde sie an. Der erste Stern erscheint am Himmel, und ich denke an den Wolf, der schon so lange seine Spuren auf der Erde hinterlässt, an die Zeit, als die Erde noch wüst und leer war, hier und da ein Rudel Wolfsartige und Beutetierherden, und sehr viel später, unendlich viel später tauchten auch kleine Gruppen von Menschenartigen auf, und noch später die Mammutjäger mit «ihren» Wölfen.

Die Annäherung von Mensch und Wolf vor etwa fünfzehn- bis fünfundzwanzigtausend Jahren ist vielleicht das größte Wunder. Die zahmsten Wölfe ließen sich in der Nähe der menschlichen Siedlungen nieder, weil sie dort Essensreste erbeuten konnten. Die Menschen ihrerseits erkannten sehr bald am Geheul «ihrer» Wölfe, ob feindliche Rudel im Anmarsch waren. So entstand eine Wechselwirkung, die zu einer fortwährenden Selektion auf das Merkmal Zahmheit führte. Das war evolutionär das Vorfeld des Hundes. Nun betrachten die meisten Menschen es so: Was gut war am Wolf, ist auf den Hund, den Menschenfreund, übergegangen, und was böse war, ist bei seinen wilden Vorfahren geblieben. Wolf und Hund sind jedoch, laut Kotrschal, eine einzige Art, weil sie, wenn man sie kreuzt, Nachkommen haben, die wiederum fruchtbar sind.

Das ist, wie Sameit mir schon früher gesagt hatte, die einzige echte Gefahr bei der Rückkehr des Wolfs nach Westeuropa: dass er sich mit dem Hund paart und die Jungen, ohne dass wir davon wissen, halbe Wolfswelpen sind. Sehr trügerisch, weil sie so zahm wirken, während zugleich echter Wolf in ihnen steckt.

Durch all die Geschichten über Wölfe, Hunde, Menschen und ihr langes Zusammenleben habe ich erneut angefangen, mit mir selbst zu verhandeln: Soll ich mir vielleicht doch einen Hund anschaffen? Einen kleinen, so einen wie der junge Rauhaardackel von Sameit. Ich rufe mir meine erste Treibjagd im Wendland in Erinnerung und sehe, wie der Dackel gleich davonrennt, seinem erwachenden Jagdtrieb hinterher. «Toni geht zuerst allein los», hatte Sameit amüsiert gemeint, «sie schließt sich uns später wieder an.» Als er nach der Jagd seiner Frau davon berichtete, lachte sie kopfschüttelnd: «Wenn es nach ihm geht, darf sich jedes lebende Wesen entfalten.»

«Jaja», beeilte sich Sameit zu sagen, «aber jetzt ist Tonis Spielzeit fast vorbei. Sie jagt noch für sich selbst, aber sie muss für mich jagen, und mit den anderen Hunden, daran muss sie Vergnügen bekommen.» Es war an der Zeit für ihre Rudelsozialisation.

Auf einmal fühle ich mich am Feuer ganz verloren unter dem Sternenhimmel. Früher lag an Abenden wie diesem mein Hund neben mir, sein schwarzes Fell glühte vor Hitze. In letzter Zeit wundere ich mich darüber, dass er nie allein das Grundstück verlassen hat. Obgleich er doch in Amsterdam immer wieder ausbüchste und bei der Polizei oder im Tierheim landete. Es ist mir ein Rätsel, warum er hier, mit all dem Wild vor der Nase, nie weggelaufen ist und woher er wusste, wo unser Grundstück endete, denn es geht nahtlos in Feld und Wald über. Bestimmt hat er es gerochen. Monatelang waren wir unter uns, ein winziges Rudel, er wusste genau, wie es zwischen uns stand.

Soll ich nicht vielleicht doch … Um ehrlich zu sein: Was ist denn schon ein Jäger ohne Hund? Natürlich gibt es sie, ich bin nicht die einzige, aber ich betrachte sie mit einem gewissen Mitleid. Wer auch annähernd ein richtiger Jäger sein will, der hat einen Hund. Aber nicht so einen, wie meinen ausgeliehenen Hund. Das war zwar ein Racker nach meinem Herzen, mit einem untrüglichen Instinkt, aber er hatte nicht die mindeste Disziplin.

Dann vielleicht einen ausgebildeten Jagdhund? Den verleiht kein Jäger. Also doch besser einen eigenen Jagdhund? Ich suche weiter nach einem Grund, der mich endgültig überzeugt. Aber ich finde keinen.

Was soll ein Jagdhund in meiner Stadtwohnung? Und was soll ich dort mit ihm, außer zwei, drei Mal am Tag eine Runde durch den Park gehen, wobei ich mit einer roten Kottüte hinter ihm her laufe? Und dann am Wochenende mit dem Auto in den Wald oder ans Meer, damit er sich dort austoben kann? Was soll ich mit einem nicht endenden Schuldgefühl, weil er ein aufregenderes Leben bräuchte?

Wie üblich gerate ich in eine Sackgasse: Ich kann zwar behaupten, nur Tiere zu essen, die ein artgerechtes Leben geführt haben, doch das sind leere Worte, wenn ich gleichzeitig meinem Hund ein solches Leben vorenthalte. Selbst hier habe ich ihm wenig zu bieten. Der Leihhund durfte überall mit hin, ich war schließlich noch kein Jäger. Doch wenn ich ansitze oder herumgehe, um Wild aufzuspüren, kann ich keinen Hund gebrauchen.

Wenn ich öfter Enten oder Fasane jagen würde, oder Hasen, dann würde ich unbedingt einen Hund brauchen, denn man jagt Niederwild nicht ohne Hund, das ist nicht weidgerecht, der Hund muss die Beute suchen und apportieren. Aber die Niederwildjagd ist in dieser Gegend nicht mehr üblich. Im Kublitzer Revier werden zwar im Herbst große Entenjagden veranstaltet, doch einfach so drauflosgehen, um Enten oder Hasen zu jagen, das macht man hier kaum. Und die wenigen Fasane, die es noch gibt, lasse ich sowieso in Frieden.

Wenn ich ehrlich bin: Das Leben allein ohne Hund ist langweiliger, leerer. Aber vor allem: Ohne Hund habe ich nicht die Chance, aus nächster Nähe seinen Jagdinstinkt zu beobachten und mich darin zu spiegeln. Als würde mir etwas fehlen. Ich betrachte gern Jäger und ihre Hunde, ich beobachte, wie ihre Jagdinstinkte einander verstärken, zwei Prädatoren. Auch wenn sie beide gegen den Wolf nicht ankommen.

Was hat es doch nur auf sich mit den Menschen und Wölfen, insbesondere mit den Jägern und Wölfen? Seit ihrer Rückkehr in den Neunzigerjahren des vorigen Jahrhunderts – was ist schon ein Jahrhundert im Vergleich zur Ewigkeit – werden sie genau beobachtet, das Monitoring grenzt beinahe ans Absurde. Nie zuvor verfügten wir über so viele technische Mittel, um den Wolfsbestand in Grenzen zu halten. Und dennoch: Gegen die Schreckensszenarien und das mulmige Gefühl im Bauch ist kein Kraut gewachsen, die mythischen Dimensionen des Wolfs sind ungeschmälert.

Was hat der Wolf uns bloß getan? Und wer sollte, angenommen, wir würden seine Verbreitung weiter verhindern, seine Aufgabe als Prädator übernehmen? Wer sind dann noch die natürlichen Feinde des Schalenwilds, wer reguliert ihren Bestand, um die Biodiversität und das ökologische Gleichgewicht zu erhalten? Wer sonst als der Mensch?

Und genau das ist der Haken. Wie oft habe ich nicht gelesen: Weil es in unserer Gegend keine großen Raubtiere – lies: Wölfe – mehr gibt, sind Jäger unverzichtbar. Sie sorgen für Gleichgewicht und kontrollieren den Wildbestand. Und jetzt kehrt der Wolf zurück, das einzige Raubtier, das dieselbe Beute jagt wie sie, ihr größter Konkurrent, und sie fühlen sich in ihrer Existenz bedroht. Man muss nur mal überlegen: Rehe sind mit Abstand die bevorzugte Beute von Wölfen, gefolgt von Rotwildkälbern und Frischlingen. Ökologisch gesehen sind Wölfe perfekte Jäger, sie reißen, was jung, alt, krank oder schwach ist. Diese Tiere sind die leichteste Beute, die Wölfe sind also in ihrer Selektion perfekt. Und das ergibt kräftiges, gesundes Wild.

Kein Wunder, dass die Jäger den Wolf beneiden. Wir streben dasselbe an, aber unsere Sinnesorgane sind degeneriert, wir jagen weniger treffsicher, wir töten aus der Distanz, und viele von uns haben noch eine weitere Leidenschaft: Sie spielen gern das Spiel, wer den größten hat, und erlegen daher die stärksten Tiere, um mit den Geweihen und Gewaffen anzugeben. So konsequent und effizient wie der Wolf sind wir also nicht. Erst seit einem Jahrhundert haben die europäischen Jäger als Prädator die Alleinherrschaft, und die geben die meisten von ihnen nicht ohne Gegenwehr wieder her. So ist der Mensch, ein Tier in den Tiefen seines Verhaltens.

Dass viele, auch Jäger, nicht so weit gehen wollen, den Menschen als Prädator zu bezeichnen, zeigt nur ihren Wunsch, sich selbst nicht als Tier, nicht als Natur sehen zu wollen. Lieber betrachten sie sich als Krone der Schöpfung, oder als Tiefpunkt, auch gut, in jedem Fall aber sind sie als Mensch *hors catégorie*. Mir kommt das immer merkwürdiger vor.

Viele Jäger ärgert es ebenso wie Maik, dass der Wolf in der Europäischen Union so streng geschützt ist, dass er nicht einmal unter das Jagdgesetz fällt. Das wäre besser, denn dann könnten sie – auch wenn der Wolf das ganze Jahr über nicht bejagt werden darf – zumindest eine Ausnahmegenehmigung bekommen, wenn es Probleme gibt. Ich denk mir meinen Teil: Solange sie den Wolf als ihren Erzfeind betrachten, nur schlecht über ihn reden und jedes Stück Wild, das er frisst, eines zu viel ist, werden sie jede Ausrede verwenden, um ihn aus dem Weg zu räumen. Und dies ist heute nicht einfach nur eine Ordnungswidrigkeit, es ist eine Straftat.

Aber der Hass auf den Wolf sitzt zu tief. In Skandinavien wird rund die Hälfte aller Wölfe illegal abgeschossen. Das zeigen unter anderem mit einem Sender ausgestattete Wölfe, die plötzlich nicht mehr auffindbar sind. Auch Vergiftungen kommen vor.

Die Kraft des Wolfs, sein Anpassungsvermögen, dem wir auch den Hund zu verdanken haben, erweist sich immer wieder als seine Achillesferse: Wenn er die Chance auf Beute wittert, verliert er rasch seine Scheu. Wenn wir ihn füttern, folgt er uns bald, wird aufdringlich, und wir bekommen Angst. Dann ist es vorbei mit dem netten wilden Tier, dann wird er getötet oder, wie ich über einen Wolf in Niedersachsen las: Er wurde von einem Scharfschützen der Polizei «letal entnommen».

Je städtischer die Menschen, desto vernarrter sind sie in Wildheit und desto weniger verstehen sie davon. Deshalb wird auch der Wolfshund mit jedem Tag beliebter – bis er zubeißt. Und dann müssen plötzlich drakonische Maßnahmen her?

Ich schaue ins Feuer, mein Gesicht glüht vor Hitze. Unten am Waldrand schreckt ein Rehbock, laut und bedrohlich stößt er seine Schreie aus. Er warnt nicht vor einer unbestimmten Gefahr, er vertreibt seinen Rivalen, der es auf sein Territorium abgesehen hat und der mit leichterem Timbre die Rufe erwidert.

Heute Morgen habe ich in aller Frühe die Ricke gesucht, die dort vor einiger Zeit hochbeschlagen herumlief. Ungeduldig warte ich auf den Moment, wenn sie mit ihren neuen Kitzen auftaucht. Die müssen inzwischen groß genug sein, um mit ihr umherzuziehen. Dass es zwei sind, dessen bin ich mir nahezu sicher. Sie war kugelrund.

Angenommen, es gäbe hier Wölfe, hätte ich dann Angst, dass sie die Kitze reißen? Weil ich ihre Mutter kenne? Oder würde ich mich darüber ärgern, dass die Wölfe mir meine Beute vor der Nase wegschnappen, weil die Kitze für mich noch zu klein sind, um sie als Beute anzusprechen?

Mir fällt ein, was Sameit und andere Wildbiologen gesagt haben: Wolfsrudel brauchen einen großen Lebensraum, und sie dulden keine anderen Wölfe in ihrer Nähe. Ein Rudel kommt durchschnittlich mit etwa einem Reh pro Tag aus. Das wird den Rehbestand kaum ernsthaft dezimieren. Es wird vielleicht weniger Damwild geben, aber das ist nicht schlimm. Ich sehe selbst auf den Äckern rund um, wie groß ihre Zahl ist und welche Schäden sie verursachen. Und auch beim Zurückdrängen des Schwarzwilds könnten die Jäger durchaus ein wenig Hilfe gebrauchen. Von den siebzig Prozent Frischlingen, die sie alljährlich erlegen müssen, sind sie immer weiter entfernt. Es gibt wie früher genug Wild für zwei Topprädatoren.

Das gilt auch für die verstädterten Niederlande, wo dem Wild wieder mehr Platz eingeräumt wird, wie zum Beispiel in den Amsterdamer Wasserleitungsdünen bei Zandvoort und im Offenlandbiotop Oostvaardersplassen, wo – so war es jedenfalls geplant – das Wild wie in der Wildnis leben soll, und dann kommen wir, die Menschen, in Scharen, um zu gucken. Diese konstruierte Wildnis ist keine Wildnis. Schon seit Jahren sind ganze Herden und Rudel in kleine Biotope eingesperrt, begrenzt durch Wasser und eine unüberbrückbare Infrastrukturlandschaft, ohne natürliche Feinde, ohne Wölfe und Jäger. Die Tiere leben in der ödesten Landschaft, die ich jemals gesehen habe, ein überbevölkerter Zoo, ein Bauernhof mit freiem Auslauf, ohne Produktion, und niemand, der sich um das Vieh kümmert. Das ist nichts anderes als biologischer Kahlschlag, ein Sterbehaus.

Vor einiger Zeit kam Bewegung in die festgefahrene Situation: In den Dünen wurden Jäger eingesetzt, um das Damwild zu reduzieren. Das Wildbret bekommen Restaurants und Tafeln. Nicht weniger als zweitausend Tiere müssen dran glauben, so lange haben wir sie ihrem Schicksal überlassen. An den Oostvaardersplassen verenden die Tiere im Winter immer noch in großer Zahl. Das ist die Natur, sagen viele Ökologen. Das ist ein Verbrechen, sagen viele Tierschützer.

Vor vierzig Jahren schrieb der niederländische Wolfsexperte Jan Hilco Frijlink in seinem Buch *Auf der Spur des Wolfes*: «Wie lächerlich es manchen Menschen auch in den Ohren klingen mag, doch in einer nicht mehr allzu fernen Zukunft werden auch hier in Europa die Menschen zugeben müssen, dass der Wolf ein Anrecht auf einen Platz hat, sogar in dicht besiedelten Gebieten wie den Niederlanden. Die menschlichen Jäger können nämlich die Interessen der Natur nicht so gut wahrnehmen, wie es der Wolf tut.»

Inzwischen hat sich das Bewusstsein durchgesetzt, dass wir die Spitze der Nahrungspyramide gekappt und die Natur immer mehr aus dem Gleichgewicht gebracht haben, indem wir den Wolf als Prädator beseitigt haben. Jetzt wollen wir ihn in unserem Hang nach Wildheit wiederhaben, bis an die Grenzen unserer städtischen Biotope.

Doch parallel dazu spricht eine wachsende Zahl von Tierschützern und -aktivisten dem anderen Topprädator seinen Platz grundsätzlich ab. Der Jäger in uns muss ausgerottet werden. So droht der eine Prädator gegen den anderen ausgetauscht zu werden. Der Wolf nimmt Rache, denke ich, während im Feuer nur noch Holzreste glühen und die Nacht das Tageslicht endgültig verschluckt hat.

Sommer

Hundstage

Ein schwüler Sommerabend. Ich fahre zu einem Hochsitz an einem zugewachsenen Sumpfloch in einem Getreidefeld. Hundert Meter davor stelle ich den Wagen an den Waldrand und steige aus. Die verlangsamten leisen Bewegungen der Jagd ergreifen von mir Besitz. Der Reißverschluss des Futterals kann noch leiser geöffnet, der Kofferraum mit einem noch dumpferen Klacken geschlossen werden. Gewehr über die Schulter, Fernglas um den Hals, Schlüssel, Telefon, Messer in verschiedene Taschen, damit nichts aneinanderstoßen kann. Jetzt gibt es nur noch die Landschaft und mich. Ich folge der Wagenspur.

Unten an der Kurve gibt es einen verwitterten Hochsitz – er wird nur noch selten benutzt. Ich wate durch die hohen Brennnesseln, die mir bis zu den Achseln reichen. Ihr Blütenstaub juckt an meinen Händen, durch die dünne Sommerhose hindurch brennen die Nesseln auf meinen Schenkeln. Ich schaudere, meine Haut zieht sich zusammen, als würde eine kalte Brise darüberstreichen. Mit angehaltenem Atem klettere ich rasch die Leiter hinauf, stemme meine Füße besonders kräftig auf jede Sprosse, um zu testen, ob sie mich trägt. Eine lasse ich aus, sie erscheint mir allzu morsch.

Oben ist der Himmel wieder blau und weit, ich lasse meinen Blick über das Weizenfeld streifen. Goldgelb so weit das Auge reicht, und der Duft von Getreide. Es wird nicht mehr lange dauern, bis die Mähdrescher kommen. Die Bluse klebt mir auf dem Rücken, mit beiden Händen wische ich mir den Schweiß vom Gesicht. Jetzt zuerst das Gewehr laden, denn auch wenn meine Mauser wie für mich gemacht ist, so hat sie doch einen Nachteil: Der Verschluss knirscht laut, trotz meiner intensiven Bemühungen um Geräuschlosigkeit. Klick, ritschratsch, klick, ritschratsch, und das mit fünf Patronen. Sie sind drin. Sichern.

Ruhe, umherschauen, mir die Gegend in alle Richtungen einprägen, um später jede Veränderung zu bemerken. Hinter mir liegen zwei Nadelholzparzellen, die durch einen Waldpfad getrennt sind. Dort ist der Boden völlig durchwühlt. Wildschweine. Unlängst waren sie hier noch zugange. Vor mir biegt die Wagenspur um den Sumpf und führt hinauf nach Kublitz.

Da sitzt ein Hase, ein Riese von einem Hasen, er schaut ins Leere und sitzt einfach nur da, hin und wieder dreht er seine schwarzumrandeten Löffel wie Antennen. Seine Augen befinden sich an der Stelle, wo bei uns die Ohren sind, er kann rundum schauen, aber trotzdem hat er nicht vor mir die Flucht ergriffen. Vielleicht sitze ich zu hoch. Hasen verweilen öfter mal in der Nähe meines Hochsitzes. Gemütlich finde ich das, auch wenn dies aus dem Mund einer Jägerin vielleicht befremdlich klingt. Aber ich habe etwas zum Beobachten. Und Hasen sind gute Hinweisgeber. Wenn sich ein Hase auf einmal platt auf den Boden legt oder davonläuft, taucht meistens ein anderes Tier auf – vor allem Füchse fürchtet er wie den Tod.

Das Sumpfloch. Darin befinden sich wahrscheinlich Schweine. Weiden, Erlen, Schlehen und Holunder stehen dort auf einer Scholle beieinander, das Wasser strömt, fließt, rinnt hindurch. Mit dem Feldstecher suche ich die grüne Wand ab, registriere jeden kleinen Tunnel, streiche über die Wechsel im Getreide hinweg, versuche, die Routen der Schweine zu erraten. Um sie sogleich zu bemerken, wenn sie zum Vorschein kommen. Aber bis dahin dauert es noch mindestens ein, zwei Stunden, die Sonne steht grell über dem Horizont. Der Mond, noch schneeweiß, wandert nach oben in Richtung Süden.

Ich lausche, vorläufig lausche ich, ob ich die Schweine höre. Mein Rücken streckt sich, mein Kopf senkt sich, das Kinn zur rechten Schulter gedreht, den Blick nach innen gerichtet. So nehmen meine Ohren offenbar am besten Geräusche wahr. Allein, ohne Zuhilfenahme meiner Augen. Ich hole hastig durch den Mund Luft, um mein Atmen nicht zu hören, den Geruchssinn brauche ich sowieso nicht. Es hat den Anschein, als schalteten die Ohren die anderen Sinnesorgane aus, wenn es darauf ankommt. Aber warum ich meinen Kopf dabei schräg halte, weiß ich nicht.

Was mochte der Hase jetzt machen? Bei einem Hasen gibt es nicht viel zu belauschen. In Notsituationen kreischt er angeblich, und während der Rammelzeit knurrt er seine Rivalen an. Das ist schon alles. Er sitzt und ruht sich aus, und ich muss aufpassen, dass ich ihm keinen stoischen Charakter andichte.

Manchmal raschelt und knackt es im Wäldchen vor mir, ganz leise, es sind nur die Vögel. Als die Sonne groß und rot hinter dem Horizont versinkt, zerbrechen dürre Zweige, Ästchen, im Sumpf ertönt ein Kreischen. Die Schweine, sie erwachen zum Leben, sie bekommen allmählich Hunger. Aber es kann noch eine Weile dauern, bis sie sich auf den Weg machen. Das Kreischen klingt, als würden sie sich zanken: Hau ab, Miststück.

Rosige Ferkel in einem Schweinestall. Das Geräusch ist mir im Ohr, als wenn es dort gespeichert wäre. Man kann nicht nur von außen nach innen hören, sondern auch von innen nach außen. Denke ich Ferkel, höre ich Ferkel.

Quiekend verdrängen die Ferkel einander von den Zitzen. Die Sau liegt in einem eisernen Käfig im Stroh, so dass sie ihre Jungen nicht erdrücken kann. Eine staubige Birne hängt an einem Kabel und verbreitet ein schwaches Licht. Der Bauer hat eine Schüssel mit warmem Wasser, Seife und ein Handtuch für meinen Vater bereitgestellt und schaltet die Handlampe ein.

Das Quieken in meinen Ohren wird schriller, mit langgestreckten Tönen. Jetzt höre ich Angst heraus. Der Bauer hält mir ein Ferkel hin. Ich sitze auf einem hölzernen Hocker, packe es bei den Hinterbeinen und lege es rücklings auf meine Oberschenkel, den Kopf kreischend in meinem Schoß – spitze Milchzähne, eine zitternde Zunge. Ich drücke die Hinterbeine kräftig an seine Flanken, ich muss gut aufpassen, dass es nicht zu sehr zappelt, damit mein Vater in seinem weißen Arztkittel schnell und genau arbeiten kann. Zweimal wischt er mit einem in Alkohol getauchten Wattebausch über die Hoden. Mit Daumen und Zeigefinger spannt er die Haut links davon und schneidet sie mit dem Skalpell ein. Dann dasselbe auf der rechten Seite. Das Quieken wird lauter, dann verzweifelt, als mein Vater die Hoden durch die Schnitte hinausdrückt, sie sauber abtrennt und in einen Eimer wirft. Jod auf die Wunden, dann das nächste.

Ich setze das Ferkel auf den Boden, es schüttelt sich und wankt jammernd davon, während ich sein Brüderchen nehme. So arbeiten wir schweigend weiter. Zumindest ist das meine Erinnerung. Vielleicht machten die Männer auch Scherze, gaben Kommentare ab, um das zu übertönen, was sie in ihren eigenen Hoden spürten.

Ich blieb ernst, ich war stolz, dass mein Vater mir diese Aufgabe übertrug, auch wenn mir das permanente Quieken in den Ohren wehtat. Meistens kastrierte mein Vater ein paar Würfe Ferkel nacheinander, und dann ungefähr die Hälfte des Wurfs, etwa fünf, sechs kleine Eber.

Ich muss damals noch in der Grundschule gewesen sein. Später habe ich nur noch selten daran gedacht. Hin und wieder erschien der Vorgang als Bild vor meinen Augen, doch während meines jahrelangen Lebens in der Stadt verblasste es, weil es zu nichts passte. Es war, als stammte es aus dem Leben eines anderen Menschen.

Jetzt sind die Ferkel nicht mehr rosig, sondern braungelb gestreift, und sie laufen frei herum. Wenn sie ihre Streifen verloren haben und ich eins zu fassen bekomme, kastriere ich es selbst. Aber dann quiekt es nicht mehr, dann ist es bereits tot.

Ferkel ohne Betäubung zu kastrieren ist sowieso nicht mehr erlaubt. Als Kind kam ich nicht auf den Gedanken, dass man das ja auch machen könnte, betäuben. Und mein Vater fügte Tieren kein Leid zu, er sorgte im Gegenteil dafür, dass es ihnen besser ging. Hin und wieder musste er nun mal auch solche Arbeiten übernehmen. Weil die Eber sonst miteinander kämpften und sich verletzten und weil ihr Fleisch sonst nicht mehr schmeckte, das jedenfalls war, was die Erwachsenen sagten. Ich dachte nicht weiter darüber nach, ich half meinem Vater. Er selbst mochte diese Tätigkeit nicht, das sah ich sehr wohl, aber es war schon mal gut, wenn die Bauern den Tierarzt holten und sich nicht selbst auf unhygienische Weise mit dem erstbesten Messer an die Arbeit machten. Wenn wir fertig waren, summte das Gekreisch noch lange in meinen Ohren. Dass es noch ganz dicht unter der Oberfläche ruhte, bemerkte ich erst auf dem Hochsitz.

Von der Sonne ist nur noch eine purpurne Glut übrig, ein schmaler Streifen unter einer sich ausbreitenden Wolkendecke. Der Hase ist verschwunden. Die Schweine lassen sich Zeit. Als ich schon fast nicht mehr damit rechne, wird das Knacken, Schnaufen und Knurren lauter, sie machen sich zum Essen auf. Ich nehme mein Gewehr und lege den Lauf auf das Geländer des Hochsitzes. Ich spähe durch das Visier, schalte den roten Lichtpunkt im Fadenkreuz an, ziele ein wenig auf die verschiedenen Wechsel, die aus den Büschen kommen, warte, spähe, horche. Es ist gerade noch hell genug, um die Schweine erkennen zu können, und wenn es dunkler wird, spendet mir vielleicht der Mond ausreichend Licht, obwohl sich der Himmel jetzt sehr schnell zuzieht. Achtung, sie kommen in meine Richtung. Nein, jetzt entfernen sie sich wieder. Die Schweine stöbern noch eine Weile im Sumpf herum. Ich hinter ihnen her, spanne mich an wie eine Feder, entspanne mich wieder, spanne an, entspanne mich, alles im Rhythmus ihrer Geräusche. Ich bin ihr Spielball.

Und dann, nein, ich höre ganz deutlich, wie sich die Geräusche von mir weg bewegen, sie verlassen den Sumpf auf der Rückseite, außerhalb meines Blickfelds, direkt ins Getreidefeld hinein, nicht nach links, nicht nach rechts, nicht auf dem Waldweg. Meine Anspannung lässt nach, gelassen lausche ich den Geräuschen.

Sie sind im Getreide verschwunden. In der Stille höre ich wieder die vereinzelten Töne des Abends: zwei Stimmen im Dorf, ein Auto, das um die Kurve rast, gruh-gruhende Kraniche, die Bässe eines deutschen Schlagers und in der Ferne immer wieder einen Hund, der anschlägt.

Es dauert noch einen kurzen Moment, bis ich aufgebe, erst will ich noch wissen, wie spät es ist, auch wenn es keine Rolle spielt, und ich versuche, nicht nach der Zeit zu leben, wenn ich ansitze. Jetzt sind der Wechsel von Licht und Schatten wichtig, Kraft und Richtung von Wind und Witterung, die Tiere, die sich blicken lassen. Ab und zu bewegt sich etwas im Sumpf. Ich nehme das Gewehr, um zu schauen, ob ich durch das Visier vielleicht noch eine Bache von einem Überläufer unterscheiden kann, oder den Kopf von einem Hinterteil. Kaum Chancen. Und der Mond, der wird mir auch nicht helfen, der ist nicht mehr als ein fahler Fleck hinter den Wolken. Ich schaue auf mein Telefon, entlade mein Gewehr, ritschratsch und dasselbe noch vier Mal. Jetzt kommt ganz bestimmt kein Tier mehr.

Die Taschenlampe in der Hand, steige ich in die Brennnesseln hinunter, die Augen gewöhnt an die Dunkelheit und die Ohren an die Stille der Nacht. Beim Wagen angekommen, zögere ich kurz, dann steige ich ein, lasse den Motor an, schalte das Standlicht ein und gebe vorsichtig Gas – als wenn es noch etwas ausmachen würde. Ich kehre zurück in die bewohnte Welt.

Zu Hause nehme ich sogleich ein paar dicke Schweinerippen mit ordentlichem Fettrand aus dem Tiefkühlschrank, sie sind noch von der hochbeschlagenen Bache. Morgen kommen Freunde zum Essen. Große Fleischesser sind sie nicht, aber Wild mögen sie gern. Ich hatte ihnen frische Leber versprochen, falls ich Beute machen würde, jetzt gibt es Rippchen.

Als am nächsten Tag die Holzblöcke in der Feuerstelle zu Kohlen zerfallen, kommt das Fleisch auf den Rost. Es ist jung und zart, ich habe es nur gesalzen und gepfeffert, so dass es nach Schwein schmeckt und nicht nach Marinade, und schon gar nicht nach Wildgewürzen wie Wacholderbeeren oder Nelken. Jetzt, mitten im Sommer, will ich nicht den Herbst im Mund haben.

Während wir wie ungeduldige Kinder im Schatten der Eiche den Duft des schmorenden Fleischs und des schmelzenden Fetts aufnehmen, berichte ich von der Bache: Kurz, ohne Details, die brauchen meine Freunde nicht zu erfahren, so wie sie auch lieber kein aufgebrochenes Wild sehen, oder Fotos vom Zerlegen. Jagen, das machen andere, Männer, die ihnen fremd sind. Dass ich auf die Jagd gehe, ließ sie erschrecken.

Das Fleisch ist saftig und knusprig, ich wische das Fett, das mir am Kinn herunterläuft, mit Brot ab, ein säuerlicher Salat neutralisiert es, wir knabbern die Wirbel ab. Als alles ordentlich aufgegessen ist und ein neuer Holzklotz in der Feuerstelle brennt, kommt eine der Vorwerkfreunde hinzu. Als ich gerade Jägerin geworden war, wollte sie eine große Tiefkühltruhe für meine Beute beschaffen. Sie ist eine begnadete Köchin, sie kocht mit allen Sinnen, ohne Rezept. Doch als die Sache konkret wurde, schreckte sie zurück. Ich töte junge Tiere: Mich umgibt ein schlechtes Karma. Wir vermeiden das Thema und reden wie früher über den Gemüsegarten, das Obst, die Wildsammlung und über die schmackhaftesten Methoden, unsere Ernte zu verarbeiten.

Schweißgebadet wache ich auf und schlage das Laken beiseite. Das Getreide glüht im Streiflicht, kein Halm rührt sich. Durch das offene Fenster weht kein bisschen Morgenfrische. Sogar die Kraniche schweigen.

Die Hundstage haben begonnen. Unter dem heißen Blechdach halte ich es nicht länger aus, ich muss hier weg, die Nacht von mir abspülen, doch langsam, immer langsam. Unten nehme ich ein Handtuch und steige aufs Fahrrad, flitze den Hügel hinunter, gehe gemächlich, das Rad an der Hand, den nächsten Hügel hinauf. Links das Getreidefeld, rechts die Hohe Wiese. Sie wurde gerade gemäht, und ein Fuchs ist dort so in die Jagd vertieft, dass er mich nicht bemerkt. Ein Stück weiter noch zwei, es sind junge Füchse. Beute gibt es jetzt im Überfluss, über dem Acker schwebt der Storch aus dem Nachbardorf heran.

Ich habe ihn schon gestern gesehen. Als ein Bauer unsere Wiese mähte, paradierte er hinter dem Traktor mit Mähbalken her. Zwei andere Störche vertrieb er, indem er einmal kurz bedrohlich aufflatterte. Aus fünf Metern Entfernung sah ich, wie er eine Blindschleiche, die sich in seinem Schnabel wand, verschlang. Und noch eine, und noch eine. Pickend und schlingend ging er umher, vor mir ergriff er ganz bestimmt nicht die Flucht. Es war eher umgekehrt. Voller Respekt betrachtete ich seinen kräftigen, spitzen Schnabel. Und jetzt kommt er zur Hohen Wiese, um hier zu frühstücken. Der Fuchs schaut kurz auf und jagt dann unerschütterlich weiter.

Auf meinem klapprigen Fahrrad rolle ich den nächsten Hügel hinunter. Dort stehen am tiefsten Punkt eine verwitterte Jagdkanzel und ein junger Apfelbaum. Mein Apfelbaum. Während der sieben Jahre, in denen ich hier mit dem Hund spazieren ging, nahm ich morgens einen Apfel aus der Obstschale und ging bis hier. Jeden Tag warf ich das Kerngehäuse neben die Kanzel. Hier war der Wendepunkt. Der Hund beobachtete mich genau, denn bei der Kanzel, das wusste er, durfte er nach einer bestimmten Handbewegung zurück nach Hause. Und dann rannte er über die Hügel zurück zu seinem Fressnapf.

Der Hund ist inzwischen schon seit Jahren tot, aber im Herbst vor zwei Jahren entdeckte ich in den Sträuchern Äpfel, Braeburn, die am Ende des Winters noch saftig und sauer sind. Wenn das Bäumchen blüht oder Früchte trägt, muss ich an den Hund denken.

Bei der rechtwinkligen Kurve im Feldweg fahre ich in der Traktorspur aufs Maisfeld, hinunter zur Chaussee, die dunkel zwischen den Buchen und Eichen liegt. Ich überquere sie und bin auf dem Zigeunerstrand, vor mir glitzert das klare Wasser des Sees. Noch keiner da. Ich ziehe das Kleid über den Kopf und tauche durch das Schilf. Die sanfte, kühle Unterwasserwelt umfängt mich, mein Körper ist endlich erlöst von der schweren klebrigen Hitze. Ich lasse mich treiben, immer weiter treiben, bis ich beinahe einschlafe, die Sonne nun sanft wärmend auf dem Gesicht.

Den ganzen Tag bleibe ich im Haus, zwischen den dicken, kühlen Mauern des Kuhstalls. Ich beobachte den Storch, der auch unser Grundstück wieder ansteuert, um die letzten verstümmelten oder verirrten Frösche, Mäuse und Blindschleichen zu verputzen, und ich weiß nicht so recht, ob ich am Abend wirklich zur Jagd gehen soll. Die Schweine kommen nicht mehr aus den Rapsfeldern: Dort gibt es zu fressen, bis sie umfallen, und nirgendwo sind sie sicherer.

Die Rehe sind jetzt überall, die Brunftzeit hat begonnen, sie verfolgen einander durchs Getreide, über die Wiesen und durch verkrautete Säume; sie haben jetzt etwas anderes im Kopf als vorsichtig sein. Aber ich habe es eher auf Wildschweine abgesehen, um wieder frische Schweineleber und Fett zu haben, aus denen ich Pastete machen kann.

Raubwild, das ist irgendwann auch mal dran. Im vorigen Sommer entdeckte ich im Getreide junge Marderhunde. Es war das erste Mal, dass ich welche sah, und ich wollte sie nicht gleich erschießen, ich wollte sie beobachten. Das habe ich Maik lieber nicht erzählt. Dass ich immer noch keinen Fuchs geschossen habe, macht mich sowieso schon zu einem lausigen Jäger.

Faul liege ich mit der aktuellen *Jagdzeitung* auf dem Sofa herum und vertreibe mir die Zeit mit Kurznachrichten aus den Bundesländern: Jäger erlegte mit Zustimmung des Bauern dessen entlaufene Kühe. Pferdezüchter fand auf der Weide Kopf und Wirbelsäule eines frisch geborenen Fohlens. Täter, so weiß man sofort: mit Sicherheit ein *Graukund*, nein, ein ganzes Rudel, denn ein einziger Wolf frisst kein zwanzig Kilo schweres Fohlen. 71-jähriger Jäger erschoss seine demente Frau und dann sich selbst. Ihre Krankheit hatte den Mann in die Verzweiflung getrieben. Im Zentrum von Bremen und in Koblenz haben Krähen Passanten angegriffen …

Draußen beginnt es zu rauschen, ganz unvermittelt hat der Wind aufgefrischt. Aus dem Westen ziehen schwarze Wolken heran, die Bäume biegen sich, ein greller Blitz schießt ins Getreide, und dann reißt mit einem gewaltigen Donner der Himmel auf. Der Wind heult weiter, die Wolken rollen über mir dahin und gießen ihr Wasser auf das Land. In Nullkommanichts steht das Gemüsebeet unter Wasser.

Der Heuboden, das Bett. Geschwind wie ein Affe klettere ich nach oben, alles trocken, der Regen fällt genau von West nach Ost. Graue Schleier hängen über den Feldern, auf der Brache neben dem Getreide liegen graue Häufchen. Es ist kein Unkraut, und es sind auch keine Feldsteine, dann hätte ich sie schon früher gesehen. Als ich sie länger betrachte, bekommen sie deutlichere Konturen. Es sind Damhirsche, regungslos im strömenden Regen. Sie haben neue Geweihe. Rasch hole ich mein Fernglas: Zwei Schaufler halten ihre weit ausladenden Stangen stolz empor, daneben zwei Halbschaufler und außerdem noch zwei Spießer. Sie lassen das Wetter über sich hinwegziehen. Später, als die Sonne wieder scheint, schaue ich noch einmal nach: Das Feld ist leer, als hätte es dort nie Damhirsche gegeben.

Abgekühlt hat es nicht, die Erde dampft, Wasserpfützen stehen im ausgetrockneten Lehm der Wagenspuren. Nach Regen kann man gut jagen, aber die Frage bleibt: Steige ich bei dieser Hitze ins Auto und fahre zum Landgut, oder bleibe ich drinnen im Kühlen?

Als ich mich beinahe überwunden habe, klingelt das Telefon. Es ist Uwe, der Revierpächter, sehe ich. Mit pochendem Herzen gehe ich ran. «Pass auf», legt er sofort los. Und ungläubig höre ich ihn sagen, wir müssten Vereinbarungen treffen und ich könne heute Abend schon in der Kanzel auf der Hohen Wiese ansitzen, nicht einmal hundert Meter von meinem Haus entfernt. «Junge Schweine, von den Rehen nur Jährlinge und Schmalrehe, Damwild vorläufig nicht, Waschbären natürlich, Marderhunde auch, aber die gibt es hier kaum noch. Und, nein, Füchse laufen lassen, die sind hier eher selten.»

Endlich, endlich: Einfach das Grundstück verlassen, das Gebiet bejagen, das ich schon seit fünfzehn Jahren durchstreife, wo ich jeden Wildwechsel und jedes Gebüsch, jeden Tümpel und jede Hecke, jeden Toteissee, jede Wiese und jeden Acker kenne. Das Wild bejagen, das ich von meinem Bett auf dem Heuboden aus sehe, das vor dem Bauwagen am Froschteich äst, am Anbau vorbeitrottet, das ich im Obstgarten überrasche, im Winter den Efeu neben der Küchentür auffrisst, im Frühling die Fliederknospen, und das das Gras umwühlt auf der Suche nach Larven und Würmern. Nach draußen schauen, nach Wetter und Wind, und entscheiden: Gehe ich jagen oder nicht. Aufwachen in der Morgendämmerung, aufschauen – und aufstehen. Fünf Minuten später in der Kanzel sitzen, das Wild, mit dem ich das Revier teile, ansprechen, erlegen, essen.

Mein Jagdrevier

Ich hänge das Gewehr über die Schulter und den Feldstecher um den Hals, stecke Munition, Papiere und Jagdmesser ein – mehr nicht – und gehe los. Wenn ich etwas erlege, hole ich einfach die Schubkarre und breche das Stück im Stall auf, dort ist es kühler als draußen.

Langsamen Schritts gehe ich zu der Kanzel auf dem höchsten Punkt der Hohen Wiese. Es weht ein leichter nordwestlicher Wind, das Wild wird mich nicht so leicht wittern. Es kommt jetzt vor allem aus dem sumpfigen Wald unten an der Chaussee, wo es tagsüber Kühlung sucht und sich nicht rührt.

Ich suche die Wiese ab, am Waldrand jagen die drei junge Füchse entlang. Sie lassen sich durch die Schwüle nicht stören. Sobald einer aufschaut, stehe ich still. Ich gelange in die Kanzel, ohne dass sie die Flucht ergreifen. Ich schwitze, die Kanzel ist ein Brutkasten in dem großen Brutkasten der Außenwelt. Ich öffne alle Luken.

In der Kanzel steht ein Schreibtischstuhl, auf dem ich mich bequem von einer Luke zur nächsten drehen kann. Die Tür lasse ich einen Spaltbreit offen. In der Ecke steht eine blutverschmierte Latte, die ich für den Lauf meiner Mauser auf den Rand von zwei Luken lege. So kann ich durch die Türöffnung schießen. Nur das Sandsäckchen habe ich vergessen, ich habe es erst vor Kurzem gemacht, indem ich eine Winterstrumpfhose mit Kies gefüllt habe. Es dient als weiche Unterlage für den Gewehrlauf.

Das gemähte Gras liegt in langen Streifen auf der Wiese, das Leben von Mäusen, Fröschen und Blindschleichen ist brutal durcheinandergebracht worden: Plötzlich haben sie keine Deckung mehr. Hochsaison für ihre Fressfeinde. Und ich, der Feind ihrer Feinde, habe vor dem Öffnen der Luken vergessen, mein Gewehr zu laden. Dann eben jetzt, ritschratsch. Da schau an, die kleinen Füchse hören es nicht einmal.

Sie jagen jeder für sich, ab und zu begegnen sie einander, dann ducken sie sich, öffnen langsam den Fang, bis einer sich auf den Rücken legt und der andere es ihm daraufhin gleichtut. Sie stammen aus einem Wurf, sind zusammen aufgewachsen und werden nun allmählich zu Rivalen. Demnächst machen sie sich auf die Suche nach einem eigenen Revier.

An ihrer Lunte kann ich sie unterscheiden. Die des einen ist braun, der zweite hat eine kleine weiße Blume und der dritte eine große. Der Einfachheit halber gebe ich ihnen Namen, dadurch bekommen sie etwas von Indianern. Unermüdlich jagen sie. Schauen, horchen, schleichen, höchste Konzentration, sie verharren, heben einen Vorderlauf. Große Weiße Blume starrt auf einen Punkt und stellt die Läufe mitten unter dem Rumpf aneinander, bewegt den Kopf, ein wenig nach links, ein wenig nach rechts – rührend, ich kann mir nicht helfen –, und noch einmal, um besser zu hören, um besser zu sehen, dann, ihr Körper ist wie ein gespannter Bogen, springt sie in die Höhe und taucht mit den vorderen Branten und Fang auf den Boden. Später sehe ich Braune Lunte und Kleine Weiße Blume dasselbe tun. Wenn sie etwas fangen, stehen sie eine Weile mit gesenktem Kopf da und kauen. Hin und wieder lassen sie ihre Beute fliehen, um sie im nächsten Moment wieder zu verfolgen. Das größte erbeutete Tier hat das Format eines Maulwurfs, aber es muss wohl eine Wühlmaus sein, denn Maulwürfe mögen sie nicht. Das habe ich zumindest gelesen.

Lange Zeit sind sie eifrig auf einer ovalen, fünfzig Meter von der Kanzel entfernten Stelle beschäftigt, wo ganz offensichtlich andere Pflanzen wachsen. Durchs Fernglas sehe ich, dass der Boden dort einem Schweizer Käse ähnelt. Das muss Uwes Kirrung sein, sie zieht auch Mäuse und andere Kleintiere an.

Ich betrachte die Landschaft um mich herum, die zwar vertraut ist, aber von der Kanzel aus doch wieder anders aussieht. Vor mir der Buchenwald, durch den die Chaussee führt, rechts die Wallhecken und dahinter das Brachland, das wiederum an den Obstgarten grenzt. Ich erinnere mich noch daran, dass dies auch Wiese war, aber das Gelände war zu abschüssig für die immer schwerer werdenden Traktoren. Inzwischen sind die Schlehen gewachsen und bieten dem Wild Deckung, kreuz und quer führen seine Wege hindurch.

Unten erstreckt sich bis hinter unseren Obstgarten ein Schilfgebiet und Schwingmoor, das aus irgendeinem unerfindlichen Grund *Salzwiese* genannt wird. Ich habe dort einmal Sumpfdotterblumen ausgestochen und sie in den Weidentümpel gepflanzt. Ein kleines Reh kommt aus dem Schilf, eine echte Bambigestalt noch, gefolgt von einem Jährling mit winzigem Spießergeweih. Er trabt hinter dem Schmalreh her, es läuft im Kreis, macht Scheinbewegungen, als spielten sie Fangen, und er ist dran. Er ist immer dran, denn er ist ein Bock. Plötzlich hat das Schmalreh genug, es schüttelt ihn ab und verschwindet im Getreidefeld hinter mir.

Die Sonne versinkt hinter der doppelten Baumreihe in der Ferne, wo ein überwucherter Hohlweg verläuft, der alte Postweg. Dahinter liegt das Maisfeld, das vom Dachsberg mit seinen mächtigen Buchen und der Chaussee begrenzt wird. Auf der anderen Seite der See. Das ist meine Jägerwelt.

Ich schaue mich um, betrachte die Rehe und jungen Füchse, spüre, dass hinter der Wallhecke in meinem Rücken unser Kuhstall liegt, und ich kann mein Glück kaum fassen. In fünf Minuten bin ich zu Hause. Heute ohne Beute, nehme ich an.

In einiger Entfernung sehe ich Boom durch eine Spur im Getreidefeld in Richtung unseres Hauses gehen. Ich beobachte ihn, als wäre er ein Reh, und komme mir dabei wie ein Voyeur vor. Zusammen gehen wir hier nur noch selten spazieren. Mit mir könne man nicht mehr durch die Felder gehen, moserte er unlängst. Ständig müsse er stehenbleiben, den Mund halten, er dürfe nicht rascheln, nicht vor mir hergehen, nein, er müsse hinter mir bleiben. Ich weiß, das kann er überhaupt nicht. Einfach durch die Landschaft spazieren, schnellen Schritts, und auch mal über etwas anderes reden, das geht nicht mehr. Und er hat auch keine Lust mehr, ständig nachzufragen, was ich gesagt habe, weil ich immer flüstere. Er hat Recht, aber ich kann es nicht lassen. Ab und zu unternehmen wir außerhalb des Reviers lange Wanderungen, allerdings vergesse ich auch dann nie meinen Feldstecher.

Um die Kanzel herum beginnt es zu summen und zu brummen. Es sind Käfer, dicke, fette, braune Brummkäfer, ich krümme mich zusammen, sie trommeln leise auf das blecherne Kanzeldach, als wäre es ein Schlagzeug. Kleine Weiße Blume und Braune Lunte drehen jetzt Runden um meinen Hochsitz. Sie rennen immer schneller, springen schnappend in die Luft, ah, sie machen jetzt Jagd auf Insekten. Plötzlich fliegt ein Käfer in die Kanzel und verfängt sich in meinen Haaren. Mit möglichst sparsamen Bewegungen versuche ich, ihn zu verjagen. Nicht panisch werden jetzt, nicht wild um mich schlagen, denn dann verrate ich den Füchsen, dass ich hier oben bin. Die Käfer tun nichts, sage ich mir, einfach an Fledermäuse denken, scheinbar unkontrolliert fliegen sie knapp an deinem Kopf vorbei. So ein Käfer ist vielleicht weniger intelligent, aber er sitzt auch nicht zu seinem Vergnügen in meinem Haar, sondern versucht, so schnell wie möglich wegzukommen.

Als es fast dunkel ist und der Wind ein wenig Kühlung bringt, sind die Käfer mit einem Mal verschwunden. Auch die Füchse sind nirgends mehr zu sehen. Der Mond steht im ersten Viertel und sinkt nun rasch in Richtung Horizont. Aus dem Brachland springen zwei Gestalten, die hintereinander her zum Waldrand laufen. Ich kann gerade noch erkennen, dass es sich um Rehe handelt.

Am Morgen werde ich vom ersten Sonnenlicht geweckt, vor mir wogt in einer leichten Brise das Getreide. Gewohnheitsmäßig suche ich vom Bett aus die Felder ab. Da! Ich taste nach dem Fernglas auf dem Nachtschränkchen und richte mich langsam auf. Auf dem Wildwechsel, der wie ein zittriger Strich durchs Getreide zu unserem Grundstück verläuft, kommt der Revierbock angetrabt. Er tritt auf die Wiese und macht sich eifrig daran, sein Geweih an den Halmen und Grasbüscheln zu fegen, so dass seine Stirndrüse dort seinen Geruch zurücklässt. Er ist zu brunftig, um noch scheu oder wachsam zu sein.

Ein paar Stunden später sitze ich im Anbau und arbeite, als plötzlich eine Ricke auf die Wiese gerannt kommt – der Bock hinterher. Mit langgestrecktem Hals folgt er ihr, seine Nase klebt an ihrem Spiegel. Sie läuft schnelle Runden, steht plötzlich still, und er beschlägt sie. Zweimal, fünfzehn Meter von mir entfernt. Die Ricke läuft weg und schaut dann aus der Distanz zu ihm rüber. Mit stolz erhobenem Haupt inspiziert er sein Territorium und legt sich unter den Kastanien am Grundstücksrand ins hohe Gras. Die Ricke gesellt sich zu ihm.

Lange halten sie es nicht aus. Als ich kurze Zeit später wieder von meinem Bildschirm aufsehe, stehen sie wieder auf der Wiese. Jetzt beschlägt er sie bestimmt sechs Mal. Er zuckt mit dem Hinterleib. Zwischendurch fegt er seine Stangen noch rasch fanatisch an ein paar Büscheln. Schließlich laufen sie zusammen um den Weidentümpel herum, reißen ein paar Bissen Grün ab und verschwinden auf der Brache.

Der Revierbock ist nun überall, er muss zusehen, dass er alle Ricken beschlägt. Am Abend, als ich auf der Hohen Wiese ansitze, kommt das Schmalreh mit seiner niedlichen Gestalt wieder aus dem Schilf. Zielgerichtet läuft es an der Kanzel vorüber, als folge es einer Spur. Vielleicht hat es seine Mutter verloren, oder seine eigenen Hormone machen sich schon bemerkbar. Versuchsweise habe ich mein Gewehr angelegt und verfolge das Schmalreh durchs Zielfernrohr. Ein Jährling mit einem Gabelgeweih springt aus dem Getreide vor ihm. Er rennt auf das Reh zu und verfolgt es. Es beachtet ihn aber nicht. Er sieht genau aus wie das Tier, das ich im Mai geschossen habe. Nein, nein, das mache ich nicht noch einmal, für mich in dieser Saison keinen kleinen Gabler mehr.

Da kommt der Revierbock auf die Hohe Wiese. Er sieht den Gabler, macht sich aber nicht die Mühe, ihn zu verjagen. Ruhig geht er auf das Schmalreh zu. Mit raschen Schritten macht es sich aus dem Staub, ohne dabei zu traben. Als es im Getreide verschwindet, folgt ihm der Bock. Eine kurze Zeit lang sehe ich noch ihre Lauscher, die über die Halme hinausragen, dann verschwinden sie jenseits des Hügelkamms.

Nach einer viertel Stunde kommt das Schmalreh alleine zurück. Dreißig Meter von meiner Kanzel entfernt steht es regungslos, schaut, lauscht in alle Richtungen des Getreidefelds. Jetzt könnte ich schießen. Erneut lege ich an, zögere, will ich es wirklich jetzt erlegen?

Es läuft in den Wald.

Ich wette, es wurde vorhin beschlagen, aber das hat vorläufig keine Bedeutung, in seinem Körper verändert sich nichts. Das Reh ist ein merkwürdiges Tier, eine Art Pseudohirsch. Und auch wenn ich während meiner ersten Jahre hier Rehe und Damwild nicht einmal unterscheiden konnte – wonach, in Gottes Namen, habe ich damals geschaut? –, so sind es doch wirklich verschiedene Tiere. Nur das Reh, der Marder und der Dachs paaren sich mitten im Sommer. In Anbetracht ihrer jeweiligen Tragezeit müssten sie ihre Jungen im Winter bekommen. Keine gute Jahreszeit. Daher nistet sich die befruchtete Eizelle in der Gebärmutter ein, und es herrscht Eiruhe, so dass die Jungen frühestens im Mai zur Welt kommen. Keine Ahnung, wie sich das so entwickelt hat. Anpassung ans Klima, habe ich gelesen, doch eine Erklärung für die frühe Paarungszeit ist das nicht.

Die drei kleinen Füchse wagen sich noch nicht weit von ihrem Bau weg. Als ich mit dem Rad zum Zigeunerstrand fahre, entdecke ich sie wieder auf der Hohen Wiese, und auch als ich am Abend in der Kanzel sitze, sehe ich sie. Demnächst werden sie nur noch in der Dämmerung oder im Dunkeln jagen. Insgeheim bin ich froh, dass der Jagdpächter sie nicht freigegeben hat. Noch nie waren meine Chancen, einen Fuchs zu erlegen, so groß, und das auch noch aus so kurzer Distanz. Aber ich habe sie auch noch nie den ganzen Abend lang in einer solchen Ruhe beobachten können, und diese Unbefangenheit werden sie rasch verlieren, denn sonst überleben sie nicht. Auf fast jedem Hof werden Hühner, Gänse und Enten gehalten, und darum muss der Fuchs sterben. Denn auch wenn die Gehege eingezäunt sind wie Gefängnisse, mit Elektrodraht und allem, dringt dennoch ab und zu ein Fuchs ein. Vor allem ab Anfang Mai, wenn die Muttermilch nicht mehr reicht, die Jungen hungriger werden und Rüde und Fähe noch emsiger auf der Suche nach Futter sind. Zu der Zeit sah ich sie sogar am Tag über unser

Grundstück laufen, unterwegs zu den Hühnergehegen der Nachbarn. Eier hat die Nachbarin im Weiler nicht mehr für mich, ihre Hühner legen nicht mehr. Das muss der Fuchsstress sein. Und als ich ihr erzähle, dass ich junge Füchse gesehen habe, ruft sie: «Erschießen!»

Aber der Jagdpächter denkt anders darüber, obwohl er selbst auch Federvieh hat. Er lässt die Füchse in seinem Revier am Leben. «Es sind nur wenige», sagt er, «und sie fangen viele Mäuse, das ist auch etwas wert.» Doch wenn ich im Winter gern wegen des Fells einen Fuchs schießen wolle, um mir daraus beim Kürschner eine Stola machen zu lassen, dann habe er nichts dagegen.

Von den Jägern, die ich hier kenne, ist Uwe der einzige, der es nicht auf Füchse abgesehen hat. Im Buchenwald an der Chaussee habe ich einen Unterstand entdeckt, der nur auf einer Seite eine Luke hat. Das ist keine Jagdkanzel, aber ich weiß nicht, was es sonst sein könnte. Als ich Uwe danach frage, sagt er: «Hin und wieder kommt ein Naturfotograf, um Aufnahmen von den Füchsen zu machen.» Tatsächlich bemerke ich in der Nähe einen Bau. Ich beschließe, die Stelle zu meiden. Wenn ich Jagd auf einen Fuchs mache, dann auf einen im Winterfell.

Uwes Haltung gegenüber den Füchsen bleibt für einen Jäger ungewöhnlich. Seine Tochter Nicole, die unten im Weiler wohnt, kam sogar mit einem Argument, das man in der Regel nur von Wildbiologen und Jagdgegnern hört: Wenn man die Füchse schießt, vermehren sie sich nur noch schneller. Es bringt also nichts.

Mit dem Argument braucht man Hubert Falkner nicht zu kommen. Er freut sich über jeden toten Fuchs. Er hat fünfzehn Tümpel und Weiher in seinem Revier und jagt gern Federwild. Als ich ihm nach einem abendlichen Ansitzen erzählte, dass ich Füchse gesehen hätte, leuchteten seine Augen auf. «Und? Geschossen?»

«Nein, zu weit weg, und ich wusste nicht, ob es vielleicht eine Mutter mit Jungen war.» Solange ein Muttertier ihre Jungen säugt, lässt man sie in Ruhe, habe ich gelernt. Das gilt für jedwedes Wild mit Jungen. Eine säugende Fähe sieht mitgenommener aus als ein Rüde, der zudem ein wenig größer und kräftiger ist. Mir ist es noch nicht gelungen, sie mit Sicherheit zu unterscheiden, und darum traue ich mich nicht, zu schießen.

«Was?», ruft Hubert. «Du hast ihn laufen lassen?» Er schüttelt den Kopf.

So wird es natürlich nie mehr was mit den bedrohten Bodenbrütern wie Fasan, Rebhuhn und Teichhuhn in seinem Revier. Er ist unerbittlich, ein Frühling mit wenigen Füchsen bedeutet mehr Bodenbrüter, also wird das Raubwild kleingehalten, sehr klein, das betrachtet er als die wichtigste Aufgabe seines Berufsjägers.

Von Rudolf Sameit weiß ich, dass er vor allem mit Kastenfallen versucht, den Fuchs zurückzudrängen. Die beste Zeit für die Fuchsjagd sei der Winter, sagte er mir. Dann seien die Fähen trächtig, und im Frühjahr gebe es dann keine Welpen. Aber, relativierte er sogleich, wichtiger als die Füchse seien inzwischen die Waschbären, die verursachten sehr viel größeren Schaden.

Ich höre mir stets wieder alle Argumente an, sammle sie und hoffe, nuanciert und offen zu bleiben. Letztendlich komme ich nicht weiter als bis zum altbekannten Refrain: Gleichgewicht, Gleichgewicht, Gleichgewicht, nicht als Zustand, sondern als *panta rhei*, alles bewegt sich, nichts bleibt. Von dieser Erkenntnis kann ich immer noch tiefer durchdrungen werden.

Als sich die Dämmerung auf die Hohe Wiese senkt, ertönt aus dem Buchenwald drängendes Gekecker. Es ist der Ruf der Fähe. Der Reihe nach laufen die kleinen Füchse in den Wald. Als würden sie nach Hause gerufen, bevor es dunkel wird.

Ich bleibe noch eine kurze Weile, der Mond hat seinen Zenit bereits überschritten. Langsam zieht sich der Himmel zu. Die Landschaft hüllt sich in grünliche Grautöne. So stelle ich mir Farbenblindheit vor. So ungefähr sieht das Wild die Welt, denke ich und erschaudere; unheimlich, in einer solchen Welt zu leben. Zugleich geht mir durch den Kopf, dass das Schalenwild nicht wüsste wohin, in einer so bunten Welt wie der unseren.

Der Waldrand ist nun durchbohrt mit schwarzen Tunneleingängen,

Wildwechseln. Manchmal scheinen sie sich zu bewegen, und ich denke, es kommen Tiere heraus. Jedes Blinzeln kann einen Schatten zu etwas anderem machen. Es ist ein einziges Spähen nach dem, was ich eigentlich sehe.

Am Tag darauf kommt der Wind aus dem Osten, und das ist perfekt für die Hohe Wiese. Aus dem Westen kommt sowieso nicht viel Wild auf das Gras, und die anderen können mich jetzt nicht mehr wittern. Ich sitze seit nicht einmal einer Stunde an, als der kleine Bock und das Schmalreh vom Brachland her kommen. Ich nehme mein Gewehr und schaue durchs Visier. Sie suchen am Rand nach Nahrung, knapp neunzig Meter entfernt. Aus so großer Distanz habe ich bisher nur auf dem Schießstand geschossen, auch wenn eine solche Entfernung an und für sich nicht außergewöhnlich ist. Vielleicht sollte ich den Stecher verwenden, dann löst der Abzug schon bei einer leichten Berührung den Schuss aus, und ich laufe weniger Gefahr, das Gewehr beim Feuern ungewollt zu verreißen. Das Schmalreh steht mit dem Kopf ein wenig nach hinten, gerade eben nicht schön breit. Ich schalte den roten Lichtpunkt im Fadenkreuz an und entsichere. Dann schreckt hinten auf der Salzwiese noch ein anderes Reh, irritiert schauen Bock und Schmalreh auf, horchen, bleiben aber, wo sie sind, das Schmalreh steht jetzt sogar breit. Mit dem Daumen drücke ich den Abzug nach vorn, jetzt ist der Stecher aktiviert, ich ziele hinter das Blatt, berühre den Abzug, und die Kugel fliegt los. Das Schmalreh sehe ich nicht mehr, der Bock schnellt fort, wie ein Pfeil von der Sehne, zwanzig Meter weiter hält er an, schaut sich um und rennt weg.

Zwischen den Halmen strampeln Läufe. Da liegt das Reh, regungslos nun. Tot, denke ich, hoffe ich. Ich entlade das Gewehr, steige hinunter und gehe den Hügel hinab. Und ja, da liegt es, friedlich, mit einem kleinen Einschussloch gleich unter dem Schulterblatt, in Höhe des Herzens. Ich streichle ihm kurz den Hals, drehe es um und betrachte die Austrittswunde, auch unter der Schulter.

Ich schau um mich herum. Heute ist also der Tag, zum ersten Mal habe ich bei meinem Haus Beute gemacht. Ich fühle mich vor allem zielgerichtet, es muss gehandelt werden. Schade, dass Boom nicht da ist. Ich habe noch nie Wild erlegt, wenn er da war. Und nun esse ich nachher wieder allein gebratene Leber.

Soll ich das Reh hier aufbrechen? Auf dem Vorwerk ist kein Mensch, ich stoße also niemanden vor den Kopf, wenn ich mit dem toten Reh nach Hause komme. Ich schaue zum Himmel hinauf, die Farben ziehen bereits aus dem Tag. Soll ich die Schubkarre holen? Ach nein, ich ziehe das tote Tier, es ist nicht schwer. Also packe ich das Reh bei den Hinterläufen und schleife es den Hügel hinauf. Sehr bald bricht mir der Schweiß aus. Doch schwerer als ich dachte, und es darf auch durchaus schwer sein, geht es mir wieder einmal durch den Kopf, mein Mantra angesichts des Todes. Als ich auf dem Feldweg ankomme, löst sich hinter unserem Stall der Mond groß und orangefarben von den Wipfeln des Grenzwalds. Sooo.

Im Stall angekommen, hänge ich das Reh an die Aluminiumleiter. Zum ersten Mal breche ich ein Stück im Hängen auf, das geht besser und schneller als auf dem Boden. Den Kehlkopf suchen, aus der Speiseröhre kommt grüner Brei. Den Bauch öffnen, nach oben aufschärfen, durch den Brustkasten, das geht leicht, die Knochen sind noch weich. Dann die Naht zwischen den Schenkeln finden, vorsichtig, damit ich die Muskeln nicht verletze, das Schloss durchsägen, die Hüften nach außen drücken und den Anus freischneiden. Dann ziehe ich alles mit einem Ruck aus dem Rumpf. Das muss man mit Überzeugung machen, habe ich gelernt, dann gelingt es. Im Fettgewebe entdecke ich schwarze Zysten. Die findet man oft, es sind Bandwurmlarven, harmlos. Ich schneide die Leber heraus, das Herz und die Lungen sind kaputt. In den warmen glibberigen Eingeweiden suche ich nach den Nierchen.

Mein Magen knurrt. Die Leber wiegt wohl so um die fünfhundert Gramm, von dem was nachher übrigbleibt, kann ich noch die restliche Woche essen. Ich freue mich vor allem auf rosige Leberscheiben als Brotbelag. In der Regel habe ich nur Käse und manchmal Wurst aus dem Bioladen. Palmkohl werde ich dazu essen, überlege ich mir. Im Gemüsebeet steht noch einer, eine kleine Pflanze zwar, denn es war ein spätes Experiment. Seit Monaten habe ich sie vor den Schnecken beschützt, zwei haben überlebt, und jetzt werde ich sie ernten. Leber mit Palmkohl. Wenn ich im großen Gemüsegarten noch ein paar Kartoffeln ausmache, esse ich heute mal nicht vegetarisch, doch kommt alles von hier.

Mit einer Taschenlampe gehe ich in den Garten und traue meinen Augen nicht: eine der beiden Pflanzen ist kahlgefressen. Ein Reh, nehme ich an, oder ein Hase. Genau unter der Öffnung zum Heuboden, während ich dort oben schlief. Ein Reh, beschließe ich, das wäre als Rache an mir ein gelungener Streich. Vielleicht hat ja sogar meine Beute den Kohl gefressen, mein Schmalreh, und es befinden sich noch Palmkohlmoleküle in seinem Bauch.

Noch am selben Abend bringe ich die Wanne mit dem Aufbruch zur Kirrung bei der Kanzel. Am Waldrand steht die Ricke mit ihren beiden Kitzen. Ich fühle mich ertappt. Wenn ein Reh an die Kirrung kommt, würde es dann riechen, dass dort die Reste eines Artgenossen liegen? Wäre es alarmiert? Dass ich das nicht weiß, dass ich so viel über das alltägliche, physische Leben nicht weiß und dennoch handle, verbindet mich plötzlich mit dem Wild.

Einen Tag später ist alles weg. Waren es die Schweine, die Füchse, die Seeadler? Es gibt keine Spuren, auch das werde ich nie wissen.

Nach drei Tagen hole ich das Schmalreh aus Uwes Kühlhaus und hänge es, elf Kilo, aufgebrochen am Haken, der Länge nach an die Leiter, die Vorderläufe gerade nach unten gestreckt. Es wirkt viel größer als vor ein paar Tagen, als es noch frei herumlief. Ich schneide die Decke an den Hinterläufen los, so dass ich die Haut packen kann, hake meine Finger dahinter und ziehe sie ab.

Jetzt muss der Kopf entfernt werden. Ich nehme all meinen Mut zusammen, der Kopf ist das Individuum, und auch jetzt denke ich unwillkürlich an den sogenannten Islamischen Staat. Schluss damit. Das Schmalreh ist kein Mensch, und außerdem ist es schon seit Tagen tot.

Ich durchtrenne rundum den Hals bis zu den Wirbeln und drehe dann den Kopf ab. Ein Laie kann jetzt nicht mehr erkennen, dass es ein Reh ist, ohne Kopf ist es ein Stück Schlachtvieh geworden.

Bei Rehen kann man besser als bei Wildschweinen sehen, wo man schneiden muss, weil sie kaum Fett haben. Mit der Astschere trenne ich die Rippen vom Rücken, vorsichtig löse ich die Filets unter den Lenden aus und schneide den Hals und den Nacken vom Rumpf. Jetzt noch den Rücken in zwei Teile zerlegen und die Keulen vom Becken befreien. Am Ende pariere ich alle Fleischstücke noch grob: Vertrocknete Ränder und Lappiges kommen weg. Die Häute lasse ich dran, die entferne ich erst kurz vor dem Zubereiten.

Zu Abend esse ich Rehgeschnetzeltes mit Kartoffeln, Linsen, Salat, und als Salut an das Reh trinke ich Rotwein. Nach dem Schuss die Leber und die Nieren, nach dem Zerlegen das erste Muskelfleisch. Trotzdem habe ich noch zu viel weggeworfen. In Gedanken mache ich mir eine Liste für die nächsten Male: Zunge, Lungen, Milz, Hirn, Bries, Hoden, Nierenfett, vom Schwein sowieso mehr Fett für Speckwürfel und Schmalz, und das cremige Fett aus der Leiste eines Kalbes für Wurst, und die Wangen, und wenn es geht den Rest des Kopfs – und dann im Winter von allen Tieren ein Fell.

Der Raps muss von den Äckern, und zwar schnell. Ringsum rattern und dröhnen die Mähdrescher, hin und her, Tag und Nacht. Traktoren mit vollen Anhängern sind auf der Chaussee unterwegs. Die Landwirte haben es eilig: Noch so ein Sturzregen wie vorgestern, und alle Rapssamen werden aus den Hülsen gespült. Dann gibt es nichts mehr zu ernten. Ich jäte im Gemüsegarten Unkraut, als mir plötzlich auffällt, wie nah sich die Maschinen anhören, und dass ich schon die ganze Zeit versuche, den anhaltenden Lärm zu überhören. Jetzt aber spitze ich die Ohren: Sie ernten das Feld an der alten Kastanienallee ab! Dort habe ich abends regelmäßig Wildschweine grunzen und quieken gehört. Vergeblich versuche ich mir zu vergegenwärtigen, wie lange ich schon die Maschinen aus dieser Richtung höre. Vielleicht ist das Feld beinahe abgeerntet. Ich werfe die Grabgabel hin und schnappe mir den Feldstecher vom Tisch. Schnell, ich will das Wild aus der Deckung kommen sehen, ich will wissen, ob dort gejagt wird – ich muss dabei sein. Nicht rennen jetzt, immer mit der Ruhe.

Der Mähdrescher kriecht über das Feld und verschluckt die Halme. An den Rändern gibt es bereits breite Stoppelstreifen. Durch eine Röhre fließt der Rapssamen auf die Anhänger hinter dem Traktor, der wie ein Seitenwagen neben dem Mähdrescher herfährt. Auf dem Feldweg parkt ein Auto, daneben stehen Männer in orangefarbenen Westen. Der mir am nächsten stehende kommt, den Gewehrlauf in die Luft haltend, erschrocken auf mich zu. «Das ist keine so gute Idee, hier entlangzugehen.»

Ich nicke. «Ich wollte nur kurz schauen, ob hier gejagt wird.»

Als er meinen Akzent hört, weiß er, wer ich bin, denn er sagt: «Haben Sie eine Büchse?»

«Jaja.»

«Holen Sie Ihr Gewehr, schnell!» Ich drehe mich bereits um, als er mir hinterherruft: «Und eine Warnweste.»

Beinahe über meine eigenen Beine stolpernd, renne ich den Weg entlang. «Boom! Boom!», rufe ich, als ich unser Grundstück erreiche. Mit seinem Buch noch in der Hand kommt er aus dem Garten.

«Erntejagd, ich bin dabei, schmier mir schnell eine Stulle.»

Ich hole meine Mauser aus dem Waffenschrank, stecke Munition in die Hosentasche, ziehe eine Warnweste über mein weißes Gartenhemd, Stulle, fertig. «Warte», sagt Boom und setzt mir seine Baseballkappe auf den Kopf. «Du kriegst noch einen Sonnenstich.»

Der große Schütze, der mich vorhin angesprochen hat, zeigt mir meinen Platz, zwischen ihm und dem Besitzer des Autos, einem ganz alten Hasen in Sachen Weidwerk, gibt er mir zu verstehen. Der verzieht keine Miene und fragt nur, ob ich schon einmal auf flüchtende Sauen geschossen habe.

«Voriges Jahr bei einer Drückjagd», erwidere ich, während ich mein Gewehr lade. «Aber da waren sie zu nah und zu schnell.»

Er schweigt und sagt dann: «Auf den Teller zielen.»

Ich schaue den Acker entlang. Der nächste Schütze steht bei den Kastanien, die beiden letzten weiter hinten am Waldrand. «Wir schießen dorthin», sagt der Große und deutet auf das Getreide jenseits des Weges, hinter dem der Froschteich und die Grenze zu Brandenburg liegen. Das Wild wird aus dem letzten Streifen Raps flüchten und durch unsere Linie brechen.

«Und wie verhindern wir, dass wir alle auf dasselbe Stück schießen?»

«Er schießt meistens als Erster oder Zweiter», sagt der Große und deutet auf den Alten. Er sieht am schnellsten, was er vor sich hat, und ist, so schätze ich, am treffsichersten. «Dann schieße ich, und dann Sie.»

«Okay. Und sag ruhig du, als Holländerin ist mir das deutsche Gesieze viel zu kompliziert.» Ich bin alt genug, um das zu sagen, und ich bin eine Frau. In Jägerkreisen sage ich auch schon mal, ich hätte gehört, dass Jäger einander sowieso duzen, aber hier schon jetzt auf Jäger-unter-sich zu machen, erscheint mir ein wenig voreilig.

Der Mähdrescher hält an, der Anhänger ist voll. Als der Traktor langsam vom Feld fährt, nimmt der nächste seinen Platz ein. Und weiter geht's, hin und her. Angespannt beobachten wir den Mähdrescher. Der Große zeigt auf etwas, winkt mit der Hand. «Da!» Ja, dort, mitten in dem Streifen, der noch übrig ist, bewegen sich ein paar Halme. Er sticht seinen einbeinigen Zielstock in den Boden. Wir halten die Gewehre bereit, und ich denke: Ich muss mir auch so ein Ding besorgen, dann habe ich Halt, wenn ich auf dem Feld ein Stück Wild vor den Lauf bekomme. Ich habe mich schon einmal erkundigt. Die besten sind dreibeinig, stufenlos mit einer Hand ausziehbar und – teuer. Aber für einen Zielstock gilt dasselbe wie für ein Zielfernrohr: Die Gefahr, ein Tier krank zu schießen, nimmt drastisch ab. Das spart eine Menge Nerven.

Wir warten und spähen. Dann stehen die Halme wieder still. Ich schaue angestrengt, auf der Suche nach weiteren Bewegungen, irgendwo müssen sie doch sein. Der Schirm meiner Kappe schützt meine Augen vor dem Sonnenlicht, doch als der Staub hinter dem Mähwerk in großen Wolken aufwirbelt, hilft auch der Schirm nicht mehr. Es ist wie im dichten Nebel, ich kneife die Augen zusammen.

Lautes Geraschel links vor uns. Blitzschnell wenden wir uns alle in diese Richtung, bereit anzulegen. Ein Damtier und sein Kalb springen aus dem Raps hervor in Richtung Weg, mein Griff ums Gewehr erschlafft, ich atme die angehaltene Luft aus, wir schauen den beiden hinterher, als sie hochflüchtig im Getreidefeld verschwinden. Die Jagd auf Damwild ist nur zum Teil eröffnet. Wir sind der Schweine wegen hier. Hin und her, hin und her. Der Schweiß brennt in meinen Augen, es stört mich nicht, ich habe dafür keine Zeit. Staub und Pflanzenfasern schweben auf uns herab, wir sehen kaum noch die Hand vor Augen, die Sonne ist vollständig verblasst. Noch zwei, drei Streifen. Oft verstecken sie sich auf den letzten Quadratmetern. Jetzt oder nie, jetzt oder nie, hämmert es im Rhythmus meines Herzschlags in meinem Kopf.

Der Fahrer des Mähdreschers gibt ein Lichtsignal. Wir sehen, wie der letzte Streifen von der Maschine verschlungen wird. Das war es dann, die Schweine haben uns ein Schnippchen geschlagen. Ein wenig verloren stehen wir auf dem weitläufigen Stoppelfeld. Langsam tauchen die dunklen Kiefern dahinter wieder auf, die Sonne kommt heraus, und wie der Nebel löst sich auch mein Rausch auf. Es ist wieder ein ganz gewöhnlicher Tag im August.

Die drei weiter entfernt stehenden Schützen gesellen sich zu uns. Wir geben einander die Hand. Sie tun so, als wäre es die normalste Sache der Welt, dass ich plötzlich dabei bin. Über den Verlauf der Jagd zeigt niemand Enttäuschung oder Verwunderung. Lieber reden sie über andere Gelegenheiten, bei denen die Schweine auch Reißaus genommen hatten oder bei denen es im Gegenteil wie im Schießkino zuging.

«Willst du vielleicht heute Abend ansitzen?», fragt der Große mich. «Die Schweine kommen am ersten Abend nach der Ernte gerne noch mal wieder, um zu schauen, ob es was zu holen gibt. Wir können alle nicht, wir müssen zu einer Party.»

Zwei Stunden später gehe ich über das Stoppelfeld zu der niedrigen Kanzel am Waldrand und winde mich mit Büchse und allem durch die Schlehdorne nach oben. Hier war lange Zeit niemand. Der Abend ist bleigrau, still und drückend. Kaum suche ich mit dem Feldstecher die

Umgebung ab, höre ich das Summen. Da kommen sie bereits, die Mücken, kein Wunder, ich dampfe wie ein kochender Wasserkessel. Die erste Mücke landet auf meinem kleinen Finger. Dies wird erneut eine lange Übung in Gelassenheit. Nichts hilft, sie stechen durch meine Kleider hindurch. Je mehr Quaddeln ich habe, desto weniger kratze ich mich, desto gleichgültiger reagiert meine Haut. Ich bin der Schweine wegen hier.

Sie kommen entweder aus dem Wald hinter mir oder aus dem Getreidefeld vor mir. Aber sie kommen nicht. Nicht einmal ein Reh, ein Hase oder ein Fuchs lässt sich blicken. Kein Vogel pfeift, kreischt oder zwitschert. Wind kommt auf, ein Föhn, der die Hitze noch weiter steigert. Mich macht das unruhig, irgendwas stimmt mit der Welt nicht, wenn Föhn herrscht.

Ein lautes, knarrendes Geräusch, das ich nicht einordnen kann, erschreckt mich; ich sehe nichts, aber es ist ganz in der Nähe. Was ist das für ein Tier? Gleich hinter mir im Wald glänzt zwischen den Baumstämmen hindurch eine Tiefe. Ich habe es nie gewusst, aber dort unten muss ein Tümpel sein, von Sträuchern umgeben, ein dunkler Ort, ein perfektes Versteck. Es gehört zu den Stellen, an denen ich immer vorbeigegangen bin, weil sie so undurchdringlich wirken, dass man denkt, sie können innen nicht anders aussehen als von außen, dass es also eigentlich kein Innen gibt.

Doch von dort kommt das Geräusch nicht, es ist viel näher. Und es verschwindet nicht mehr. Ich schließe die Augen, horche, jetzt verändert es sich, irgendwas wischt über eine Oberfläche. Es ist über mir. Auf dem Dach der Kanzel muss ein Tier sein. Ich schaue zur Decke, dunkel, ich ertaste Teerpappe. Vorsichtig stecke ich den Kopf nach draußen, bereit, ihn rasch wieder zurückzuziehen.

Die Kanzel ist mit einer verzinkten Wellblechplatte gedeckt, über der Äste hängen, der Föhn weht sie gegen das Dach, knarrend, schubbernd, quietschend, tickend, knackend. Wie dämlich, warum habe ich das nicht gleich gehört? Dass die kleinsten Erscheinungen sich immer wieder als Rätsel erweisen.

Durch den Feldstecher sind keine scharfen Konturen mehr zu erkennen. Die Schweine kann ich heute Abend vergessen. Ich entlade mein Gewehr, erleichtert, ich bin nicht weit von zu Hause, rasch gehe ich die Kastanienallee entlang, lasse den Weiler hinter mir, öffne die Stalltür und sperre den trübseligen Abend aus.

Mauser

Schlagzeile: «Jäger hielt Liebespaar für Wildschwein». Der Mann tot, die Frau mit dem Rettungshubschrauber ins Krankenhaus und notoperiert. Der dreißigjährige Jäger aus dem Havelland erklärte gegenüber der Polizei, er habe von seiner Kanzel aus dem Wild aufgelauert. Es habe bereits zu dämmern begonnen, als er es im Maisfeld rascheln gehört habe. Er habe angelegt und geschossen. Als er die kahle Stelle im Mais inspiziert habe, sei er dort nicht auf ein Schwein gestoßen, sondern auf einen Mann seines Alters und dessen Geliebte. Sie hätten auf einer Decke gelegen, neben ihnen habe der Champagner noch in der Flasche gesprudelt.

Es fehlte nicht viel, und er hätte einen Doppeltreffer erzielt, zwei Tote mit einem Schuss. Die Kugel war der Polin durch den Oberarm gedrungen und hatte sich dann in die Brust ihres Geliebten gebohrt.

Sie war eine Saisonarbeiterin aus Katowice, er ein Gabelstaplerfahrer, sie kannten sich von der Arbeit in der Champignonzucht neben dem Tatort. Sie hatte mit vier Landsfrauen ein Zimmer gemietet, er hatte zu Hause eine Freundin und zwei Kinder. Und so verlegten sie an jenem Abend im September ihr fatales Liebesnest ins Maisfeld.

Was um alles in der Welt, so schreibt ein Jäger am nächsten Tag in einem Jagdforum, habe jemand abends in einem Maisfeld verloren!? Er erntet höhnische Reaktionen: Was denke er, was die beiden dort suchten? Und ob denn jeder, der sich abends draußen aufhält, fürchten müsse, von einer Kugel erwischt zu werden? Vor allem aber: Man schiebt die Schuld nicht auf das Opfer. In allen Tonarten wird wiederholt, der Jäger habe in seiner Trias aus der polizeilichen Vernehmung – «Rascheln gehört, angelegt, geschossen» – den entscheidenden Schritt vergessen: das Wild ansprechen, sehen, was man vor sich hat, damit man weiß, worauf man schießt.

Die Jäger sind bestürzt, wie nach jedem Jagdunfall. Das ist Munition für die Anti-Jagd-Lobby. Indem er einmal den Abzug betätigt, schießt ein Jäger viel mühsam erworbene gesellschaftliche Akzeptanz in Stücke. Doch nicht nur das, auch die verstohlenen Momente eines jeden tauchen auf.

Fünf-, zehnmal nacheinander hat man in der Kanzel gesessen, stundenlang, hörte die Sauen im Raps, im Getreide, im Mais, sie fraßen sich voll in ihrem Schlaraffenland. Es gab sogar einen Tümpel, um zu trinken, und Schlamm, um sich darin zu suhlen. Man denkt an den Schaden, hört, wie er mit jedem Mal, wenn man ergebnislos den schmatzenden Sauen lauscht, größer wird. Man will sie dort herausjagen.

Was macht man dann?, fragte ich einmal einen Jäger. «Es gibt andere Methoden», erwiderte er und schwieg. Ich ließ nicht locker, doch er schwieg weiterhin, und als ich gerade aufgeben wollte, sagte er rasch flüsternd: «Man gibt einen Schuss in die Richtung ab, aus der das Geräusch kommt», und schwieg dann wieder, als hätte er nie etwas gesagt. Er verließ sich also auch gelegentlich blindlings auf seine Ohren.

Der Jäger aus dem Havelland hatte seinen Jagdschein seit nicht einmal einem Jahr, las ich, er war vom Jagdfieber befallen – bis er sah, was er angerichtet hatte.

Dieser eine Moment, in dem das Blut aus dem Kopf weicht und man beinahe ohnmächtig wird vor Entsetzen über den eigenen Fehler, die innere flehentliche Bitte, einmal, nur ein einziges Mal im Leben die Uhr zurückdrehen zu dürfen, den einen Moment noch einmal wiederholen zu dürfen. Zugleich weiß man, dass das, was man getan hat, nicht rückgängig gemacht werden kann.

Ich weiß, dass sie eine Mordwaffe ist, und dennoch, jedes Mal, wenn ich nach Mecklenburg zurückkomme, freue ich mich, meine Mauser wiederzusehen, sie in die Hand zu nehmen. Das Holz fühlt sich kühl an, meine Finger streicheln über die Fischhaut, die in den Griff graviert ist, das Ritsch-ratsch des Verschlusses klingt wie Musik in meinen Ohren. Ich hänge sie über die Schulter und bin Jäger.

Auch wenn sich mein Magen verkrampft, wenn ich nach Wochen in der Stadt wiederkomme, mein Gewehr aus dem Schrank nehme und losziehe – werde ich es wirklich wieder tun, kann ich es noch, traue ich mich noch? –, und auch wenn ich diese Angst nie wirklich losgeworden bin, Furcht vor meiner Mauser habe ich nie. Im Gegenteil, sie hilft mir, mein städtisches Leben abzuschütteln. Sie begleitet mich nach draußen, weit in die Landschaft hinein, bei Nacht und Sturm, in Wind und Wetter. Von dem Tag an, als ich mit ihm mein erstes Tier schoss, hing ich an dem Gewehr.

Hätte mir in jungen Jahren jemand gesagt, dass ich irgendwann einmal mit einer Feuerwaffe über die Felder gehen würde, dann hätte ich ihn ausgelacht. Ich trug zwar kein zerbrochenes Gewehr als Anstecker, weil ich nicht gern meine Meinung an mir zur Schau stellte, aber ich hätte mein Leben darauf verwettet: das nie. Auf dem Rummel weigerte ich mich sogar, mit einem Luftgewehr zu schießen.

An diesem Tag, sagte ich mir, sollte ich mich endlich entscheiden. Ich stand vor einer langen Wand mit Feuerwaffen im hinteren Raum des Büchsenmacherladens. Ein Gewehr ist wie ein Fahrrad, auf dem eigenen fährt man, ohne darüber nachzudenken, man weiß genau, wie es reagiert, das hat man im Körpergedächtnis gespeichert. Um jagen zu lernen, brauchte ich ein eigenes Gewehr, das zur Verlängerung meines eigenen Körpers wurde, damit ich mich ganz auf die Beute konzentrieren konnte.

Ich hatte mir Rat geholt, doch jeder Jäger empfahl mir entweder seine eigene Waffe oder ein Damengewehr oder das Gewehr, das er verkaufen wollte. Mangel an gebrauchten Gewehren gibt es in diesen Breiten nicht. Während meines ersten Jagdjahrs hatte ich mir Waffen geliehen, um herauszufinden, was mir zusagt.

Fast hätte ich den spanischen Karabiner gekauft, mit dem ich mein erstes Wildschwein erlegt hatte, als hätte ich deswegen dem Gewehr gegenüber eine Verpflichtung. Dass es einen kurzen Lauf hatte, fände ich nicht schlimm, sagte ich mir, dass sich die Backe auf der rechten Seite des Kolbens befand, weil es für einen Linkshänder gemacht war, auch nicht, und dass es sich um einen Handspanner handelte, gefiel mir gerade. Wenn man es spannte, entsicherte man es gleichzeitig auch. Mit all diesen Nachteilen – denn als solche empfand ich sie im Nachhinein doch – fand ich mich mühelos ab. Doch als das Gewehr hin und wieder blockierte, wenn ich schießen wollte, hätte ich es am liebsten wie ein Stück altes Eisen aus der Kanzel geworfen. Ein wenig Öl, wie der Besitzer mir riet, half nicht, und dass er mir immer wieder versprach, damit zum Büchsenmacher zu gehen, auch nicht. Das war das Ende «meines» spanischen Karabiners. Um ein Haar wäre ich bei meiner ersten Liebe hängengeblieben.

Was mich noch am meisten erstaunte, war, dass mich die Biographie des Gewehrs hatte schwach werden lassen. Die FR 8, *Fusil Reformado*, stammte aus dem Spanischen Bürgerkrieg. Der Diktator Franco wollte in den Sechziger- und Siebzigerjahren die Bewaffnung modernisieren, besaß aber noch ein ganzes Arsenal alter Repetiergewehre von Mauser. Man beschloss also, diese umzubauen. Die FR 8 wurde kürzer als ihr Vorgänger und erhielt dasselbe Kaliber wie die NATO-Gewehre. Bis in die Siebzigerjahre war die spanische berittene Polizei mit der FR 8 bewaffnet. Ein amerikanischer Waffennerd bezeichnete den Karabiner als *Franken-rifle* und nannte sie «hässlich, aber auf eine coole Art». Wenn man das Glück habe, eine zu finden, dann solle man sie sofort kaufen, sie würden allmählich selten und daher teuer.

Wie mein Exemplar seinerzeit aus Spanien in die DDR gelangt ist, wusste der Mecklenburger Jäger auch nicht. Sein Vater hatte es irgendwann gekauft und endlos daran herumgebastelt, bis das Gewehr so war, wie er es haben wollte. Ich habe seinen Vater einmal getroffen, mitten im Winter, in der Wildkammer auf dem Landgut. Er war ein wenig früher von der Kanzel gekommen als ich und reichte mir sogleich eine Tasse heißen, süßen Tee, als ich, durchgefroren bis auf die Knochen, eintrat. Ein netter alter Herr, der daran gewöhnt war, bei Frost draußen zu sitzen. Ich war es noch nicht, ich war befangen wie ein unterkühltes Tier. Erst als ich zu Hause wieder am warmen Ofen saß, fiel mir ein, dass ich ihn nach dem spanischen Karabiner hätte fragen sollen, und ich verwünschte meine städtische Kälteempfindlichkeit.

Das nächste Gewehr, das ich ins Auge fasste, war ein Zastava, ebenfalls ein Repetiergewehr à la Mauser, von einem Forstwirt aus der Gegend. Er witterte seine Chance, rief ständig an, und ich konnte mich nicht entschließen. Eine serbische Waffe, die hatte ebenfalls eine Geschichte, und das wollte ich doch, sagte ich zu mir selbst. Ja, aber … ich wusste nicht so recht, und hinzu kam, dass der Balkankrieg gerade erst Geschichte war.

Ich redete mich mit einem technischen Detail heraus: Die Zastava hatte einen Stecher, und mit dem konnte man das Gewehr so einstellen, dass bei der geringsten Berührung des Abzugs der Schuss ausgelöst wurde. Man konnte genauer damit schießen, aber der Stecher machte mich nervös. Die ganze Waffe machte mich nervös, das Drängen des Mannes machte mich misstrauisch, ich wollte das Gewehr einfach nicht, keine Ahnung warum, und musste ich das überhaupt wissen? Ich würde mich nicht auf Srebrenica berufen. Und tat es intuitiv doch, indem ich ständig an die Filmaufnahmen mit unserem Blauhelmoffizier Karremans und dem bosnisch-serbischen Oberbefehlshaber Mladić denken musste, in denen zu sehen ist, wie der Haudegen Mladić unseren braven Kommandeur zwang, mit ihm auf ein gutes Ende anzustoßen. Wir sind nur noch in Simulationsspielen martialisch, dachte ich verächtlich, oder wenn wir am Bildschirm eine Drohne steuern.

Ich rief den Forstwirt an und teilte ihm mit, dass ich vom Kauf absehen wollte. Nun ja, ich sprach feige auf seinen Anrufbeantworter.

Auf dem Jägermarkt von *Angebot und Nachfrage* war nichts zu machen. Und so landete ich also beim Büchsenmacher in der nahe gelegenen Stadt, im Kopf meinen eigenen Archetyp: ein klassisches Repetiergewehr, kein Schnickschnack, schlank, nicht zu schwer, mit einem Kolben aus Nussbaum, und dazu ein Durchschnittskaliber mit einem nicht allzu starken Rückstoß. Richtpreis unter tausend Euro. Ich folgte dem Rat meines Waffenlehrers, eines jungen Technikfreaks, der seine Munition selbst macht: Alle Büchsen mit Beschusszeichen sind in Ordnung, aber spar' nicht beim Zielfernrohr.

Die ganze Wand ist bedeckt mit alten und neuen Gewehren. Der junge Büchsenmacher reicht mir eine Waffe nach der andern, schaut, wonach ich in etwa suche. Weil ich nichts ausschließen will, nehme ich zwischendurch ein neues Gewehr aus dem Regal, mit einem Kolben aus schwarzem Kunststoff, denn wenn es schon neu sein soll, dann auch richtig, bar jeder Nostalgie. Aber es gefällt mir überhaupt nicht, als ich es schultere. Ich will kein sachliches Gewehr. Ich will eins mit einer Geschichte, eins, das Rätsel aufgibt, eins das sich nie vollkommen offenbart. Und so verlasse ich den Laden mit einem eigenen gebrauchten Gewehr, hergestellt in der Tschechoslowakei, und dem Zielfernrohr – ebenfalls ein tschechisches Fabrikat –, das mein Lehrer mir empfohlen hat. In den Gewehrlauf ist *Frankonia Jagd Germany* eingraviert, ein großer und alter deutscher Hersteller von Jagd- und Sportwaffen, der selbst Büchsenmacher ausbildet und Filialen im ganzen Land hat. Das weckt Vertrauen.

Zu Hause sehe ich nach, was der Büchsenmacher auf die Rechnung geschrieben hat: *M98 Frankonia*. Es handelt sich also um eine Mauser, wie sie 1898 im Auftrag des deutschen Kaisers Wilhelm II. entwickelt wurde. Mit einem Schloss, das zwei Weltkriege hielt und das bei Jagdgewehren immer noch favorisiert wird.

Ich beschnuppere die Waffe von allen Seiten und suche nach Buchstaben, Zahlen und Zeichen. Im Lauf befindet sich ein schlampiger abgewetzter Gravurstempel, der keinerlei Ähnlichkeit mit einem deutschen Adler hat, vielmehr sieht es aus wie etwas mit zwei Beinen. In einer langen Liste mit Stempeln finde ich die Abbildung schließlich: Ein Männchen, erkenne ich darin, eingeschlossen zwischen zwei Linien eines Laufs, in stilisierter Kampfhaltung, kerzengerader Rücken, die Hände abwehrend vor der Brust, als machte er Tai Chi. Typisch tschechisch, gerade eben so nicht ganz gelungen, das mag ich.

Ebenfalls in den Lauf eingraviert: ČESKOSLOVENSKÁ ZBROJOVKA, A:S: BRNO VZ 24. Übersetzt: Tschechoslowakische Waffenfabrik Brno Model 24. Die militärische Abkürzung lautet Vz. 24. Allmählich beginne ich zu verstehen, was für eine Waffe ich gekauft habe. Ich bin kaum eine Stunde mit meinem alten Tschechen zu Hause, da stecke ich bereits zwischen zwei Weltkriegen fest, bin beim Versailler Vertrag und der Demütigung, die dieser für die Deutschen darstellte. Als Kriegstreiber durften sie zur Strafe keine Waffen mehr produzieren. Der gesamte Maschinenpark von Mauser wanderte zur Tschechoslowakischen Waffenfabrik in Brno. Dort wurde zwischen 1924 und 1942 eine Variante des 98er-Systems entwickelt. Auch mein Gewehr wurde damals dort produziert.

Die Mauser aus Brno funktionierte ausgezeichnet. Als Nazi-Deutschland im März 1939 in die Tschechoslowakei einmarschierte, musste es die Fabrik nur annektieren, um sich mit Volldampf neu zu bewaffnen. Fortan hieß die Fabrik Waffenwerke Brünn – Brünn, so nannten zwei Drittel der Einwohner die Stadt, sie waren deutschsprachig, darunter viele Juden. Brünn. Auch die neuen Waffen erhielten deutsche Namen. Die Vz. 24 hieß nun *Gewehr 24(t)*. Vor allem die Waffen-SS wurde damit beliefert.

Das ist die grimmige Geschichte dieses Gewehrtyps, aber sie sagt noch nichts über dieses eine Exemplar, meins. Über die Irrfahrten, die es hinter sich hat, über die Hände, die es bedient haben, über die Leben, die es genommen hat … Denn ich brauche mir nicht einzureden, mein Gewehr sei unschuldig, es klebe kein Menschenblut daran. Wer sich eine so alte Mauser zulegt, der weiß, dass sie vor dem Krieg hergestellt wurde. Und trotzdem habe ich sie gekauft. Obwohl ich ebenso gut eine neue Waffe hätte kaufen können oder eine, die immer nur zur Jagd benutzt worden ist. Doch auch nachdem ich die Geschichte der Vz. 24 recherchiert habe, bleibe ich dabei, ich will nicht nur ein Gewehr, ich will eins mit einer Geschichte, die mich nie ganz in Ruhe lassen wird. Ich will nicht von der Aura des Schreckens, die Feuerwaffen umgibt, erlöst sein.

Das schwarz verfärbte Holz an der Oberseite des Schafts, die Kratzer und Dellen, ich weiß nicht, ob meine Mauser jemals zuvor als Jagdgewehr verwendet wurde. Ich weiß nur, dass die Büchsenmacher von Frankonia sie schussbereit gemacht haben. Der Betreiber des Schießstands, auf dem ich meinen alljährlichen Schießnachweis erbringe, vermutete, dass meine Mauser lange irgendwo gelegen hat. Er deutete auf die Narben und die jetzt nahezu planen Schnitzarbeiten, die waren gründlich überholt und dann neu lackiert worden. Ein gutes Gewehr sei es allerdings, fügte er noch hinzu, wohlwollend. Auf jeden Fall gefiel es ihm, dass ich mir ein so altes Ding zugelegt hatte. Er selbst interessierte sich auch für alte Waffen, er brachte sie in Ordnung, verkaufte sie, und von dem Geld kaufte er wieder andere.

Es würden noch immer Waffen gefunden, berichtete er. Eines seiner Gewehre sei beim Abbruch einer Hohlwand zum Vorschein gekommen. Im Zwischenraum zwischen den beiden Mauern habe man elf Gewehre aus dem Krieg gefunden. Ein anderes stammte aus einer Ruine. In einem der Balken befand sich eine Aussparung, in der das Gewehr versteckt war.

Auch jetzt liegen zweifellos noch irgendwo welche mit ihren Hakenkreuzen, nach mehr als siebzig Jahren, und niemand weiß davon. Versteckt, als die Rote Armee näher kam, zurückgelassen, als die Besitzer in den Westen flohen oder vor Ort an Altersschwäche starben. Wehe dem Bewohner, der nach dem Krieg mit Waffen im Haus erwischt wurde.

Nicht nur meine Mauser ist eindeutig Kriegsgerät gewesen, für das Kaliber gilt dies in noch viel stärkerem Maße, und man kann es sogar am Namen erkennen: 8x57 IS ist in das Eisen eingraviert, «Infanterie Spitz». Das war in beiden Weltkriegen die Standardpatrone der Deutschen. Und sie fand weiterhin Verwendung, weil viele Mauser zu Jagdgewehren umgebaut wurden. IS … Erst jetzt, als ich die Buchstaben auf meiner Mauser entdecke, fällt es mir auf: das Kalifat, noch mehr Krieg, noch näher, zumindest in der Zeit, Krieg damals, Krieg heutzutage, heute Nacht, morgen früh, und wer weiß, wie lange noch.

Es sei ein gutes Kaliber, sagte man mir, man erlege damit einen kapitalen Hirsch ebenso gut wie einen jungen Rehbock – ohne das Wildbret übermäßig zu beschädigen, oder umgangssprachlich ausgedrückt: ohne es in Fetzen zu schießen. Das ist wichtig, denn ich will keinen blutigen Klumpen als Beute haben. Ich will sie essen, nicht in den Müll werfen.

Der Rückschlag sollte sanft sein. Das stimmt, mein Gewehr und das Kaliber haben mir noch bei keinem Schuss eine blaue Schulter verpasst, was ich von meiner *Flinte* – wie ich mein Schrotgewehr noch immer mit seinem deutschen Namen nenne – nicht sagen kann. Die Männer auf einer niederländischen Armeeplattform sind da offenbar anderer Ansicht. Das 8x57 IS sei ein «echtes Männerkaliber» lese ich dort, das «schöne laute Schüsse und einen männlichen Rückschlag» habe, und daran sei nichts «sadomasochistisch», denn man müsse nur richtig anlegen.

Prahlerische Geschichten sind unausrottbar, Menschen leben davon, schmücken ihre Welt damit aus, geben damit an. Als unser Schmied den breiten Fensterrahmen in unseren Stall einbaute, damit wir in Richtung Südosten Aussicht über die Wiesen und die Äcker haben, da holte er eine Patronenhülse aus der Tasche. Er sei Sportschütze, sagte er, und er schieße mit seinem Gewehr aus zweihundert Metern ins Schwarze. Soso, nickte ich.

«Weißt du, welches Kaliber ich habe?»

«Na, sag schon.»

«8x57 IS», flüsterte er geheimnisvoll. «Deutsche Kriegsmunition. In Frankreich ist sie immer noch verboten.»

«Meine Mauser hat dasselbe Kaliber», erwiderte ich. Und das französische Verbot, das galt schon lange nicht mehr, wie ich wusste, aber das behielt ich für mich. Den Spaß hatte ich ihm sowieso schon verdorben.

Vergesse ich nicht etwas? Ist das überhaupt erlaubt? Es ist merkwürdig, mit dem Gewehr über der Schulter durch den Weiler zu gehen. Aber wenn man ins Jagdgebiet geht, muss das Gewehr nicht im Futteral sein. Verstohlen schaue ich zu den Fenstern hinüber und hoffe nur, dass mich keiner sieht. Rasch den Weg hinauf zur Kastanienkanzel. Sie steht zwischen den Bäumen der ramponierten Allee und tut so, als wäre sie auch eine Kastanie.

Wie in der Kanzel auf der Hohen Wiese westlich von unserem Vorwerk hat man auch hier, auf der anderen Seite, einen weiten Blick, und wie dort sieht man im Norden einen Streifen Wald mit der Chaussee. Der Südacker fällt bis zu einer Landwehr ab, einem tiefen Graben, der im Mittelalter angelegt wurde, um Viehdiebstahl zu verhindern. Dahinter liegt Brandenburg – Preußen sagt man hier auch durchaus noch –, mit einem Maisfeld, Wäldern, einem See und einem kleinen Dorf. Von der Kanzel aus sehe ich den Froschteich, auf den ich auch von unserem Haus aus blicke. Dort soll es laut Karte eine alte slawische Niederlassung namens *Schaue* gegeben haben, doch davon ist keine Spur mehr zu finden.

Vor Jahren hat von dieser Kanzel aus ein Jäger Boom und mich einmal angeschnauzt. Wir waren wieder zu weit gewandert, die Abenddämmerung hatte die Welt um uns herum bereits ihrer Farben beraubt, wir mussten uns beeilen und kürzten den Weg zur alten Kastanienallee ab, quer über einen Acker, durch die Landwehr hindurch, die voll mit Schlehdorn und anderen Sträuchern war, in denen es überall Wildwechsel gab. Wir suchten den größten Durchgang und krochen hinein, in Richtung des Lichtschimmers auf der anderen Seite. Auf dem Acker richteten wir uns wieder auf, wir waren fast zu Hause.

Plötzlich hörten wir oben bei den Kastanien jemanden schreien. Ich schaute mich um, er musste uns meinen. Ob wir wahnsinnig seien, was wir dort zu suchen hätten, um diese Tageszeit dürfe man hier überhaupt nicht mehr herumgehen. Das sei lebensgefährlich. Und als wir näher kamen: Er habe uns für Rehe gehalten, habe sein Gewehr bereits an der Schulter gehabt … So ging seine Tirade noch eine Weile weiter, während wir entschuldigend die Arme hoben und an ihm vorbeigingen. Blöder Jäger. Was wusste ich schon? Damals.

Ich hatte keine Ahnung, wie schnell eine Kugel fliegt, wie weit und welche Durchschlagskraft sie hat. Der Unterschied zwischen einem Luftgewehr, einer Schrotflinte und einem Kugelgewehr war mir nicht einmal klar. Na ja, die Jungs in unserem Dorf schossen mit dem Luftgewehr auf

Spatzen, und eine Schrotladung nahm man nicht ganz so ernst wie eine Kugel. Doch darüber hinaus wollte ich nichts wissen.

Bis ich – ein anderes ich – auf die Jagd gehen wollte. Zuerst zwang ich mich, zum Schießstand zu gehen, um herauszufinden, wie groß mein Widerwille gegen Waffen war. Denn wenn es mir nicht gelang, diesen zu überwinden, konnte ich kein Jäger werden. Mein erster Schuss mit Schrot auf einen Klapphasen landete im Sandwall und verpasste mir eine blaue Schulter. Danach schoss ich ihn um. Die meisten Tontauben verfehlte ich, aber mich packte der Ehrgeiz: Ich wollte treffen, und ich würde es lernen. Den stehenden Bock in einhundert Metern Entfernung hätte ich mit dem dritten Schuss erlegt, wenn er keine Schießscheibe gewesen wäre. Im Eifer des Gefechts hatte ich meinen Widerwillen vergessen, offenbar wurzelte er nicht sonderlich tief. Ob das bei einer lebenden Zielscheibe auch so sein würde? Ob ich eigenhändig ein Tier erschießen könnte, würde ich erst wissen, wenn es vor mir stand.

Später, bei der Waffenkunde, schlug mein logisch-naturwissenschaftliches Herz höher. Das Abfeuersystem ist ein Wunderwerk mechanischen Geschicks, von Ursache und Folge. Man betätigt den Abzug und gibt somit das Schlagstück frei, dieses trifft auf einen Schlagstift, der das am unteren Ende der Patrone befindliche Zündhütchen anschlägt und die darin befindliche Ladung entzündet; die so entstandenen Funken gelangen durch eine kleine Röhre in die Pulverkammer, das Pulver explodiert und die Kugel beginnt ihre ballistische Bahn und fliegt aus dem Lauf hinaus – Kugeln, wie ich sie verschieße, mit 770 Metern pro Sekunde.

Mit beinahe sinnlichem Genuss rufe ich mir den Abfeuervorgang vors geistige Auge. Er ist eine beeindruckende Erfindung von geballter Kraft und Präzision. Mit einer winzigen Fingerbewegung verursacht man Feuer und rasende Geschwindigkeit.

Und man lässt Blut fließen. Das bleibt ein schreckenerregender Gedanke. Mit meinem Gewehr gehe ich anders durch die Landschaft, als wenn ich nur wandere. Ernster, innerlich stiller. Auf dem Weg zur Kanzel denke ich: Wie werde ich nachher zurückgehen? Noch stiller als jetzt, vom langen Sitzen und Schauen und Horchen, noch friedlicher, weil kein Schuss gefallen ist? Oder mit dem Knall noch in den Ohren, voller Adrenalin, mit Blut an den Händen, die Beute schleppend?

Ich fand es zwar seltsam, aber es ließ sich nicht leugnen: Mit der Waffe fühlte ich mich nicht sicherer. Im Gegenteil. Wenn ich in den ersten Jahren mit dem Wagen zu einer Kanzel im Kublitzer Revier fuhr und auf dem Grünstreifen parkte, dachte ich, jeder Passant könne vermuten, dass irgendwo in der Nähe ein Jäger ansitzt. Während ich über Wiesen und Äcker oder durch den Wald zum Hochsitz ging, schaute ich mich ständig um, ob mich niemand beobachtete, und spürte dabei die Neigung zur Flucht in den Beinen kitzeln. Angenommen, es verfolgte mich jemand, was würde ich dann tun? Mit dem Gewehr drohen? Lieber wäre ich vollständig in der Landschaft verschwunden, ohne das Auto als Spur zurückzulassen.

Einmal auf dem Hochsitz angekommen, fühlte ich mich sicherer, weil ich mehr oder weniger unsichtbar war. Doch wenn ich später zurückging, konnte mir jemand auflauern, jemand, der es auf mein Gewehr und meine Munition abgesehen hatte. Er konnte sie mir abnehmen und mich mit meiner eigenen Waffe erschießen. Oder würde ich, wenn mich jemand bedrohte, selbst abdrücken? Nein, dachte ich, weil ich dies aus tiefstem Herzen nicht wollte, nein, aber absolut sicher war ich mir nicht. Ich wusste sehr wohl, dass Angst zu Fehleinschätzungen führt, und ich wusste nicht, ob ich die Gefahr nüchtern beurteilen würde.

Es blieb paradox: Weil von mir selbst mit einem Gewehr eine größere Bedrohung ausging und ich gewalttätiger werden konnte, empfand ich die Situation als gefährlicher, und Bösewichte und Katastrophenszenarien bevölkerten meine Gedanken.

Das könnte alles passieren, natürlich, vieles ist möglich. Doch als ich öfter allein auf die Jagd ging, hatte ich irgendwann keine Lust mehr, den Angsthasen in mir zu füttern. Die meisten Menschen neigen nicht dazu, sich in Gefahr zu begeben. Wir sind wie Tiere, die hüten sich auch davor, es innerhalb der eigenen Art zu einem tödlichen Mann-gegen-Mann-Kampf kommen zu lassen. Und wenn dann mal ein Auto anhält und Scheinwerfer verdächtig über das Getreidefeld streifen, dann erschaudere ich kurz wie ein Kind und reiße mich zusammen.

Wer sicher sein will, dass nichts passiert, nährt seine Lebensangst. Und ansonsten: Die Angst vor Feuerwaffen sorgt dafür, dass wir wach bleiben. Eine einzige falsche Entscheidung meinerseits kann für einen andern fatal sein. Ich weiß verdammt genau, wann mein Gewehr geladen ist, doch hin und wieder packt mich dennoch plötzlich der Schrecken: Angenommen, in meinem Kopf geht etwas schief. Harmlose Fehler kenne ich genug. Oder all die impulsiven Momente im Straßenverkehr, auf einem hohen Gebäude, mit einem scharfen Messer in der Hand: Wenn ich jetzt das Steuer nach rechts herumreiße, wenn ich mich jetzt nach vorn fallen lasse, wenn ich mir jetzt ins Handgelenk schneide …

Wenn ich jetzt den Abzug betätige.

«He, bist du wahnsinnig geworden!», rief Boom. Rasch ließ ich den Lauf meines Gewehrs, den ich zum Spaß auf ihn gerichtet hatte, sinken, und er herrschte mich an: «Mach das nie wieder», und ob ich denn nicht gelernt hätte, dass man nie, nie, nie den Lauf eines Gewehrs auf einen Menschen richten darf, auch wenn die Waffe nicht geladen ist.

«War doch nur ein Scherz», unternahm ich noch einen schwachen Versuch, stand aber mit zitternden Beinen wie ein Kind da und verstand nicht, wie ich das tun konnte. Den Bruchteil einer Sekunde war es, als wollte ich ihn erschießen.

Frühherbst

Wildkamera

Es wird Herbst. Die Kraniche aus dem Norden landen massenhaft, um zu fressen, ehe sie nach Afrika weiterfliegen. Die Städter verrammeln ihre Sommerhäuser und kehren in die Stadt zurück. Ich bleibe, zum ersten Mal nach all den Jahren bleibe ich in Mecklenburg. Die Jagdsaison beginnt. Hier und da verfärbt sich die Landschaft bereits – gelb, orange, rot, violett. Die Felder kommen zur Ruhe, nur Mais und Rüben müssen noch geerntet werden.

Als ich um sechs aufwache, dämmert es noch. Über dem Acker liegt ein grüner Schleier von keimendem Grün. Raps diesmal. Das bedeutet, dass in den Wintermonaten durch das breite Fenster und die Gartentür viel Wild zu sehen sein wird. Bei Hunger gibt es Raps.

Als ich gerade aufstehen will, nähert sich auf dem Acker das weiße Damtier, ein paar andere Alttiere mit ihren Kälbern folgen ihm. «He», sage ich – ich rede mit ihm, was man nicht alles tut ohne Hund –, «ich habe dich vermisst, es gibt dich also noch.» Im Frühling hatte ich es zuletzt gesehen, ein weißer Fleck, leuchtend im ersten Sonnenlicht.

«Es wird brenzlig», rede ich weiter mit dem Tier, «die Jäger kommen jetzt von nah und fern, und nicht nur das Rehwild und die Damspießer sind zum Abschuss freigegeben, auch ihr alle, und nicht jeder wird dich verschonen, weil du weiß bist.»

Es beschleunigt seine Schritte, fängt an zu traben und steht dann plötzlich stocksteif da, schaut sich um, als wisse es nicht wohin, dreht sich abrupt um und kehrt mit Prellsprüngen dahin zurück, woher es gekommen ist. Wo die Gefahr lauert, kann ich nicht erkennen. Die anderen folgen ihm auf dem Fuß.

Es besteht für das Tier kaum die Notwendigkeit, sich aufs freie Feld zu wagen. Nahrung gibt es noch im Überfluss, der Mais weiter hinten ist reif, und demnächst sind der Obstgarten und der Wald übersät mit Früchten, Walnüssen, Bucheckern und Eicheln, überall sehr viele Eicheln. Bis zum Ende des Herbstes kann sich das Wild eine dicke Schicht Winterspeck anfressen.

Von der Nachbarin aus dem Weiler höre ich, dass Aldi eine Wildkamera im Angebot hat, und ich fahre sogleich in die benachbarte Kleinstadt, um eine zu kaufen. Zuhause packe ich das Ding aus. Im Prinzip handelt es sich um eine Überwachungskamera mit Tarnanstrich. In der Dämmerung und im Dunkeln blitzt der Apparat mit unsichtbarem Infrarotlicht. Gräuliche Aufnahmen sind das Ergebnis. Bei Tageslicht macht er Farbbilder. Ich stelle die Zeituhr so ein, dass die Kamera sich anderthalb Stunden vor Sonnenuntergang ein- und anderthalb Stunden nach Sonnenaufgang wieder ausschaltet. In der dazwischenliegenden Zeit macht sie, wenn die Wärmesensoren eine Bewegung wahrnehmen, jede Minute ein Foto.

Unentschlossen gehe ich auf dem Grundstück herum, ich will die Kamera überall aufhängen, denn überall gibt es Spuren von Wild: Hufabdrücke, Losung, Fraßspuren, hin und wieder ein paar Haare. Am liebsten will ich die scheuesten Tiere erwischen. Im Süden, wo eine Wagenspur zwischen Grundstück und Acker eine rechtwinklige Kurve um den Weidentümpel macht, liegt eine immer größer werdende Ansammlung von Kot. Hier markiert ein Tier sein Territorium. Die Frage ist nur, welches Tier?

Mein Rundgang mit der Kamera macht mich sehr bald mutlos: Nichts weiß ich über all die Tiere, die hier wild leben, trotz der dicken Lehrbücher, einer Vielzahl von Websites, endloser Jägergeschichten und unzählbarer Stunden des Suchens, Forschens und Ansitzens. Die Tiere sind Meister der Unsichtbarkeit. Mein Wissen wird jedes Mal wieder von neuen Fragen überwuchert.

Schließlich gehe ich zum Duchgang in den Sträuchern auf der Ostseite unseres Grundstücks. Von der Küche aus bietet er Aussicht auf die hochgelegenen Felder an der Kastanienallee. Im Tal liegt der Froschteich mit seinen sumpfigen Ufern. Auf dem Wasser treiben zwei Höckerschwäne, die mich immer fröhlich stimmen, wenn sie mit ihrem pfeifenden Flügelschlag hinüberfliegen, und manchmal steht dort unvermittelt ein Silberreiher, zart und unwirklich; oder es lassen sich junge Kraniche blicken, etwas dümmliche, schlampig gefiederte Küken im Schilf.

Der Durchgang ist ein beliebter Kreuzungspunkt von Wildwechseln. Auch jetzt liegen hier sämig glänzende Häufchen von Damwildlosung. Ich binde die Kamera an einen Baumstamm.

Während der ersten Tage läuft vor allem der Fuchs durchs Bild, bestimmt ein paar Mal pro Nacht, hin und her. Einmal ist er mit seinem treffsicheren Sprung, zack, die Vorderbranten auf seiner Beute, genau im Blickfeld der Kamera gelandet. Er steckt den Kopf ins Gras und maust. Ins Hühnergehege der Nachbarn dringt er nicht mehr ein, er muss keine Nahrung mehr herbeischaffen, seine Jungen leben inzwischen anderswo.

Auch Rehe sind fast täglich auf den Bildern zu finden, doch die sehe ich sowieso, ihr heiseres Schrecken weckt mich, sie laufen weg, wenn ich vor die Tür trete. Ihr Territorium ist klein, und unser Grundstück ist beliebt, es gibt hier Sträucher und Pflanzen, die sonst nirgendwo in ihrem Revier vorkommen, Rehe sind Feinschmecker.

Auf den Nachtaufnahmen sehe ich endlich auch Waschbären. Bisher habe ich sie nur im Obstgarten rascheln gehört, wenn ich im Dunkeln von der Jagd kam. Und ich habe angefressene Sommeräpfel gefunden, als wenn ein Kind ein paar Bissen von einem Apfel gegessen hätte, den es dann nicht mehr mochte. Auf einem Foto ist ein erwachsener Waschbär mit zwei Jungen, die beim Durchgang in den Sträuchern herumschnüffeln. Was sie dort zu finden hoffen, ist mir ein Rätsel, dort stehen nur ein paar leergepickte wilde Kirschen. Tierisches Eiweiß, spekuliere ich. Nach all den Kirschen, Beeren, Pflaumen werden sie, so wie demnächst auch die Wildschweine, Würmer, Engerlinge, Käfer suchen und was sonst noch so im Boden lebt.

Erst mithilfe der Wildkamera wird mir bewusst, dass sich tagein tagaus Waschbären auf unserem Grundstück herumtreiben. Ich muss Hunderte Mal an ihnen vorübergegangen sein, während sie hoch in den Bäumen, in Höhlen und Löchern, im Unterholz und im Gebüsch den Tag verschliefen, bis es dunkel wurde. Auf einmal sehe ich hinter jedem angefressenen Apfel einen Waschbär. Und das kann stimmen, denn wenn man jeden Waschbären, den man sieht, mit zwanzig multipliziert, dann hat man laut Schätzungen in etwa die Anzahl der Tiere, die in der Umgebung lebt.

Es ist lange her, als ich zum ersten Mal hörte, dass es hier in der Gegend Waschbären gibt. Im Winter, als unsere Berliner Freunde, Boom und ich in der Stadt wohnten, waren sie durchs Kellerfenster ins Haus eingedrungen. Es gelang ihnen, die Schränke zu öffnen, und sie taten sich an den Vorräten gütlich. Ihre Vorderbranten sind buchstäblich wie Hände, sie können damit greifen und Gegenstände drehen. Sie waschen sogar ihr Futter damit, daher der Name, auch wenn ich dies lange für einen schlechten Scherz hielt.

Insgeheim glaubte ich damals nicht, dass es Waschbären gewesen waren. Die gibt es nicht in Europa, dachte ich. Erst von Sameit erfuhr ich, dass die ersten Exemplare wegen ihres Fells 1934 illegal nach Hessen eingeführt worden waren. Einige sind später ausgebüxt, und weil sie hier keine natürlichen Feinde haben, konnten sie sich über das ganze Land verbreiten und ein dreiviertel Jahrhundert später auf unserem Anwesen ein Chaos anrichten.

Trotzdem belästigen sie uns kaum, ein Mann unten im Weiler bekämpft die Plage systematisch. Alljährlich fängt er Dutzende von Waschbären in Fallen und tötet sie. Vor einiger Zeit lag einer auf dem asphaltierten Weg, ich stieg aus und wollte ihn an den Straßenrand werfen, schreckte aber zurück: Rund um den Bauch war der Pelz weggefressen, hunderte von Maden wanden sich hinaus. Das Maul stand widerlich offen, es war bereits ein Auto über den Kadaver gefahren. Wahrscheinlich hatte ein Fuchs oder ein anderes Tier ihn aus dem Wald herausgeschleppt, wo er sein Grab hätte finden sollen.

Ein Mal hatte ich einen Waschbären in meinem Schussfeld, in der Kublitzer Kanzel, von wo aus ich mein erstes Wildschwein erlegt habe. An exakt derselben Stelle stand plötzlich bei Tageslicht ein großgewachsener Rüde auf der Kirrung. Aufrecht, auf den Hinterbeinen, wie ein mächtiger, brauner Zirkusbär an einer Kette, und er schaute durch seine schwarze Maske zu mir herüber. Dachte ich. Aber er sah mich nicht, denn er blieb sitzen. Ganz langsam und geräuschlos legte ich an, denn einen Waschbär lässt man nicht laufen. Es war ein Leichtes, ihn von vorn in der Herzgegend zu treffen, aber das macht man nicht. Es war mir während der Ausbildung eingebläut worden, ich dachte nicht mehr weiter darüber nach. Ein sauberer Schuss ging mitten durch die Rippen, tötete sofort und zerstörte kein Muskelfleisch.

«Was?!», rief Maik im Geländewagen. «Du hast ihn nicht erlegt? Sag das lieber nicht meinem Chef.» Natürlich hätte ich ihn einfach erlegen können. Ein Raubtier gilt als ungenießbar, und man verpasst ihm die Kugel dort, wo man es gut treffen kann. Ja, das ist logisch, und ja, das hätte ich wissen müssen. Aber als es darauf ankam, wusste ich es gerade nicht.

Sehr bald schon bin ich regelrecht versessen auf die Fotos der Kamera. Jeden Morgen hole ich den Apparat rein, wie ich früher in der Stadt die Treppe hinunterging, um die Zeitung aus dem Briefkasten zu holen, neugierig, was alles in der Welt passiert war. Heute lese ich die Zeitung auf dem Bildschirm. Doch zuerst schließe ich die Kamera an den Computer an, und während ich Kaffee trinke und mir gedankenlos frischgepflückte Trauben und Brombeeren in den Mund stopfe, schaue ich nach, was in der Nacht so alles vorbeigekommen ist, als ich oben lag und bei offener Tür schlief.

Ich notiere den Ort, wo die Kamera hing, den Zeitpunkt, an dem das Wild aufgetaucht ist, die Tierart, die Richtung, wohin es gegangen ist, ob es gemächlich oder schnell gelaufen ist und ob es stillgestanden oder gefressen hat, dazu noch die Temperatur und die Mondphase. Ich kann es nicht lassen, die Sucht nach Vollständigkeit hat mich gepackt.

Und dann ist eines Tages der Dachs auf einem Foto. Seit Monaten hatte ich ihn nicht gesehen, und jetzt trottete er in der Abenddämmerung mit seinem schweren Schwabbelkörper und dem silbergrauen Pelz über die Wagenspur. Ein Urtier, schießt mir durch den Kopf, ein Tier, das zu nichts dient, das einfach vor sich hin lebt.

Dass er seit rund zwei Wochen unser Grundstück wieder besucht, ahnte ich bereits. Der Rasen vor dem Haus ist jeden Morgen übersät mit Löchern und aufgeworfenen Sodenstücken von der Größe eines Efeublatts. Zunächst hatte ich ein einzelgängerisches Wildschwein im Verdacht, einen jungen Keiler, doch die zerwühlten Stellen sind zu klein und auch nicht tief genug. Es konnte nur ein Dachs sein, denn auch er hat eine kräftige Nase zum Stechen. Aber jedes Mal, wenn ich die Kamera an einer geeigneten Stelle anbrachte, kam er nicht. Das macht er mit Absicht, er überlistet mich, redete ich mir ein. Ich spiele gern Verstecken mit dem Wild, und mit einem pfiffigen Gegner macht es umso mehr Spaß.

Und jetzt habe ich ihn erwischt. Ich tue weiterhin so, als wäre es nur einer, er wird nicht umsonst Einsiedler oder Eremit genannt. Auch wenn Dachse in Clans leben und er auch als *Biedermann* bezeichnet wird, so gehe ich doch davon aus, dass es immer derselbe ist, der auf seinen Beutezügen unser Grundstück besucht. Auf den Nachtaufnahmen kann ich es nicht genau erkennen, er läuft zu schnell oder zu nah an der Kamera vorbei, so dass die Bilder unscharf oder überbelichtet sind und er als Individuum nicht identifizierbar ist. Was soll's, ich kann ebenso gut davon ausgehen, dass es dieser eine Dachs ist, mein Dachs. Als Mensch habe ich ein Bedürfnis nach Bekannten um mich herum, vor allem jetzt, da ich hier so allein beinah verschwinde in der Landschaft. Es fehlt nicht viel, und ich nenne ihn Grimbart.

Meine Schwäche für Dachse begann vor Jahren mit einem anderen Exemplar. Er lief im Frühjahr einfach so am helllichten Tag am Weidentümpel herum. Ein paar Tage später sah ich ihn geradewegs auf das Treppenpodest zukommen, er humpelte. Dass er sich tagsüber aus seinem Bau wagte, war sehr undachsisch. Er musste alt und nicht mehr ganz bei Sinnen sein.

Dieser Dachs, sagte ich zu Boom am Telefon, du weißt schon, der Humpler, ich glaube, er hat eine verschlissene Hüfte und ist dement. Boom lachte mich wegen meiner anthropomorphen Diagnose herzlich aus. Doch völlig unsinnig war sie nicht.

Wenn wilde Tiere nur alt genug werden, zeigen sie ebenfalls Verschleißerscheinungen. Und das nicht nur an Leib und Gliedern, auch Hirn, Gedächtnis und Sinneswahrnehmung lassen nach. Sie sehen nicht mehr so gut oder werden taub. Möglicherweise wird auch ihr Geruchssinn schwächer, und das ist für einen Dachs noch schlimmer, denn er nimmt sich selbst und die Welt um sich herum vor allem mit der Nase wahr.

Vom Riechen, vom Geruch haben wir keine Ahnung. Wir registrieren kaum, was wir riechen, *dass* wir überhaupt riechen, dass unsere Nase unablässig eingeschaltet ist, es sei denn, wir setzen eine Wäscheklammer darauf, wie auch unsere Ohren immer empfangsbereit sind, wenn wir sie nicht mit einem Pfropf verschließen, und unsere Augen – nein, die können sich schließen, die haben dafür Augenlider.

Wir haben kaum Wörter fürs Riechen, und es gibt keine Apparate für alternde oder kranke Nasen, und wenn jemand sein Riechvermögen verliert, dann hat er eben einfach Pech gehabt. Das ist kein Drama, denken wir.

Wärest du lieber taub oder blind, fragen Kinder einander. Ich wollte darauf nie eine Antwort geben, ich konnte mich nicht entscheiden. Bei der Wahl zwischen taub oder riechtaub – wir haben nicht einmal einen umgangssprachlichen Ausdruck dafür – oder zwischen blind oder riechblind hätte ich es schon gewusst. Ohne zu Zögern hätte ich auf meine Nase verzichtet. Auch heute noch. Und danach: Augen oder Ohren? Setzte man mir das Messer auf die Brust, ich würde meine Ohren opfern, denn die alten Leute in meiner Familie werden sowieso alle taub. Und außerdem ist der jüngste Sinn, das Sehvermögen, beim Menschen am besten entwickelt. Bei den meisten Säugetieren ist es hingegen der älteste, der Geruchssinn, vor allem bei den urtümlichsten Tieren: dem Wildschwein und dem Dachs.

Was immer dem Humpler fehlen mochte, er hatte auf jeden Fall Probleme mit der Nase. Ehe ein Dachs seinen Bau verlässt, schnuppert er, ob es draußen etwas Verdächtiges gibt, und wenn ja, dann bleibt er drinnen. Der Humpler wusste nicht mehr, welche Tageszeit gerade war, wo seine Wege verliefen, wo es was zu fressen gab. Mehr noch, eines Tages musste er sogar den Weg zu seinem Bau vergessen haben.

Einer der Vorwerkfreunde fand ihn auf einem Heusack schlafend im Schuppen. Er erschrak, schlug die Tür schnell wieder zu und horchte. Drinnen war Rascheln zu hören, ein Bums, und dann war es still. Der Freund öffnete vorsichtig die Tür, der Dachs war verschwunden. Dann bemerkte er ein Loch in der Ecke und dahinter einen unterirdischen Gang.

Dass er durch einen langen Gang kriechen musste, um in seinen Bau zu gelangen, daran konnte der Humpler sich noch erinnern. Am Ufer des Tümpels hinter dem Schuppen hatte er eine Röhre gefunden, und als er aus ihr wieder herauskam, hatte er sich auf etwas Weichem zur Ruhe gelegt. Er wachte auf, als plötzlich helles Licht auf ihn fiel und ein lebendiges Wesen vor ihm stand. Irgendwas musste kolossal schiefgelaufen sein. Er musste die falsche Röhre genommen haben, er lag nicht tief unter der Erde, im Dunklen, für die Menschen unsichtbar, er lag vollkommen ungeschützt in einem Schuppen.

Niemand hat den Humpler jemals wieder gesehen. Bestimmt verlebte er damals seine letzten Tage. Ich stelle mir gerne vor, dass er der Erzeuger des heutigen Dachses war. Dachsfamilien sind sehr reviertreu in ihren weitläufigen unterirdischen Bauen.

Wenn ich irgendwo lese, Dachse seien nicht besonders schlau, dann frage ich mich, was mit «dumme Tiere» gemeint sein könnte. Dass sie sich nicht anpassen, lese ich, dass sie ihre feste, unveränderliche Art zu leben haben. Klingt plausibel. Doch mit dieser Eigenschaft haben sie uns vieles voraus, denn ich habe noch nicht herausgefunden, wo mein Dachs und sein Clan ihren Bau haben. Nicht eine Röhre habe ich gefunden. Ich durchstöbere die Umgebung und halte Ausschau nach den Eingängen – man erkennt sie an den Latrinen daneben, wo die Dachse ihre Notdurft verrichten, sobald sie nach draußen kommen. Ich suche nach fremden Pflanzen – ein Hinweis auf eine Latrine, weil dort von woanders stammende Samen aufgekeimt sein können, die im Kot der Dachse waren. Ich halte die Augen auf und hoffe, altes Heu und Moos zu entdecken – Nestmaterial, das die Tiere beim Frühjahrsputz nach draußen geschafft haben. Aber ich finde nichts. Wer also ist hier nicht schlau?, denke ich, wenn ich wieder einmal vergeblich Dachsbaue gesucht habe, in der Hoffnung, dort junge Dachse herumtoben zu sehen. Allerhöchster Streichelfaktor, doch leider kenne ich sie nur von YouTube.

Die Tür im Giebel lasse ich immer öfter geschlossen, weil es regnet, auch nach drinnen. Kalte Spritzer auf meinem Kopf wecken mich auf, oder ich streiche mit der Hand über die Decke, die von den aufziehenden Nebeln feucht ist. Im Herbst früherer Jahre, als ich nie so lange hier war, schlief ich um diese Zeit schon längst unten in der alten Futterrinne neben dem Ofen. Muss ich mich damit abfinden, dass die Tage, an denen ich morgens mit dem Kopf auf dem Kissen liegend die Felder absuchen konnte, vorbei sind? Dass die Fledermäuse nicht mehr von draußen kommend über mein Bett flattern? Die hängen demnächst sowieso zwischen den Brettern und halten Winterschlaf.

Ich lausche dem Ticken und Trommeln des Regens auf dem Blechdach, dem Wasser, das in die Tonnen plätschert. Und ich schaue zum Nordgiebel, zu den alten Balken, dick wie Bäume, die, den unregelmäßigen Einkerbungen zufolge, vor langer Zeit bereits woanders Dienst geleistet haben. Mein Blick gleitet immer wieder über die Dachkonstruktion, bei der kein Nagel verwendet wurde, und die neuen silbergrauen Wellblechplatten und das gedämpfte Licht, das durch die Lichtplatten auf das alte Heu fällt. Es ist mindestens vierzig Jahre alt und riecht immer noch nach Heu. Warum sollte ich nicht oben bleiben?

Jetzt ist Neumond, die Nächte sind stockdunkel. Weil ich das Wild auf dem Grundstück nicht durch plötzlichen Lichtschein im Stall verscheuchen will, taste ich mich auf Gefühl nach oben. Mein Fernglas baumelt an meinem Hals, auch wenn ich es jetzt zu nichts mehr brauche. Aber es unten lassen, heißt, die Hoffnung aufgeben, dann rufe ich nur noch mehr Sturm und Regen auf mich herab – mein Sinn für Magie wird immer unverschämter.

Es dauert noch eine Weile, aber es sind sonnige Tage und klare Nächte vorhergesagt. Wer weiß, vielleicht öffne ich die Giebeltür wieder, wenn der Mond zunimmt und die Regenfront wegzieht. Es gibt Decken und Wärmflaschen genug, und dann wird der Mond mir länger leuchten, weil die Tage ständig kürzer werden.

Ich schlurfe zu meinem Bett, es gibt nichts, was auch nur einen Funken Licht reflektiert, ich blinzele mit den Augen, doch es ist, als wäre ein schwarzes Tuch davor gebunden. Wie gottvergessen dunkel es hier sein kann, als wäre ich mit einem Mal blind geworden.

Genau wie an jenem Spätsommerabend, als Boom und ich von einem Dorffest kamen, ein paar Kilometer von hier entfernt. Neumond? Wozu brauchen wir Licht am Fahrrad, wimmelte ich am Festtisch leichthin ab. Die braven Deutschen! Zu Hause fuhr ich immer ohne Licht. Wie städtisch ich war, wie naiv städtisch, das merkte ich, als wir zurückfuhren. Nicht die Autos waren das Problem, wenn wir sie kommen hörten, fuhren wir rechts ran und warteten. Aber woran wir keine Sekunde gedacht hatten: Wir sahen selbst die Hand vor den Augen nicht. «Müssten wir nicht inzwischen da sein?», fragte Boom, der sowieso leicht nachtblind ist. Wir hatten keine Ahnung. Im Zickzack fuhren wir auf der Trennlinie zwischen Asphalt und Grünstreifen, so hielten wir rumpelnd Kurs. Irgendwo hier auf der Chaussee musste die Abzweigung zum Weiler sein. «Warte kurz», sagte ich, stieg ab und tastete mich mit ausgestreckten Armen vorwärts. «Hier hört die Leitplanke auf, hier biegen wir ab.» Das letzte Stück schoben wir, denn es ging steil bergab. Es dauerte noch eine ganze Weile, bis wir an die Eisentür des Stalls gelangten. Nie zuvor war ich in einer solchen Finsternis gefahren. Zu Hause. Licht. Und Raum.

Es war an jenem Abend nicht nur Neumond gewesen, sondern auch dicht bewölkt, so wie heute Nacht. Ein grässliches Kreischen und Rumpeln reißt mich aus tiefstem Schlaf. Es kommt von hinter der Bretterwand in der Dachbodenecke, wo der Marder hinausschlüpft. Das weiß ich, weil er gelbe Glaswolleflusen auf das Treppenpodest fallen lässt. Ich will aufstehen, schauen, ob ich etwas sehe, weiß jedoch nicht wie, ohne das Licht anzuschalten, denn das würde alles verderben. Was ich will, geht nicht. Dann erfahre ich eben nicht, was sich hier so alles tut, während ich schlafe.

Dies sind die Nächte mit der tiefsten Finsternis, wie ich jetzt weiß. Es gibt keinen Funken Licht, der aufgefangen werden könnte, nirgends reflektiert etwas. Das ist merkwürdig. Hier ist es fast nie vollkommen dunkel, wenn ich meinen Augen ausreichend Zeit gebe. Jetzt, da ich öfter draußen bin an Orten ohne Kunstlicht, gewöhne ich mich daran, meinen Weg im Dunkeln zu finden, ich werde vertraut mit der Nacht. Besonders dort, wo mir das Gelände bekannt ist. Man muss die Nachtlandschaft verinnerlichen. Man schaut nicht, man nimmt wahr, mit den Sinnen und allem, was man an Erfahrungen gesammelt hat.

Das macht das Wild natürlich auch. Selbst für einen Dachs oder ein Wildschwein ist Sehen nicht bedeutungslos. Konturen erkennen, helle und dunkle Stellen, auch das hilft, vor allem, wenn diese sich auch noch bewegen und mit Geräuschen, Duftfetzen und Luftzug einhergehen, und wenn die sich verändern und – entscheidend – im Gedächtnis ein Widerhall entsteht.

Fast alle Wildarten, die hier leben, sind schon einmal vor meiner Kamera aufgetaucht: Rehe, Damwild, Füchse, Dachse, Marder, Waschbären und halbwilde Katzen, nur die Sauen nicht. Und gerade was die Sauenjagd angeht, stützten sich meine Hoffnungen auf die Wildkamera. Während der nächtlichen Stunden, etwa zu der Zeit, in der die Jäger Rehe, Dam- und Rotwild ungeschoren lassen müssen, sind die Schweine unterwegs – genau wie das Raubwild. Dann hat man eine Chance, dass sie aus der Deckung kommen. Und die Wildkamera sagt einem normalerweise, wann sie gestern aufgetaucht sind und wann an den Tagen davor; heute kann es wieder anders sein, denn eine erfahrene Bache rechnet mit allem und ist am liebsten selbst nicht berechenbar.

Wildschweinjäger leben im Rhythmus der Mondphasen. Die ersten Male war ich völlig auf den Vollmond fixiert, aber das ist Unsinn, er muss nicht voll sein, er muss nicht einmal sichtbar sein, wenn die Wolkendecke so dünn ist, dass er den Himmel erleuchtet. Als Jungjägerin habe ich gestaunt, wie oft dies der Fall ist. Und wie wichtig es ist, dass sich das Schwein vom Hintergrund abhebt, eine grüne Weide, eine frisch gemähte Wiese, ein Schilfgürtel, Schnee, das hilft.

Jetzt, da ich in dem Revier rund um unseren Hof jage, kann ich mich zu jeder Zeit entschließen, auf die Jagd zu gehen. Den ganzen lieben langen Tag über verfolge ich im Internet die Wetter- und Mondseiten. So fand ich heraus, dass der Mond sich am 28. September vollständig verfinstert. Und nicht nur das, dazu ist er auch noch ein Supermond: Er umkreist uns auf seiner erdnahsten Umlaufbahn und ist daher größer und heller als sonst. Und als wäre das noch nicht genug, haben wir auch noch Blutmond: Das heißt, er wird nicht ganz verschwinden, durch das Streulicht, das auf ihn fällt, wird er orangerot. Kurzum: eine Superblutmondfinsternis. Die nächste findet erst wieder im Jahr 2033 statt.

Der Mond lässt sich also heute Abend nicht lumpen, er übertreibt ein wenig, aber ich lebe hier nun einmal mit ihm, und folglich gehe ich raus. Es ist eine Frage der Treue. Die Leute in meiner Umgebung hatten alle mit den Schultern gezuckt, ach nein, lass mal, dafür lassen sie sich in ihrem Schlaf nicht stören, es ist die Nacht von Sonntag auf Montag, sie schauen es sich später dann vielleicht im Fernsehen an. Um drei Uhr nachts stehe ich auf. Ich habe kaum ein Auge zugemacht: schon die Vorstellung, ich könnte nachher bei Blutmond ein Wildschwein erlegen.

Schnell hole ich meine Mauser und Munition aus dem Waffenschrank. Der Mond steht über dem Feldweg, rechts oben fehlt bereits ein Stückchen, ansonsten scheint er aber noch groß und hell. Aus dem Maisfeld am Ende steigt lautes Gekreisch auf. Was macht das Schwarzwild doch nur für einen Lärm, wie magere Spanferkel! Dort hocken sie alle beieinander. Der Mond hat mir mit seinem Spektakel wieder einmal den Kopf vernebelt. Als wenn die Sauen ausgerechnet heute Nacht zum Vorschein kämen, im Mais haben sie alles, was sie brauchen, auch Deckung.

Irgendwann kriege ich sie schon noch, jetzt bin ich vor allem wegen des Monds hier. Ich öffne die Kanzel auf allen Seiten. Der Mond färbt sich dunkler, von Gelb zu Orange. Ich richte meine Fernglas auf ihn und komme mir lächerlich vor, doch ich kann kaum glauben, was ich sehe: Der Mond bekommt Tiefe, er ist keine flache Scheibe mehr, sondern eine Kugel, seine Farben sind intensiver als beim Betrachten mit bloßem Auge, die Oberfläche ist plastischer, ich möchte sie fühlen.

Er bewegt sich bereits auf den Horizont zu. Das Kinn auf den Armen, die auf dem Lukenrand ruhen, schaue ich zum Mond hinauf, dann zu den Sternen, die der Reihe nach aufzuleuchten scheinen. Immer mehr. So viele? Nacheinander fallen drei Sternschnuppen, eine schießt wie ein sanfter Blitz am Mond vorbei nach unten, wie eine Träne, die – weiß Gott, wie – gerade so nicht aus seinem Auge kullert, sondern von knapp daneben herkommt. Über dem Weidentümpel steht ein Stern so hell und groß, dass ich jedes Mal, wenn er in meinem Augenwinkel meine Aufmerksamkeit erregt, kurz denke, er sei der Mond. Es ist totenstill, die Schatten verwischen, und die Bäume am Rand der Hohen Wiese werden dunkler und dunkler.

Ich verkneife mir die Frage, wie das Wild auf den Mond reagiert, sage mir dann aber, dass die Frage unsinnig ist. Die Antwort lautet: gar nicht. Jedenfalls nicht auf das Schauspiel der Superblutmondfinsternis. Doch die Atmosphäre strahlt viel mehr aus, als wir wissend wahrnehmen.

Die blaue Stunde bricht an, das Morgengrauen bekommt Farbe. Es scheint noch stiller zu sein als im Dunkeln, weil man den Tag erwartet, weil man den Moment ergreifen will, der einem stets entgleitet. Als der Mond, nun beinahe wieder in seiner üblichen Gestalt, hinter den Bäumen versinkt, geht im Osten die Sonne auf. Drei Stück Damwild kommen hochflüchtig über den Acker, Alttier, Schmaltier und Kalb. Sie rennen hinter dem Weidentümpel entlang, von dort gibt es einen Wildwechsel zum Froschteich und den hochgelegenen Feldern an der Kastanienallee, und dort sitzt jetzt gerade ein Jagdgast aus Osnabrück an, wie ich von Uwe weiß. Die Tiere laufen geradewegs in sein Schussfeld. Ich will sie warnen, sie können sich besser in meine Richtung bewegen.

Und dann? Bin ich nicht auch Jäger? Habe ich etwa nur das Beste mit ihnen vor? Oder gönne ich dem Gast seine Beute nicht? Ist das, was ich spüre, purer Jagdneid? Ich kenne euch, will ich rufen, ich habe euch hier schon früher gesehen, in Eile oder umsichtig von Deckung zu Deckung gehend.

Als sie außer Sicht sind, horche ich angespannt, ob ich einen Schuss höre. Nichts. Erleichtert breche ich auf.

Tontauben schießen

Wie konnte das jetzt sein? Ich war entsetzt, als ich im Sommer auf dem Schießstand fast keine Tontaube mehr traf. Ich schoss wie ein Anfänger. Mehr noch, meine Schulter war noch nie so blau gewesen. Übung macht den Meister, dachte ich zornig, es war auch schon zwei Jahre her, dass ich, während einer abendlichen Entenjagd im Wendland, das letzte Mal mit Schrot geschossen hatte. Was hatte ich denn erwartet?

Die Routine war weg, mein Körper wusste nicht mehr, wie es ging, und mein Kopf hatte keine Ahnung, wie er ihn lenken sollte. Also ging ich danach jeden Mittwoch zum Schießstand, um mich auf die Kublitzer Entenjagd vorzubereiten, und ich trainierte zu Hause, indem ich meine ungeladene Flinte auf nicht existente Enten richtete, die ich von allen Seiten an- und abfliegen ließ.

Noch während der Ausbildung hatte ich an meiner ersten Entenjagd teilgenommen. An einem nasskalten, nebligen Nachmittag nahm Rudolf Sameit mich mit. Im Revier, das er bereits seit mehr als vierzig Jahren gepachtet hatte, warteten die anderen Entenjäger mit ihren Hunden: ein weit über achtzigjähriger Freund, ein Tierarzt aus der Stadt und eine Jägerin, die in seinem Revier wohnte und bei Hege und Fallenjagd half. Mit gedämpfter Stimme grüßend, gaben wir einander die Hand. Ich fühlte mich bereits wie ein halber Jäger, allerdings ohne Gewehr.

Der Tag neigte sich dem Ende zu, als wir durch das Schilfland zum Ententeich gingen. Seit ein paar Wochen streue er Weizen, berichtete Sameit, und fast jeden Abend fielen die Enten in der Dämmerung ein, um zu fressen. Dies war die Stunde des Entenstrichs. Zwischen den Sträuchern entlang des Ufers waren Stellen für die Schützen ausgespart. Das Wasser glänzte schwarz. Die Enten sollten aus Nordosten kommen, sie flogen gegen den Wind ein. In Augenhöhe schien es bereits beinahe Nacht zu sein, doch der Abendhimmel war noch so hell, dass die landenden Enten sich scharf davon abhoben. Man schießt eine Ente sowieso, bevor sie die Baumkronen erreicht.

Und sie kamen. Wir warteten seit einer halben Stunde, sehr rasch nacheinander näherten sie sich der Wasseroberfläche, die Schüsse hallten scharf zwischen den Bäumen wider, und die Enten flogen sofort weiter, weg, weg von hier. Über dem Tümpel wurde es neblig vor lauter Pulverdampf, ich sog die Luft ein und musste an Zündplättchen denken, jene aufgerollten rosafarbenen Papierstreifen für unsere Spielzeugpistolen. Wir kauften sie uns vom Taschengeld im Haushaltswarenladen. Pengpengpeng, und dann dieser Geruch, vor allem seinetwegen spielten wir Cowboy und Indianer.

Zitternd saßen die Hunde in den Startlöchern, aber es war keine Ente gefallen, als die Dunkelheit den Tag vertrieben hatte.

«Peinlich», fanden die Jäger, als wir in einer winzigen Kneipe, die ihre Zeit fast überlebt hatte, Bier tranken. Die Wirtin thronte breit hinter dem Tresen, ihr dürrer Mann sprang wie ein Derwisch um uns herum und wollte, dass wir uns für sein Rennrad interessierten, das in der Ecke stand. Doch wir schenkten dem Mann keine Aufmerksamkeit, unter Jägern redet man über nichts lieber als über die Jagd. Als Beinah-Jäger verschlang ich die Geschichten.

Ich litt an Blickverengung. Am Morgen fuhr ich von meiner Unterkunft zur Jagdschule, und der Abend endete im Bett mit einem Heft voll Prüfungsfragen, gut zweieinhalbtausend. Drei Wochen lang, sieben Tage pro Woche, ich kann mich nicht daran erinnern, mich jemals so monoman auf etwas gestürzt zu haben. Und wenn ich mich kurz aus meiner Verrücktheit löste, erschien es mir unbegreiflich: Am 2. November würde ich – mit ein wenig Glück auf dem Schießstand – offiziell Jäger sein. Zu Allerseelen wohlgemerkt, ein schöner Tag, um Jäger zu werden, Totengedenken, ausgerechnet einer der wenigen katholischen Feiertage, die mich noch berühren. Doch an jenem Oktoberabend beim Entenstrich blieb der Tod noch auf Distanz.

Im Herbst darauf stand ich wieder an jenem Ententeich, jetzt selbst mit einer Flinte in den Händen, ich spähte in den Himmel und schoss zwei Enten aus der Luft. Wie senkrecht sie plötzlich aus ihrem schnellen Gleitflug wie ein Ziegelstein in die Tiefe stürzten. Klatsch, das Wasser spritzte auf, eine flatterte noch kurz mit den Flügeln. Sameit erlegte vier.

Dann war es die Aufgabe seines jungen Pointers Sara, die Enten zu apportieren, doch sie fürchtete sich vor kaltem Wasser. Die drei Enten in den Sträuchern holte sie nach leichtem Drängen, so dass noch drei Enten im Wasser lagen. Sameit ermunterte Sara, versuchte es mit Schmeicheln, alles, um ihr die Angst zu nehmen. Doch sie blieb stehen und zitterte wie Espenlaub. Zwei brachte sie schließlich ans Ufer. Im Licht der Taschenlampe sahen wir die dritte, sie trieb tot in einem Wirrwarr aus Zweigen, der Hund zitterte und jaulte, machte ein paar Schritte und wich wieder zurück.

Ob ich prüde sei, wollte Sameit wissen. Ich sagte natürlich nein. Ob ich ihm dann leuchten wollte. Er zog Stiefel und Jagdhose aus, stieg in Unterhosen bis zur Taille ins Wasser und watete zu der Ente. Ich nahm ihm den Vogel rasch ab, und er schlüpfte wieder in seine Sachen. Manche Jäger würden ihn deswegen auslachen, berichtete er. Wenn die Ente tot sei und er viel Beute gemacht habe, lasse er sie schon mal zurück, doch wenn sie noch lebte, stieg er ins Wasser. Das hatte er immer so gehalten. Ich fragte mich, ob ich es ebenso handhaben würde, blieb mir die Antwort dann aber doch lieber schuldig.

Eine halbe Stunde später saßen wir im Schuppen bei seinem Haus und rupften die Enten. Wenn sie noch warm sind, ist es weniger mühsam. Ich fühlte mich städtischer denn je, denn ich hatte noch nie im Leben einen Vogel gerupft. Währenddessen begossen wir die Beute mit Bier. Die Locken aus dem Schwanz des Erpels nahm ich als Trophäe mit. Die letzten Federreste flämmten wir mit einem Bunsenbrenner ab.

Ich verfolgte genau, was Sameit machte: einen Schnitt unter dem Kropf und diesen entfernen, mit einer Schere die Nackenwirbel durchtrennen und den Kopf abschneiden. Mit einem kreisrunden Schnitt die Kloake von der Haut trennen, in die Höhlung rund drei Zentimeter nach oben schneiden, in die Bauchhöhle fassen und die Kloake mit allen daranhängenden Eingeweiden herausziehen. Herz, Magen und Leber losschneiden, ganz vorsichtig die Gallenblase entfernen. Fertig. Ausspülen und die Ente über Nacht in kaltes Wasser legen. Noch ein, zwei Tage gekühlt aufbewahren und dann essen. Oder sofort einfrieren.

Es ist so weit, der Tag der Kublitzer Entenjagd ist angebrochen, und ich bin inzwischen wieder vertraut mit der Flinte, auch wenn ich weiterhin unzufrieden mit meinen Resultaten auf dem Schießstand bin.

In aller Frühe machen wir uns mit elf Schützen, vier Deutsch Drahthaaren und drei Pick-ups auf den Weg. Das Landgut ist wasserreich, insgesamt gibt es fünfzehn offene Gewässer: Seen, Weiher und Tümpel. Während wir auf den Ladeflächen durchgeschüttelt werden, lösen sich die Morgennebel auf und die Sonne scheint bereits warm auf mein Gesicht. Das erste Oktoberwochenende tut so, als wäre Sommer.

Bei den hochgelegenen Äckern an der Grenze zu Brandenburg, wo ich im Frühjahr den kleinen Gabelbock erlegt habe, steigen wir ab. In Kolonne überqueren wir schweigend den Acker und gehen zum Weiher. Ich sehe kein Wasser, nur einen bewachsenen Erdwall, an dem entlang wir uns aufstellen, die Gewehrläufe in die Höhe gerichtet und die Ohren gespitzt. Die Hunde rascheln aufgeregt durchs Schilf, plumpsen ins Wasser, und dann ertönt es vom gegenüberliegenden Ufer: «Enten! Enten!» Dutzende Enten flattern schnatternd aus dem Wasser auf und versuchen, nach Süden, Westen oder Norden zu entkommen. Die Schützen feuern drauflos. Die Hunde rennen hin und her, um die Enten zu apportieren.

Als wieder Ruhe eingekehrt ist und ich mich frage, ob noch mehr Enten auf dem Wasser schwimmen, ruft ein Jäger: «Enten von hinten!» Da kommen die ersten bereits wieder. Ich traue meinen Augen nicht – und schieße, doch wieder treffe ich nichts. Ich bin zu spät oder habe vielleicht doch *auf* die Ente gezielt, so dass die Schrotgarbe hinter ihr vorbeigeflogen ist. Meine Reflexe sind noch zu langsam. Ich bin verblüfft, dass die Enten so schnell zurückkehren, denn die Gefahr ist alles andere als vorüber. Aber wir stehen nicht am Wasser, wo sie fressen, so wie im Wendland, wir stehen an ihrem Stammplatz, wo sie sich tagsüber nach ihrer nächtlichen Nahrungssuche ausruhen.

Mit den erlegten Enten gehen wir zurück zum Auto. Als ich meinen Rucksack auf die Ladefläche hebe, sagt ein Jäger aus dem Nachbarrevier: «Den kannst du nachher besser in die Fahrerkabine legen, voriges Jahr haben Spaziergänger all unsere Sachen mit Anti-Jagd-Parolen beschmiert und sie in die Sträucher geworfen.» Und als er meinen erstaunten Blick bemerkt: «Tja, das hatten wir hier tatsächlich noch nie erlebt.»

So gehen wir von Gewässer zu Gewässer. Bei einem kleinen Tümpel an der Durchgangsstraße donnert eine Herde Kühe mit ihren Kälbern über den Hügelkamm heran, als sie uns kommen sehen. Unter den Tieren muss auch ein brauner Stier sein, aber ich kann ihn nicht entdecken. Zum Glück bleibt die Herde auf Distanz. Die Enten allerdings auch, so eifrig die Hunde auch das Ufergrün durchstöbern, sie fliegen nicht auf. Dies ist die dritte Kublitzer Entenjagd innerhalb eines Monats, vielleicht sind die Enten inzwischen zu gewitzt für uns Schützen, oder sie ruhen sich woanders aus.

Auch am Hechtsee fliegen keine Enten auf. Doch das bekümmert niemanden wirklich. Es ist ein hochsommerlicher Herbsttag, wir spazieren draußen an Orten, wo wir sonst nicht hinkommen, und haben zudem noch die Chance, Beute zu machen. Mein Magen knurrt, ich pflücke einen Apfel und werfe ihn nach dem ersten Bissen in die Sträucher: sauer.

Gegen Ende des Vormittags machen wir uns mit den Wagen auf zum Finale: der Teich hinter dem Kublitzer Agrarbetrieb, dort wird es passieren. Wir müssen uns auf Anweisung von Hubert Falkner auf dem Hügel in einem Halbkreis aufstellen und uns dann auf sein Zeichen hin dem Ufer bis auf zehn Meter nähern. Die Enten schnattern, und durch das Schilf hindurch sehe ich sie zu einem Klumpen zusammengedrängt dümpeln. Ganz nah. Die Hunde und ihre Führer geben sich alle Mühe, sie zum Auffliegen zu bringen, aber es dauert und dauert. Die Enten bleiben unerschütterlich im Schilf und die Schützen dösen in der Sonne. «Enten!», ertönt der erlösende Ruf dann plötzlich doch noch. Die ersten Enten fliehen gen Osten, wo nur zwei Schützen postiert sind. Hubert meinte, sie würden nach Westen fliegen, gegen den Wind, doch der hat sich inzwischen gedreht.

Über die beiden Schützen fliegt ein ganzer Schwarm hinweg, und sie können nicht schnell genug nachladen. Viele Enten haben Glück. Vom gegenüberliegenden Hang aus beobachten wir anderen Schützen das Geschehen mit wehem Blick.

«Enten von Westen!», ruft plötzlich jemand. Rasch wende ich mich vom Teich ab und schieße, mein Nachbar auch, die Ente fällt zwischen uns vom Himmel. Kurze Zeit später nimmt ein Hundeführer sie seinem Deutsch Drahthaar aus dem Maul und legt sie bei mir ab. Fragend hebe ich die Arme und deute auf meinen Nachbarn. Er reckt den Daumen in die Höhe.

Als die Jagd zu Ende ist, hebe ich die Ente auf und bringe sie zum Pick-up. Es ist ein seltsam heiteres Gefühl, so eine Ente, mit ihrem gefiederten dünnen Hals zwischen meinen Fingern baumelnd, den Kopf in meiner Hand, als wären sie für einander geschaffen, und als ginge ich gleich weiter in die Waschküche, um sie zu rupfen. Aber ich lege sie zu den anderen unter die Holzbank auf der Ladefläche und gehe zurück zum Teich, wo die Jäger mit ihren Hunden die Enten suchen, die in die Sträucher und in das Sumpfland gefallen sind. Erst als wir alle gefunden haben, kehren wir zu den Autos zurück. In dem großen Entenhaufen finde ich meine nicht wieder. Die Enten werden bei der Wildkammer abgeladen, rund fünfzig Stück, sie müssen rasch gekühlt werden. Uns setzt man auf Huberts Berg ab, wo wir im Garten mit Blick auf den Grimmitzer See zu Mittag essen. Ich komme mir vor wie ein Statist in einem Film über das Land, in dem es sich gut leben lässt.

Und die Enten? Niemand interessiert sich mehr für sie, niemand will seine Beute haben.

Das überrascht mich. Die eine Ente hätte ich gern mit nach Hause genommen. Allerdings nur diese eine. Ich will nicht irgendeine Ente vom großen Haufen, es geht mir um meine Beute. Aber ich unternehme nichts, ich falle auch so schon genug auf.

Und dennoch, das Gefühl verschwindet nicht. Schießen, Beute machen und Essen gehören zusammen, und zwar buchstäblich, die eigene Beute mit nach Hause nehmen. Das macht Schießen zu etwas anderem, als Vögel vom Himmel holen.

Der Schuss war nicht der Schlusspunkt. Wenn ich ein Tier erlegte, brach ich es auf, zerlegte es, bereitete es zu und aß es anschließend. Ansonsten hatte ich kaum einen Grund, ein Tier zu töten.

Die Ente war mir entgangen. Bei einer Gesellschaftsjagd hat man die Fäden nicht selbst in der Hand. Außerdem wusste ich nicht genau, ob ich überhaupt diejenige war, die sie erlegt hatte, und daher fühlte ich mich sowieso überhaupt nicht in der Position, sie zu fordern.

Es war ein strahlender Jagdtag gewesen, die Kublitzer Entenjagd, ein Tag, der als sonnendurchflutetes Erlebnis in meiner Erinnerung blieb. Doch als Schütze hatte ich nicht viel zustande gebracht. Also fahre ich am darauffolgenden Mittwoch wieder zum Schießstand, ich muss und werde lernen, besser mit der Flinte zu schießen.

Um das Ganze etwas verlockender zu machen, nehme ich den Weg mitten durch die Felder und Wälder, die hin und wieder von kleinen Dörfern unterbrochen werden, in denen das 21. Jahrhundert noch nicht angekommen ist. Ich fahre über eine zweigeteilte Betonpiste, deren Platten für Autoreifen ein klein wenig zu weit auseinanderliegen – nicht auf das Ende der Motorhaube schauen, dann fang ich an zu schlingern, Augen in die Ferne richten. Wie beim Tontaubenschießen. Der Sandweg, der sich anschließt, ist voller Löcher, aber ich weiß, wo sie sind, und fahre fröhlich im Slalom um sie herum. Es gibt viel Damwild und Rehe. Und Jäger.

Ich halte Ausschau nach meinen Augentroststellen. Gleich gelange ich in ein Dorf mit einer Windmühle auf einer großen kahlen Wiese, von Wäldern umgeben, und dann kommt eine kleine Brücke, die über einen Waldbach führt, der sich selbst überlassen dahinplätschert, und schließlich – mein Favorit – der ertrunkene Wald mit seinen grauen Stämmen, die sich wie unheilverkündendes Pfahlwerk vom Himmel abheben, das Land der bösen Märchen. Und dann folgt der grimmigste Ort, die lange Betonwand mit den Warnschildern «Lebensgefahr». Dahinter liegt eine ehemalige Munitionsfabrik samt Lager, ein großes, abgesperrtes Gelände. Und wiederum dahinter befindet sich der Schießstand. Der ist nicht umsonst dort, das Gebiet ist eh durch Sprengstoff verseucht.

Die drei, vier Jäger, die jeden Mittwoch zum Tontaubenschießen kommen, lassen mich großzügigerweise an ihren Schießübungen teilnehmen. Neidisch beobachtete ich, wie ihre Tauben der Reihe nach zerbersten. Sie sind so gut, dass sie sich bereits über einen seltenen Fehlschuss ärgern. Wenn ich an der Reihe bin, tun sie sehr diskret so, als würden sie nicht bemerken, wie viele Tontauben ich verfehle, und ich unterdrücke meine Scham.

Hinterher geben sie mir manchmal gute Ratschläge, aber irgendwie ist der Wurm drin. Ich werde einfach nicht besser, und keiner weiß, wieso. Es gelingt mir immer noch nicht, das Ziel zu fokussieren, also schlingere ich mit dem Lauf, schieße mal vor die Taube, dann dahinter, mal drüber und mal drunter. Das Ganze hat kein System. Das Bild wackelt weiter, egal wie sehr ich zu Hause übe und wie viele Lehrfilme ich mir ansehe. Die Männer wissen auch nicht mehr weiter.

In Gedanken versunken biege ich in den ersten Kreisverkehr der wendländischen Kleinstadt ein. Auf den Grünstreifen, auf der Verkehrsinsel, überall sind Menschengruppen unterwegs. Sie sind neu, sie sind anders. Flüchtlinge, wird mir plötzlich klar, die hier untergebracht sind. Ich verfolge das Drama in der Zeitung, all die Menschen aus dem Mittleren Osten und Afrika, die in die Flucht getrieben wurden und nun hoffen, ihr Heil in Europa zu finden, wo die Angst vor dem Chaos wächst. Das Straßenbild des Städtchens rüttelt mich wach: Das ist hier, jetzt. Zu Hause, rund um das Vorwerk, merke ich nichts davon. Für einen kurzen Moment verspüre ich in diesem urdeutschen Städtchen einen Hauch Amsterdam.

Es ist ein merkwürdiges Zusammentreffen, nichts passt zueinander. Ich bin auf dem Weg zum hiesigen Schießstand. Als ich Sameit am Telefon von meinem Kampf mit der Flinte berichtete, machte er für den Tag, bevor wir auf Entenstrich gingen, einen Termin mit der Schießlehrerin Britta Galaske aus, ehemaliger Bundesmeisterin im Jagdlichen Schießen. Sie ist meine vorletzte Hoffnung, die letzte ist der Augenarzt.

Klein, quadratisch, fröhlich, aufgrund eines kaputten Knies geht sie mit einem schmerzhaft steifen Bein, doch ansonsten ist alles bestens. Ohne zu zögern lege ich mein Schicksal in ihre Hände.

Unten auf dem Schießstand feuere ich fünf Patronen auf Tontauben ab, alle fünf daneben.

«Halt, stopp! Das Gewehr passt überhaupt nicht», sagt Britta.

Als ich verdattert erwidere, es sei extra für mich gekürzt worden, stellt sie sich vor mich.

«Anlegen.»

Ich zögere, das wollte ich doch nie wieder machen, den Lauf meines Gewehrs auf einen Menschen richten, auch wenn es nicht geladen ist.

«Nur zu», lacht sie. «Ich weiß, dass nichts rauskommt.» Sie schaut über den Lauf zu mir, auf meine Augen, bittet mich, hierhin und dorthin zu sehen, zu zielen und noch dies und das. Dann fragt sie mich: «Hast du beim Schießen beide Augen auf?»

«Ja. Anfangs habe ich das linke Auge immer zugekniffen, aber man sagte mir, ich müsse unbedingt beide Augen offenhalten, das sei keine Büchse, ich gucke nicht durch ein Zielfernrohr, ich müsse die Tiefe sehen, sonst würde es nichts.»

Britta schüttelt den Kopf: «Lauter Theorie, es geht aber um den individuellen Schützen und seine Flinte. Du kannst überhaupt nicht mit zwei offenen Augen schießen, dann wirst du die Taube nie treffen.

Dann siehst du eben weniger Tiefe. Stell dich mal hin, schau nur mit dem rechten Auge, und dann gib mir ein Zeichen.»

«Jetzt.»

Die Tontaube zerbarst.

«Jetzt.»

Wieder ein Treffer.

Aber danach schieße ich ein paar Mal daneben. Das Gewehr sitze gut an der Schulter, sagt Britta, aber ich hätte mir zwecks Kompensation ein paar falsche Körperhaltungen angewöhnt. «Den Hals ein wenig länger machen, das Gewehr nicht kippen.»

Erneut treffe ich einige Tauben. Das Bild verspringt nicht mehr, ich fokussiere automatisch und habe Zeit zu erkennen, ob die Taube sinkt oder steigt und wie schnell sie fliegt, so dass ich den Lauf ein wenig vor, unter oder über sie halten kann. Treffer.

«Jetzt weitermachen», sagt Britta. «Du musst Routine erlangen.»

Ich feuere hundert Patronen ab, nicht nachdenken, Taube mit dem Lauf erfassen, mitschwingen und in der Schwingbewegung abdrücken. Ich treffe immer öfter.

«Du schlingerst noch ein wenig», sagt Britta, «lass mal fühlen.» Sie deutet auf meine Muskeln.

«Ich arbeite viel im Garten», verteidige ich mich rasch, «und ich mache jeden Tag Liegestütze.»

«Das trainiert andere Muskeln», sagt sie, als sie meine Muskeln prüft. Sie zeigt mir, welches Krafttraining ich machen muss. Täglich. «Dann wird es schon werden.»

Am nächsten Tag gehe ich mit drei Jägern aus dem Wendland kurz vor der Dämmerung zu dem Tümpel, wo ich im vorletzten Herbst zwei Enten erlegt habe. Sameit hat die Pflanzen rund um das Gewässer erst vor Kurzem gestutzt, so dass die landenden Enten länger am Abendhimmel zu sehen sind. Eine Bisamratte schwimmt umher.

Wir beziehen unsere Posten. Die Stille um uns wird dumpfer und undurchdringlicher, der Nebel dichter. Ich spähe nach oben. Es gibt keine Konturen am Himmel, und die Baumwipfel haben sich im Grau aufgelöst. Dort, wo es eine Spur heller ist, da ist der Himmel. Eine Ente wird sich höchstens als dunkler Fleck abzeichnen. Ich bin allein, will heißen, ich sehe die anderen nicht. Ich lausche angestrengt und höre im Nebel, wie still sie sind, wie nah, wie gebannt auf das Stück Himmel starrend, die Gewehre bereit, manchmal tickt oder tropft etwas, oder ein Blatt taumelt herab. Der Moment rückt näher, eine große Ruhe überkommt mich, in der es keinen Platz für Angst, ob ich treffe oder nicht, gibt. In jedem Augenblick kann sich alles ändern, jetzt atme ich, atmen wir, in konzentrierter Erwartung, es wird noch stiller, wie in einem Gottesdienst, bei einer Ehrung, einer Buße, einem Kniefall vor dem Leben, ein beinahe heiliger Moment, den wir selbst herbeigeführt haben, in der Ferne schnattern ein paar Gänse. Vereinzelt quakt irgendwo eine Ente.

Die Bisamratte schwimmt immer noch herum, Sameits junger Dackel fiept ganz leise, voller Drang, sie zu verfolgen. Als es fast dunkel ist und die Bisamratte an mir vorüberschwimmt, flüstert Sameit plötzlich: «Pauline, erleg sie!» Ich halte dies für einen Witz, um die Spannung zu brechen, doch später zeigt sich, dass es ihm ernst war. Er hasst Bisamratten, sie gehören hier nicht hin und richten nur Schaden an. Ich glaube nicht, dass ich deswegen die Stille gestört hätte.

Und dann – ist es jetzt bereits zu dunkel? – höre ich in der Ferne ein Schnattern. Ich lege sofort an. Fünf Flecke setzen zur Landung an, ich kneife das linke Auge zu, schieße, zweimal, die Jägerin neben mir schießt, dann Sameit, Enten purzeln in die Tiefe, sie plumpsen ins Wasser. Treffer, ich atme tief ein, um einen langen Seufzer der Erleichterung auszustoßen, sauge den Pulverdampf ein, ich habe wieder eine Ente erlegt.

Weiter. Zwei Schrotpatronen aus der Jackentasche nehmen, die Flinte erneut laden, erneut in den Himmel spähen, vom einen Bein aufs andere, auf den nächsten Entenschwarm warten, Ohren, die alles hören, Blicke, die die Finsternis durchbohren. Aber es ist zu spät, jetzt ist es wirklich dunkel. Der Entenstrich ist vorbei.

Die Jägerin neben mir schickt ihren Hund ins Wasser, leuchtet ihm mit ihrer Taschenlampe. Der Hund sucht das Ufer ab und legt ihr insgesamt drei Enten vor die Füße. Eine magere Beute, doch das kümmert keinen, und mich schon mal gar nicht. Meine Augen, meine Reflexe sind in Ordnung, ich habe erneut Beute mit der Flinte gemacht. Und sehr bald esse ich endlich wieder Ente.

Brunft

In der Ferne erklingt ein rotziges und anhaltendes Rülpsen, endlich, da röhrt ein Damhirsch. Ich sitze in der Kastanienkanzel und warte auf Schweine, denn heute Morgen war das Winterweizenfeld frisch zerwühlt gewesen. Und jetzt höre ich, wie allmählich die Damwildbrunft beginnt. Es dauere lang in diesem Jahr, hatten Kenner gemeint, es sei zu warm, Damwild bräuchte Frost. In den letzten Nächten hat es leicht gefroren.

Es ist merkwürdig still und einsam heute, auf der Chaussee fährt nur sporadisch ein Auto entlang. Es ist Sonntag, fällt mir ein, später Nachmittag, da bleiben alle zu Hause. Am Horizont sehe ich den Kirchturm des Nachbardorfs, so hoch sitze ich in der Landschaft. Auf einem Wiesenzipfel zwischen Froschteich und Grenzwald liegt ein Damwildrudel. Als die Sonne untergeht, erhebt es sich langsam. Das Geweih eines jungen Schauflers leuchtet orangefarben auf in ihren letzten Strahlen. Das erste Alttier verschwindet durch einen Wechsel im Grenzwald.

Aus dem Augenwinkel bemerke ich eine Bewegung, ein kleiner heller Punkt eilt über die Wiese herbei, es ist das weiße Alttier. Beim Rudel angekommen, trabt es von einem zum andern, scheucht auf, stößt mit dem Haupt ein liegendes Tier, stiftet Unruhe. Die anderen springen beiseite oder treiben es weg. Der Reihe nach suchen sie das Weite.

Das weiße Tier schaut sich um, rupft ein paar Blätter von einem Strauch, kaut und geht dann hinter den anderen her. Doch sehr bald schon kehrt es mit zwei Alttieren zurück. Es geht vorneweg, sie laufen westwärts, fort vom Rudel.

Die Felder und Wiesen sind wieder leer. Jetzt, da es kälter geworden ist, zieht das Grün schnell aus dem Laub, Herbstfarben flammen auf. Ich wende den Kopf von links nach rechts und wieder zurück; das meiste Wild hört man nicht kommen, es steht plötzlich da wie aus dem Nichts.

Als ich Jäger werden wollte, widerstrebte mir die Vorstellung, Stunde um Stunde in einer Kanzel zu hocken, mich so wenig wie möglich zu bewegen und keine Geräusche zu machen. Wie ein Museumswärter, wie ein Soldat, der Wache steht. Das schien mir schrecklich zu sein. Die Zeit musste quälend langsam vergehen, wenn man stundenlang nichts tun durfte. Die Jäger mussten irgendwelche Tricks haben, um das auszuhalten, um sich all die Stunden in ihrem nichts tuenden Hirn selbst zu ertragen, um nicht jeden regungslosen Muskel um Bewegung flehen zu hören, um nicht irreversibel abzustumpfen und in einen vegetativen Zustand zu verfallen.

Hin und wieder bin ich in eine Kanzel gestiegen, um zu sehen, wie es ist. Doch nie blieb ich lange, ich kletterte einfach, ehe ich es recht wusste, die Leiter wieder hinab. Gelegentlich mache ich es noch, wenn ich spazierengehe, in eine Kanzel steigen, um einen besseren Blick auf das Wild zu haben. Doch nie bleibe ich solange wie mit dem Gewehr.

Offenbar muss ich auf Jagd sein, muss es eine Chance geben, dass etwas passiert. Es muss einen anderen Zweck geben, als zu träumen, die Natur zu genießen oder zu mir selbst zu kommen. Es reicht mir nicht, in einer Kulisse zu sitzen, mit einem Wildfoto nach Hause zu kommen oder mit einem geläuterten Gefühl. Ich will die Landschaft berühren, etwas darin verändern, darin heimisch sein. Erst dann gehe ich im Moment auf und vergesse die Zeit. Ja, das ist es, wenn ich jage, gehöre ich dort hin, dann ist das mein Biotop. Das ist die Läuterung, die ich suche. Ich, ein Tier in der Nähe von anderen Tieren, genauso wie die anderen Tiere, eines mit Blut an den Händen und mit Lust auf Fleisch.

Auf einmal ist überall Damwild, auf dem Acker vor meiner Kanzel läuft das scheue Alttier mit seinem Schmaltier und Kalb den Acker entlang. Ich erkenne sie auf den ersten Blick, es sind die Scheuesten, die es hier gibt, und sie waren es auch, die ich neulich in das Schussfeld des Osnabrückers habe fliehen sehen. Und schon vorher habe ich sie auf der Salzwiese entdeckt, sie kamen aus den Sträuchern zum Vorschein, und ich war erstaunt, wie umsichtig sie sich verhielten. Das Alttier machte drei Schritte auf dem Schwingmoor, schaute, horchte, schnupperte, stand still. Dann machte es noch ein paar Schritte. Wieder verhoffen, keine Eile, am Rand bleiben, den Pfad überqueren, rasch zurück in die Sträucher können, das Schmaltier folgte dem Beispiel seiner Mutter. Zuletzt kam das Jüngste, das Kalb, auf spindeldürren Beinen. Das Alttier sah sich weiter um, seine Lauscher drehten sich in alle Richtungen, die Nase im Wind, dann ließ sie Träger und Haupt sinken und sprang davon in Richtung Brachland, wo die Wildwechsel durch den aufsprießenden Schlehdorn führen. Ihre Häupter bewegten sich gleich über der Deckung in Richtung Obstgarten, wo der Boden voller Äpfel lag.

Und jetzt sehe ich sie hier oben an der Kastanienallee wieder in Panik herumrennen. Sie haben Grund, auf der Hut zu sein. Vor ein paar Tagen hat ein Jagdgast zwei Damkälber geschossen, möglicherweise standen sie daneben und sind der Kugel gerade so entkommen. Obwohl, ich weiß nicht, ob ihnen das bewusst ist. Es ist überhaupt die Frage, was sie wahrgenommen haben. Einen lauten Knall, vielleicht noch ein vorwärts stolperndes oder sofort umfallendes Kalb, die Flucht des Rudels. Gefahr.

Die Kälber seien ihm eigentlich noch zu klein, hatte der Jagdpächter gesagt, etwa zwölf Kilo, viel Wildbret war noch nicht dran. Er hätte sie laufen lassen.

Ich fragte einen Jäger aus dem Landesforst. «Jetzt zu Beginn der Saison nur Kälber», erwiderte er dezidiert. «Wieso?», tat ich verwundert. Ich hatte mich schon daran gewöhnt, dass Jäger im Brustton der Überzeugung – «Das weiß doch jeder!» – allerlei zweifelhafte Ratschläge geben. «Alttiere und Schmaltiere kann man nicht mehr unterscheiden», sagte er. «Es wäre ein Kunststück, wenn man es zu dieser Zeit noch schafft, sie richtig anzusprechen, die Schmaltiere sind schon so groß gewachsen. Außerdem klebt das Kalb nicht mehr an den Hacken seiner Mutter, und daher sieht man auch nicht sogleich, zu welchem Alttier es gehört, es bewegt sich schon sehr viel freier im Rudel. Und wenn es dir dann gelingt, gleich nach dem Kalb das Alttier zu schießen, Hut ab!» Damit will er sagen: pures Glück.

Erst das Junge und anschließend die Mutter, das ist das weidmännische Ideal, darüber sind sich die Jäger einig. Aber exakt dieses Alttier aus dem Rudel zu schießen ist in dieser Jahreszeit gar nicht so einfach. Und wenn man sich nicht sicher ist, dann «lässt man den Finger gerade», wie Jäger gerne sagen.

Und ich dachte, es läge an mir, dass ich Alt- und Schmaltiere nicht mehr unterscheiden konnte. Aber gerade die erfahrensten Jäger geben zu, dass sie dies zu dieser Jahreszeit auch schwierig finden.

Wie, frage ich mich an jenem Sonntag in der Kastanienkanzel, kann ich mir da sicher sein, wer von dem scheuen Trio das Alttier ist und wer das Schmaltier? Natürlich, es ist einfacher, wenn sie ohne Rudel unterwegs sind, aber selbst dann. Ich setze auf ihr Verhalten: Das Tier mit der größten Erfahrung ist die Anführerin, es geht vorneweg, das ist also das Alttier. Klingt logisch, aber andererseits: Vielleicht ist ja das Schmaltier als erstes aus der Deckung gekommen, weil es unerschrockener ist, oder ungeduldiger, oder dümmer.

Es bleibt ein Raten und Schätzen, wenn man versucht, sich ein Bild von den einzelnen Tieren im Fernglas zu machen, von ihrer Gestalt und ihrem Verhalten. Man überlegt, was sie bewegt, und ehe man es sich versieht, dichtet man ihnen allerlei menschliche Eigenschaften an.

Als kurze Zeit später ein Alttier und sein Kalb quer über den Acker zurückrennen, die Wedel wie Alarmzeichen töricht in die Höhe gestreckt, nehme ich an, dass es dieselben sind und dass das Schmaltier zurückgeblieben ist. Es folgt seinen Hormonen, spekuliere ich, das wird seine erste Brunft. Bald wird es den Platzhirsch, den stärksten Hirsch in diesem Jahr, an seinem Brunftplatz besuchen, um sich beschlagen zu lassen. Oder vielleicht lässt es sich von einem kleineren Gott, dem es begegnet, verführen. So wird es sein, denke ich, aber wissen werde ich es nie.

Im letzten Licht kommt ein Damspießer angerannt, direkt an meiner Kanzel vorbei und hinein in den Wald. Ein verwaistes Kalb springt ihm noch hinterher, im typischen Prellsprung des Damwilds, mit allen vier Beinen in der Luft – zutiefst verwirrt verschwindet es auch von der Bildfläche.

Wenn das Kalb nicht gehüpft wäre, als hätte es Federn unter den Hufen, und wenn es nicht im höchsten Tempo geflohen wäre, sondern gezögert hätte, auch dann hätte ich es nicht erlegt. Es ist zu klein – oder weniger feinfühlig ausgedrückt: Es hat noch zu wenig Fleisch auf den Knochen.

Da sitze ich also in der Kanzel und nehme mir den Rat aller Jäger zu Herzen und schieße kein Kalb, kein Alttier und kein Schmaltier. Vorerst. Bis die Kälber fetter sind, bis sie ihre Mutter nicht mehr brauchen und es egal ist, ob ich ein Alttier oder ein Schmaltier erlege.

Von Wildschweinen hingegen ist an diesem Abend nichts zu sehen. Sie haben endlos Zeit, es ist bereits früh dunkel, die Nacht ist noch lang. Als ich die Hand vor den Augen nicht mehr sehe, mache ich mich auf dem Heimweg.

Heiko, der Waldarbeiter, der unten im Weiler wohnt, ist wochenlang damit beschäftigt gewesen, die Brunftplätze im Naturschutzgebiet auf der anderen Seite der Chaussee einzurichten. Er erklärt mir, wo der Hauptbrunftplatz ist: dem Weg an der Badewiese hinter dem Schlagbaum folgen, bei den Kastanien rechts, dann weitergehen bis jenseits des großen Eichenbestands, dann schräg hinauf durch den Buchenwald, bis man nach einer Weile zu drei alten Tannen gelangt … und so fährt er noch eine Weile fort. Auf diese Weise findet er also im Wald seinen Weg. Könnte ich mich doch nur so orientieren, aber das erscheint mir so fern, dass ich mir nicht einmal seine Beschreibung merken kann.

Heikos Chef, der Revierförster mit dem sagenhaften Namen Theobald Tiger, nimmt mich mit auf eine Inspektionsfahrt zu den Brunftkuhlen. In ein paar Tagen kommt ein erster Jagdgast, und Tiger will im Voraus einen Damhirsch für ihn suchen, einen, der mindestens acht Jahre alt ist, besser noch zehn, der reif für den Abschuss ist. Gegen ein paar Tausend Euro, wohlgemerkt.

Um vier Uhr bin ich bei der Badewiese, von dort fahren wir mit Tigers Auto ins Revier. Das Wetter hat umgeschlagen, es friert nicht mehr, und der Wald ist in Nebel gehüllt, die ab und zu so schwer sind, dass es nieselt. Als Tiger vor fünfzehn Jahren dieses Revier übernahm, befand sich der Hauptbrunftplatz bereits an derselben Stelle. Damals machte ich hier meine ersten Spaziergänge. Jetzt dringe ich tiefer in den Wald ein, ich schaue mit Jägeraugen und lausche jemandem, der voller Geschichten über das Wild in seinem Revier steckt.

Bei einer neuen Kanzel aus noch hellem Holz steigen wir aus. In der Stille lauschen wir kurz dem Röhren, das aus zwei Richtungen zu hören ist. Komm, bedeutet mir Tiger, und zeigt dorthin, wo das träge Röhren ertönt. Da ist die Hauptkuhle. Als wir zwischen den Kiefern die Kanzel erblicken, schleiche ich in Tigers Fußstapfen weiter. Wir müssen nicht durch raschelnde Blätter waten, wir gehen auf weichem Moos – Nadelbäume haben auch Vorteile.

Die Kanzel ist hoch, geräumig und schlicht. Und rundherum offen, so dass man nicht wie ein Heckenschütze durch Luken spähen muss. Vor uns liegt ein hügeliges Gelände mit großen Bäumen, die erst in der Höhe ihre Kronen bilden, Buchen, eine Kirsche, ein paar Birken. In Richtung der Kastanienkanzel in Uwes Revier höre ich einen dritten Damhirsch röhren. Vielleicht der, den ich am Sonntag schon gehört habe.

Zwei, drei Tage dauert die Hauptbrunft, dann ist der Platzhirsch erschöpft. Oft hat er dann ein Drittel seines Körpergewichts verloren, und sein Rivale nutzt seine Chance, den Job zu übernehmen. Das ist der Moment, um ihn zu erlegen. Von dieser Kanzel aus werden fast alljährlich zwei kapitale Damhirsche geschossen.

Wir reden mit gedämpfter Stimme, tonlos, und schauen mit unseren Feldstechern zwischen den Bäumen hindurch in die Richtung, aus der das Röhren kommt. Da! In der Ferne, jenseits eines Grabens, rührt sich etwas, es sind die träg schwankenden Bewegungen eines großen Geweihs. Jaja, Theo Tiger sieht es auch, der könnte reif sein, die Schaufeln sind stark, mit wenigen Einkerbungen und Unebenheiten. Aber das Geweih allein sagt nicht viel. Man muss das Tier sich bewegen sehen, es von allen Seiten betrachten. Sitzt der Kehlkopf bereits tief, ist der Träger dickhäutig und gewellt, der Rücken ein wenig durchgebogen? Sieht die

Rückseite relativ schwach aus und schließlich: Stehen die Vorderläufe so weit unter dem Rumpf und ist der Stich so schwer, dass der Hirsch vornüber zu stürzen scheint? Dann könnte er in Betracht kommen. Aber es gibt viele Faktoren, die in die Irre führen können. In einem Wald mit dünnen Kiefern wirken die Schaufeln eines Damhirsches dicker als in einem Wald mit stattlichen Laubbäumen. Vieles hängt ab von der Umgebung, vom Licht, vom Schatten, und auch davon, was man sehen will.

Wo bleibt das Kahlwild?, fragt Tiger sich. Offenbar stockt die Brunft, weil der Frost sich nicht durchgesetzt hat. Auch der Platzhirsch wittert das Kahlwild noch nicht, sein Röhren klingt wenig zwingend. Tiger schätzt, dass die Damen noch bei der Badewiese sind, dort gebe es jede Menge Eicheln.

Hinter uns, auf einem Nebenbrunftplatz, ertönt das Röhren länger und stärker. Heiko hat dort gerade erst Planen aufgehängt, die Pirschwege freigeschnitten und das Schussfeld freigeschlagen. Wir brechen auf, um nachzusehen. Wieder schleiche ich hinter Tiger her durch den Wald, über die dicke, weiche Moosschicht. Die Nebel triefen und tropfen. Ich atme den feuchten, würzigen Duft von Nadeln, verfaulendem Laub und Moder ein. Heute liebe ich Wälder, diese Wälder, sie sind überhaupt nicht beklemmend und undurchdringlich, es gibt viele offene, hohe Räume, Räume wie Kathedralen. Hier wachsen vor allem Buchen, mit Eichengrüppchen und kleinen Parzellen von Nutzholz. Es sind lichte Wälder, der Nebel verleiht ihnen einen silbernen Glanz. Zum ersten Mal denke ich mit einem Schauder vagen Heimwehs an Weihnachten.

An einem Pfad, der an einem Nadelbaumbestand vorbeiführt, hat Heiko aus schwarzen Tarnnetzen zwei Unterstände mit Gucklöchern gemacht, vor denen eine Bank steht. Wir schauen auf ein Waldstück, das den Hügel hinauf verläuft. Das Röhren kommt von jenseits des Kamms, wandert von links nach rechts, kommt näher und entfernt sich wieder. Für einen kurzen Moment kann Tiger den Hirsch sehen, während ich nicht durch die Fichte, die vor meiner Nase steht, hindurchgucken kann. Auch hier kein Kahlwild oder anderes Wild. Rehe beobachte man hier sowieso selten, sagt Tiger. Die wagten sich nicht so tief in den Wald.

Als wir eine Zeit lang gewartet haben und Tiger meint, der Hirsch werde wohl nicht mehr erscheinen, frage ich ihn, wie viel es kostet, einen Schaufler zu erlegen. Tiger rechnet mir vor: fünfzig Cent je Gramm abgekochten Geweihs, bei dreieinhalb Kilo, und die schafft ein kapitaler Platzhirsch sicher, sind das, inklusive 19 Prozent Mehrwertsteuer und Registrierungskosten, rund zweitausendfünfhundert Euro.

Zweitausendfünfhundert Euro, nur für eine Trophäe – und das Erlebnis. Einen Moment lang liegt mir ein zynischer Kommentar auf der Zunge. Für mich müsste das nicht sein, doch das spielt keine Rolle. Etwas anderes stört mich: Ein brunftiger Hirsch ist ungenießbar. Das ganze Tier – fünfundsiebzig bis einhundert Kilo – ist also, vom Geweih einmal abgesehen, Abfall.

Einst hatte Tiger einen Jagdgast, der seinen erlegten Schaufler unbedingt aufbrechen und die Leber mitnehmen wollte. Meinetwegen, hatte er erwidert, aber nicht in meinem Wagen. All die Brunftdrüsen, das stinkt wie die Pest.

Aber warum werden die Hirsche dann ausgerechnet während der Brunftzeit geschossen? Die Antwort ist ernüchternd: Weil sie dann am besten zu lokalisieren sind und man zielgerichtet auf sie schießen kann.

So banal und zugleich so vollkommen akzeptiert. Ist dies das Wild verwenden, es respektieren? Ist das weidmännisch? Ja, werden die meisten sagen, es ist schließlich so bei Jägern Tradition.

Theobald Tiger findet es im Grunde seines Herzens auch eine Verschwendung von Fleisch, und, so sagt er, eine alte Tradition sei es auch nicht. In den Hochzeiten der Jagd, während des achtzehnten und neunzehnten Jahrhunderts, war es verpönt, einen Brunfthirsch zu schießen. Man schoss einen Feisthirsch mit einer dicken Fettschicht, am Ende des Sommers und vor der Brunft. Doch er relativiert auch: Feisthirsche bewegten sich sehr willkürlich, die bekomme man nicht zu bestimmten Zeiten oder an bestimmten Orten zu sehen. Sie seien unkalkulierbar.

Daher schickten die Herrenjäger ihre Diener solange auf die Suche, bis sie die Hirsche aufgespürt hatten. Die Jäger mussten dann nur noch hingehen und abdrücken.

Heute brauchen wir dafür kein Personal mehr, wir haben technische Hilfsmittel. Mit modernen Wildkameras kann man sich die Bilder direkt aufs Smartphone schicken lassen. Man muss also keinen Brunfthirsch mehr schießen, mit nur ein wenig größerem Aufwand könnte man sich gutes Wildbret und eine Trophäe verschaffen. Etwas mehr Mühe würde im Übrigen auch nicht schaden. Streng dich an, möchte man dem Trophäenjäger zurufen, es kostet Zeit, und wenn du die nicht hast, dann ist das eben Pech.

Vielleicht ist dies ein Rückzugsgefecht oder kraftlose Romantisierung. Die Trophäenjagd ist Big Business und wird es immer mehr, weltweit.

Hin und wieder sei es mit Jagdgästen unangenehm, berichtet Tiger, vor allem, wenn sie Geld wie Heu hätten, das verändere den Charakter. Das Einzige, was für solche Leute zähle, sei, mit einer Trophäe nach Hause zu gehen. In welchem Zustand der Wildbestand sei oder ob sie einen Hirsch schießen, der nicht freigegeben sei, das interessiere sie nicht die Bohne. Sie zögen ihr Portemonnaie und bezahlten das fällige Bußgeld. Es sei im Landesforst inzwischen üblich, dass der Revierförster dabei sei, wenn der Gast auf einen kapitalen Hirsch ansitzt, um falsche Abschüsse zu vermeiden. Doch Tiger erwähnt auch, dass es Jagdgäste gebe, die immer wieder kämen, die er als Freunde betrachte und mit denen er die Liebe zur Jagd teile.

Die Trophäen, das ist nicht nur das Geweih eines Hirsches und das Gewaff eines Keilers. In meiner deutschen Jagdzeitschrift las ich von einem Jäger, der zum dritten Mal seinen Lebenshirsch schießen wollte, sein kapitalstes Tier. Obwohl das Wort «Lebenshirsch» die Einmaligkeit dieses Ereignisses beinhaltet, bekam er nicht genug davon. Jedes Mal erlegte er seinen letzten, und jedes Mal wollte er nach einer Weile noch einmal. Es muss ein gewaltiges Gefühl sein, die Macht, die man spürt, wenn man ein solches Urtier erlegt, wenn man sein Blut vergießt, wenn die Potenz dieses mächtigen Tiers auf einen übergeht. Die Trophäe ist dafür nur das Symbol. Das Fleisch braucht man nicht, das ist zu real, zu primitiv. Offenbar reicht es, das Prachtstück achtlos als Kadaver zurückzulassen, auch das ist Macht. Man hat es sich zu eigen gemacht, man verfügt darüber. Man siegt im Kampf gegen die eigene Endlichkeit, auf zum nächsten Lebenshirsch.

Um sieben Uhr stehe ich fröstelnd neben meinem Bett. Aufstehen ist ein Ritual, das von der Jagd diktiert wird. Wenn ich die Leiter hinabgestiegen bin, schleiche ich im Stall zuerst mit dem Fernglas zur gläsernen Gartentür. Draußen ist es grau, kein Wild zu sehen. Drinnen im Haus herrscht noch Dunkelheit, die Läden vor den Türen schließe ich seit Kurzem jeden Abend gegen die Kälte. Ich klettere auf den Stuhl beim östlichen Stallfenster und schaue über das Grundstück. Nichts. Anschließend spähe ich vorsichtig am Vorhang des breiten Fensters vorbei. Nichts. Ich schiebe es auf. Dann steige ich in die gemauerte Futterrinne und schaue durch das westliche Stallfenster.

In diesem Moment erscheint das weiße Alttier hinter dem Weidentümpel, es bleibt stehen und schaut sich auf dem Acker um: Was soll ich machen, in welche Richtung laufe ich? Es ist wieder einmal allein, rennt los, über den Feldweg hinweg und ist, zack, verschwunden, die Hohe Wiese hinauf, vorbei an meiner leeren Kanzel.

Zeit, die Läden zu öffnen. Ich ziehe meinen dicken Hoodie über meinen Morgenmantel, steige mit den Bettsocken in die Stiefel, drehe leise den Schlüssel im Schloss der Eisentür um und stecke meinen Kopf nach draußen. Als ich mit einem Fuß im Gras stehe, bemerke ich am Durchgang zum Froschteich einen Schaufler. Er betritt unser Grundstück, reckt die Nase in die Luft. Rasch ziehe ich mich in den Stall zurück und beobachte ihn vom Stuhl am Fenster aus weiter. Plötzlich eilt der Hirsch davon, zum Brachlandstreifen hinter den beiden Kastanien, nicht meinetwegen – er flüchtet nicht –, sondern weil er etwas sieht oder riecht, wo er hin muss. Sein Geweih schwankt zwischen den Disteln und Halmen. Rasch gehe ich zum breiten Fenster hinüber. Von dort kann ich ihn noch eine Weile beobachten, wenn er durch die Wagenspur vorbeigeht. Gut gewachsen, der Kehlkopf noch hoch, eine jugendliche Gestalt. Sein Geweih hat eine glatte Schaufel, in der anderen ist eine tiefe Kerbe. Er ist hinter dem weißen Alttier her, denke ich, auch wenn ich nicht wissen kann, wem er genau nachjagt. Nach einer Weile sehe ich ihn wieder auf unserer Wiese stehen, nein, halt, das ist ein anderer Damhirsch, mit einem kleineren Geweih. Auch er reckt seine Nase in die Luft, schnüffelt, schaut. Ungeduldig, vorwärtsgetrieben von seinen Hormonen. Kurze Zeit später traben die Hirsche hintereinander her über den Acker und nehmen denselben Wechsel wie das Alttier.

Eine ganze Weile vor Einbruch der Dämmerung sitze ich in meiner Kanzel auf der Hohen Wiese. Eine dünne Wolkenschicht bedeckt den Himmel, es ist gräulich, doch die Laubbäume leuchten sonnig, in allen Farben zwischen Gelb und Lila. Unter jedem Baum liegt ein runder Teppich in den jeweiligen Farben. Die dürren Gräser der Salzwiese funkeln orange. Die Herbstfarben drängen das Grau der Dämmerung vorläufig noch zurück. Am fernen Waldrand entdecke ich ein Tier, nein, falsch, es ist eine kleine Eiche mit braunen Blättern. Man muss sich kurz daran gewöhnen, das Wild trägt jetzt die perfekten Tarnfarben.

Ein Hirsch beginnt zu röhren, gleich vor mir, in dem Waldstreifen neben der Chaussee. Ich spähe mit dem Feldstecher zwischen den Bäumen hindurch, doch das Laub ist zu dicht. Als ich mich zum Rapsfeld umdrehe, weidet beim Komposthaufen ein Rudel Kahlwild mit vielen jungen Tieren, in Schussweite von meinem Haus, doch von hier ist es zu weit.

Als ich fast nichts mehr sehe, schaut hinter dem Kuhstall der Mond zwischen den wegziehenden Wolken hervor, zu gut drei Vierteln voll. An der Salzwiese bewegt sich eine Reihe weißer Striche entlang. Durch meinen Feldstecher erkenne ich die weißen Unterbäuche eines kleinen Damwildrudels, vom Mond beschienen. Die Tiere ziehen in den Wald, dem Lockruf des Hirsches folgend. Gespannt lausche ich dem Röhren, es wird drängender, kräftiger und rotziger, dann leiser, eher ein Grunzen. Sie sind angekommen, er muss sie nicht mehr locken, er knurrt noch vor wollüstiger Zufriedenheit, ganz innig.

Und dort, ein leuchtend weißer Fleck, das weiße Alttier wieder. Es rennt zum Waldrand, verharrt, läuft zurück, sucht, noch weiter zurück, und dann kommen auch andere Damtiere aus dem Brachland. Das weiße läuft voraus, hält an, schaut sich um, ob die anderen auch folgen, geht ein Stückchen zurück und macht ein paar Prellsprünge. Endlich kommen die anderen hinterher. In einer Kolonne verschwinden sie im Wald. Der Hirsch schweigt.

Plötzlich klein, als Voyeur des stolzen und mitreißenden Lebens, sitze ich in meiner Kanzel. Ab und zu streifen Autoscheinwerfer durch den Wald, Passanten, die, ohne es zu ahnen, ganz nah an einer Buchenkathedrale voller Fortpflanzungstrieb vorbeifahren.

Ich seufze. Von Kindesbeinen an konnte ich meinen Blick nicht abwenden, wenn ich Tiere sich paaren sah. Vor allem Säugetiere. Die Dorfhunde, die einander besprangen, die Jungs, die danebenstanden und lachten und riefen, während die Hunde nach der Paarung noch aneinander festhingen, still schaute ich zu, und mir war merkwürdig zumute.

Einmal wollte ich vor Scham im Erdboden versinken.

Eines Tages schaute ich wie so oft bei unserem Nachbarn, einem Pferdehändler, vorbei. Meistens ging ich hintenrum auf den Hof, schlenderte durch alle Ställe, streichelte die weichen Nüstern, klopfte den Tieren der Reihe nach Stirn und Hals und hielt ihnen ein Büschel Heu hin. Manchmal legte ich mich auch in den Heuhaufen, weil es dort so gut roch. Oder ich schaute zu, wenn der alte Mensman, wie unser großer, gebückt gehender Nachbar mit seiner Mütze und den polternden Holzschuhen genannt wurde, sein Taschenmesser aufklappte und von dem Pansen, der in einer Tonne an der Stallwand hing, Streifen abschnitt und sie den Hunden zuwarf. Oder ich besuchte die Frau von Kees, dem Pferdeknecht, die in dem kleinen Nutzwald neben dem Hof in einem Wohnwagen lebte, weil sie eines Tages schwanger war und heiraten musste, obwohl es für sie und Kees noch keine Wohnung gab.

An jenem Tag herrschte große Aufregung auf dem Hof. Ein Hengst eines berühmten Züchters aus Deutschland war gebracht worden, extra für die beste Stute im Stall. Sie war das Pferd von Jan, dem ältesten Sohn, der niederländischer Meister im Springreiten war. Der Hengst stampfte und schnaubte bereits in seiner Box. Alle standen draußen um die Stute herum, der Knecht, der Hufschmied, der alte Mensman, seine Söhne und noch ein paar andere Leute. Der Deutsche holte seinen Hengst, das Tier war gespannt wie eine Bogensehne, die Muskeln geballt, der Kopf hoch erhoben, der Hals gebogen, ungeduldig stampfte es mit den Hufen und knabberte am Hals der Stute, die leise wieherte. Einen Moment lang standen alle da und warteten, ich schaute aus den Augenwinkeln auf die dicke schwarze Schlange, die sich unter dem Bauch des Hengstes wand. Plötzlich lachte Kees laut auf und rief mir zu: «Joh, schau ihn dir ruhig genau an, Mädel.» Die Männer wandten sich alle zu mir um und brüllten vor Lachen. Ich wurde feuerrot. Die Stute drückte ihre Kruppe an die Brust des Hengstes, und er besprang sie. Sohn Jan strahlte. Und dann war es auch schon vorbei. Während die Männer den Hengst lobten, machte ich mich verwirrt aus dem Staub.

Das Wetter hat umgeschlagen, die letzten Regenwolken sind abgezogen. Am frühen Abend öffne ich oben die Tür im Giebel. Vorsichtig lehne ich mich hinaus und drücke sie auf, einen Finger in ein Loch im Türrahmen gehakt. So reiche ich gerade eben an den Nagel heran, an dem die Tür befestigt wird. Jetzt kann ich auch von hier oben das Wild wieder beobachten. Ich schaue in die Nacht, schaue noch einmal genau: Sehe ich dort ein Geweih zwischen den Halmen schwanken, liegt da ein Schaufler unter den Kastanien und ruht sich aus? Ich kneife die Augen zusammen, schließe dann eins, versuche erneut zu fokussieren, schärfer zu stellen, aber ich sehe nur dieses Schwanken. Ich halte den Atem an. Sollte er tatsächlich dort liegen und sich nicht daran gestört haben, dass ich die Tür geöffnet habe? Sollte er tatsächlich so erschöpft sein? Gut möglich, ein Brunfthirsch frisst kaum.

Ich will es genau wissen und hole mein Fernglas. Als ich durch die

Okulare das Geweih suche, sehe ich nur zwei schwankende Grashalme. Reingelegt. Das Mondlicht, der Wind und die Schatten lassen alles geisterhaft erscheinen. Und ich bin so von der Brunft gebannt, dass ich ein Spinner zu werden drohe.

Als ich gegen Mitternacht zu Bett gehe, ist der Heuboden hell erleuchtet. Der Mond steht hoch am Himmel, ein kugeliger Halbkreis, hier und da ein Stern, die Welt ist still und sanft graugrün. Die Nacht verliert ihre Unheimlichkeit. Ich werde vertraut mit der nächtlichen Landschaft, lehne bewundernd am Türrahmen, verliere mich im Licht der Nacht, in der Stille, der Landschaft, den Nebeln auf den Äckern. Eine letzte Fledermaus flattert erschrocken unter meinen Händen davon. Wie kahl die Kastanien sind.

Dann krieche ich in die warme Höhle meiner Decken und lausche den vereinzelten Geräuschen. Eine Ente quakt am Weidentümpel, und es klingt, als hätte sie es sehr gemütlich.

Ich mache tiefe Nickerchen, und wenn ich an die Oberfläche treibe, sind meine Ohren sogleich gespitzt. Ich lausche, und als der Mond hoch am Himmel steht, höre ich zum ersten Mal einen röhrenden Hirsch im Grenzwald. Ich ziehe die Tagesdecke hoch, die von meinem kondensierenden Atem feucht ist. Ist es so kalt? Was kümmert es mich, unter den Decken ist es warm und trocken.

Der Wildkamera zufolge hat es morgens minus fünf Grad. Die Brunft erreicht ihren Höhepunkt, und unser Anwesen liegt auf dem Weg zwischen Ruheplätzen, Futtergebieten und Brunftkuhlen. Es ist umgeben von anhaltendem Brüllen, Knurren und Röhren. Eine gute Stimme kommt aus dem Fett», sagte mein Vater, der der Ansicht war, Opernsängerinnen müssten dick sein. Die Stimme eines Brunfthirsches kommt aus dem Sperma. Ich höre sie im Norden, im Westen und im Osten und schließlich auch im Süden, sie kommt aus allen Richtungen, als wäre, so weit ich höre, eine Geräuschglocke über das Land gestülpt, unter der ich lebe und das Damwild belauere. In der bewohnten Welt war ich schon seit Tagen nicht mehr, ich schlafe immer weniger.

Es ist noch dunkel, als der Lockruf der Hirsche mich weckt. Ich springe in meine Kleider und schleiche mit dem Gewehr ins Freie. Wer weiß, vielleicht stoße ich um diese Zeit noch auf ein Wildschwein, oder auf einen Marderhund oder einen Waschbären. Das Röhren kommt von der Salzwiese. Ich verstecke mich im Untergarten hinter dem Obstgarten unter der alten Eiche, die schon seit fast zweihundert Jahren auf der Ecke unseres Grundstücks steht, und spähe in das Dämmerlicht auf der Salzwiese. Da!

Der große Damhirsch mit den weit auseinanderstehenden großen Schaufeln röhrt und brüllt, vor ihm zaudert ein gerade noch sichtbares Kahlwildrudel inmitten der dürren Halme. Er geht von einem Alttier zum nächsten, die Tiere laufen weg, dann meine ich, ein hohes, leises Miauen zu hören: Es ist so weit! Der Hirsch knurrt und reibt sein Haupt am Rücken des Alttiers, dann springt er auf und im nächsten Moment wieder zu Boden. Das Alttier entfernt sich. Ob er es beschlagen hat, weiß ich nicht. Die eigentliche Paarung ist im Nu geschehen. Der Hirsch verschwindet hinter den Sträuchern. Es wird ruhig. Nach einer Weile kehrt er zurück, verschwindet, taucht wieder auf, verschwindet erneut, ruhelos, obwohl sein Ruf nun müder klingt.

Zwischen der Salzwiese und der Hohen Wiese rennt, unerreichbar für ihn, das scheue Trio vorüber. Dann noch mehr Damwild, darunter ein dunklerer, beinahe schwarzer junger Hirsch mit dicken, weißen Spießen, die weit auseinanderstehen. Der Hirsch hat etwas fröhlich Teuflisches. Die Brunftrute hängt geschwollen unter seinem Bauch. Er rennt hinter dem weißen Alttier her – ein schönes Paar –, doch er fängt eben erst an, und das Alttier wimmelt ihn ab und stiebt mit seinem Gefolge davon.

Am frühen Abend sitze ich wieder in der Kanzel, es ist noch warm und sonnig, der Kirschbaum am Weidentümpel hat schon fast alle Blätter verloren, die Wand um den Tümpel wird dünner und dünner, auch die Kastanien sind schon durchsichtig. Und von der Kanzel aus ist das Blechdach unseres Kuhstalls durch die gelben Pappeln bei der Wallhecke hindurch zu sehen.

Da kommt der große Hirsch auf die Salzwiese gelaufen. Die drei äsenden Rehe machen sich rasch aus dem Staub, brunftiges Damwild ist denen zu wüst und unbeherrscht. Von vorne sieht der Hirsch noch imposanter aus, seine Schulterpartie wirkt noch breiter durch seine Mähne. Er verschwindet jenseits unseres Obstgartens aus dem Blickfeld. Nicht weit entfernt, von der Wallhecke her, höre ich ein lautes Knacken, Holz schlägt gegen Holz. Das Geräusch erinnert an das Fegen der Geweihe im Sommer, nun aber lauter, heftiger. Es können nur zwei kämpfende Hirsche sein. Hin und wieder stocken die Geräusche, klingen zögerlich und schwellen dann wieder an. Ich höre ein schweres, verhaltenes Keuchen und horche, ob es nicht in meinen eigenen Ohren ist. Doch nein, ich höre es wirklich. Nach einer halben, einer dreiviertel Stunde springt plötzlich ein Hirsch aus der Wallhecke. Er geht vollkommen verwirrt über die Hohe Wiese, verharrt immer wieder, niedergeschlagen. Weiß er nicht, wohin?

Er hat den Kampf verloren, das sieht man ihm an. Ein kleines Tier mit einem gewaltigen Geweih, symmetrisch, mit breiten, dichten Schaufeln, beeindruckender als das weite Geweih des großen Hirsches. Aber er scheint dem rauen Leben in der Wildnis weniger gewachsen zu sein. Er hat etwas von einem Märchentier, und es würde mich nicht wundern, wenn er ausgesetzt wurde. Er wirkt wie ein Exemplar aus dem Hirschgehege, das in den Sechzigerjahren gegenüber dem Haus meiner Großeltern lag.

Ein Alttier kommt aus dem Wald an der Chaussee, und noch eins, ach, sieh da, das weiße Alttier mit seinem Gefolge. Ein Fuchs huscht zwischen ihren Läufen hindurch, als wollte er rasch, sich das Getümmel zunutze machend, die Hohe Wiese überqueren. Das Damwild vertreibt ihn mit Bocksprüngen.

Sie verhoffen, äsen ein wenig. Ganz nah, in meinem Schussfeld. Ich lege an und schaue durchs Zielfernrohr. Es dämmert zwar, aber die Sonne ist erst vor weniger als anderthalb Stunden untergegangen, und es ist ausreichend hell. Der zunehmende Mond scheint bereits über dem Acker. Aber soll ich jetzt wirklich das Gefolge des weißen Alttiers erlegen? Es springt bereits so ins Auge. Und auch wenn ich mir das selbst nicht eingestehen wollte, so vermute ich doch, dass es von den andern nicht so richtig geduldet wird. Es läuft oft allein herum, ist ungeduldig und stiftet Unruhe, es muss sich große Mühe geben, sein Gefolge zusammenzuhalten.

Das weiße Alttier ist von Rätseln umgeben. Wissen die übrigen, dass seine Farbe das Rudel oft verrät? Sehen sie, dass das weiße Tier anders ist? Und wenn ja, beeinflusst dies ihr Verhalten?

Theo Tiger vom Landesforst sagt, dem sei nicht so. Und er sagt auch, es gebe Jäger, die hätten es gerade auf weißes Damwild abgesehen. Nicht weil es selten ist oder wegen der Decke, sondern weil sie der Ansicht sind, solche genetischen Abweichungen müssten ausgerottet werden. Weil sie ein Rudel verletzbar machen? Der alte Aberglaube, dass ein Jäger, der so ein weißes Tier erlegt, binnen eines Jahres selbst stirbt, stimme nicht, sagt Tiger todernst. Er kenne einen solchen Jäger, der, auch viele Jahre danach, immer noch lebe. Doch ein Jäger ist keine Regel, er ist eher die Ausnahme.

Vielleicht gilt dieser eine unter Jägern ja als Held, weil es Mut erfordert, ein solches Tabu kaltblütig zu brechen. Obwohl es viele Weidmänner gibt, die es als alte Jägertradition pflegen. Auch ich fühle mich daran gebunden. Tiger gibt mir ein stichhaltiges Argument dafür an die Hand: Weißes Damwild ist so selten und auffällig, und daher auch als Individuum leicht erkennbar, dass Jäger und Wildbiologen anhand dieser Exemplare viel über die Lebensweise und das Verhalten der Tierart lernen können.

Im Landesforst leben zur Zeit zwei weiße Alttiere in verschiedenen Rudeln, und im Nordwesten zudem noch ein weißer Damhirsch. Ein Hirsch!

Im vergangenen Frühjahr meinte ich beobachtet zu haben, dass unsere Weiße schwerer geworden war, und ich sah bereits ein weißes Kalb neben ihr herhüpfen. Streichelfaktor: schwindelerregend. Aber danach war das weiße Tier verschwunden. Erst kurz vor der Brunft tauchte es wieder auf, und ein Kalb hatte es nicht, ganz zu schweigen von einem weißen. Das scheint es auch gar nicht zu geben, als Kalb ist weißes Damwild noch isabellfarben. Auch gut, auch süß, gelbbraun, schmutzig weiß, und mit jedem Haarwechsel wird es ein bisschen weißer.

Das weiße Alttier hält mir einen Spiegel vor, und ich fühle mich ertappt. Wenn sich mir die Gelegenheit bietet, mache auch ich das Wild zu einem Individuum, so dass ich eine Beziehung zu ihm aufbauen kann, so dass ein Tier dieses eine Tier für mich wird. Und wenn es mir dann einmal vor den Lauf kommt, fange ich an zu zetern, ich denke mir Ausreden aus, tue so, als sähe ich es nicht oder als sei es zu weit weg – mein Arsenal an Ausflüchten wächst, je öfter ich in der Kanzel sitze. Bis ich mich selbst wieder zur Ordnung rufe.

Aber jetzt, im Fall des weißen Alttiers, habe ich ein starkes Argument, warum es am Leben bleiben muss. Dass ich es auch auf sein Gefolge ausdehne, ist zwar Schummeln, aber kein besonders schlimmes, denn ohne sein Gefolge wird es für das weiße Alttier schwerer zu überleben.

Ich schaue dem weißen Alttier hinterher, als es in den Wald verschwindet. Verlass dich nicht auf das Tabu, schicke ich ihm hinterher, sieh dich vor! Die Drückjagden stehen vor der Tür. Nächstes Jahr will ich dich wiedersehen, mit einem isabellfarbenen Kalb.

Spätherbst

Lockfutter

Jemand ist in meiner Kanzel gewesen. Der Verschluss ist offen und der Drehstuhl ist auf die Kirrung gerichtet. Ich drehe immer mit Absicht die Rückenlehne nach vorn – ein Jäger will wissen, was in seinem Revier passiert. Streng genommen ist es nicht meine Kanzel, es ist auch nicht mein Revier, aber die Jagd weckt primitive Reflexe. Dass in dem Kabuff von einem Quadratmeter, wo ich Stunde um Stunde sitze, die Landschaft beobachte, sinniere oder döse, bei Nacht und Nebel, bei Wind und Wetter, dass in diesem Kabuff andere genauso dasitzen, daran denke ich nicht gern. In einem Hotel will ich auch nicht wissen, wer alles schon in meinem Bett gelegen hat.

Und ich will schon gar nicht daran denken, dass andere Jäger es auf meine Beute abgesehen haben, auf mein Wild, für das ich den richtigen Moment abwarte oder das ich mit Absicht noch einmal habe laufen lassen, weil … weil ich dafür mühelos einen Grund finde, gegen den mein Jagdfieber nicht ankommt. Oder, schlimmer noch, die Vorstellung, dass vielleicht jemand von meiner Kanzel aus an dem Abend ein Wildschwein geschossen hat, als ich nicht da war.

Die Kirrung ist sumpfig und übersät mit Damwild- und Rehfährten. Aber keine Spur von Schweinen. Sie verschanzen sich in den Maisfeldern in der Nähe, wo die Stängel inzwischen verdorrt sind und darauf warten, gehäckselt und zur Biogasanlage gebracht zu werden. Dabei haben wir inzwischen bereits die zweite Novemberhälfte. Wie sich später herausstellt, ist dies der wärmste November, der jemals gemessen wurde.

Nicht-Jägern gegenüber bin ich immer ein wenig heimlichtuerisch hinsichtlich meiner Kirrung. Ich erinnere mich, wie entrüstet ich war, als ich beim Spazierengehen mit dem Hund zum ersten Mal eine sah. Rund fünfzig Meter von einer Jägerhütte entfernt lag ein Haufen Futterrüben.

Ich hatte nichts gegen die Jagd. Ich machte selbst gern Hasenpfeffer, aber das Wild anlocken, um es anschließend kaltblütig abzuknallen, das fand ich nicht gerade fair. Man kann es sich selbst auch zu leicht machen.

Und jetzt habe ich selbst eine. Denn wenn es nichts zu fressen gibt, haben Schweine bei einer Kanzel nichts zu suchen. Es ist nicht so, dass die Kanzeln willkürlich irgendwo hingebaut würden, es wird im Gegenteil alles Mögliche berücksichtigt: wie die Wildwechsel verlaufen, von wo der Wind vor Ort meistens weht, ob es Deckung und Futterplätze in der Nähe gibt, ob man den Ort unbemerkt erreichen kann, ob der Mond nicht jede Menge Schattenwurf verursacht. Und dennoch, das Land bleibt unendlich, die Zahl der Variablen unzählbar. Es bleibt ungewiss, ob und wann die Wildschweine kommen, selbst wenn man sie zum Fressen einlädt.

Ich suche in Jägerforen herum, dort kursieren Unmengen von Tricks. Vor allem im Forum der Zeitschrift *Wild und Hund* lese ich gern. Dort findet man alte, bewährte Methoden aus Zeiten, in denen man noch nicht alles kaufen konnte. »Wir haben Löcher in alte Bierfässer gebohrt und sie mit Ketten befestigt. Wir bezahlen keine 100 Euro für so eine blöde Plastiktonne«, schreibt ein Forumsmitglied. Mit Letzterem meint er eine speziell hergestellte Lockfuttertrommel.

Aber ob man sie nun selbst bastelt oder kauft, die Frage ist: Funktioniert es? Phantastisch, sagt der eine. Die Sauen sind eine ganze Weile damit beschäftigt, berichtet ein anderer, also hat man alle Zeit, sie anzusprechen. Ein Nachteil ist, gibt der Nächste zu bedenken, dass sich die Sauen alle um eine solche Trommel drängeln, so dass meistens keine frei steht. Er schwört auf die simpelste Methode: Mit einer Stange ein Loch in den Boden machen, Mais hineintun, Loch schließen – dagegen komme keine moderne Erfindung an. Auf Uwes Rat hin besorge ich mir schließlich in meiner Autowerkstatt zwei alte Reifen samt Felge. Darunter kommt das Lockfutter, nur Wildschweine können die Reifen beiseite schieben. Im Agrargroßhandel kaufe ich einen Sack Mais. Und später in einem Supermarkt, den ich sonst nie besuche, einen Sack mit den billigsten Hundebrocken, ein Jägergeheimtipp. Bei meinem normalen Supermarkt würde man sich fragen, ob ich wieder einen Hund habe oder was ich sonst mit den Brocken anfangen will.

Leider steht an meiner Kirrung kein Baum in der Nähe, denn sonst könnte ich diesen mit einem Lockstoff einreiben, dem bewährten Buchenholzteer zum Beispiel, frisch oder zweimal gekocht, oder Salzpaste mit Ölen – neutral oder mit Anis- oder Trüffelgeruch. Viele Jäger schwören auf selbstgemischte Rezepturen, in Plastikspritzen oder Zerstäubern, oder sie sprühen den Urin von Keilern oder Bachen, selbst gewonnen oder als Pheromone in Fläschchen. Der Lockstoffmarkt boomt. Doch was bei dem einen funktioniert, funktioniert bei dem anderen nicht, wie sich immer wieder zeigt, und worauf die Sauen im einen Jahr rottenweise losstürmen, lockt im nächsten aus unerklärlichen Gründen keine einzige an.

Die Jägerforen sind ebenso erhellend wie verwirrend, ebenso lehrreich wie unterhaltsam. Und sie sind nahezu ausschließlich eine Männerwelt. Wenn Frauen die Foren überhaupt besuchen, dann geräuschlos, so wie ich. Man sollte Männern nicht zu viel im Weg herumlaufen, das macht sie nervös.

Lockfutter streut man jeden Tag, ein paar Handvoll, das ist viel effektiver als alle paar Tage einen ganzen Eimer. Darüber sind sich die Jäger einig, aber das ist auch schon so ziemlich das Einzige. Und – ganz wichtig – es betritt immer nur eine Person die Kirrung, und zwar immer dieselbe, so dass ihre Witterung irgendwann zu diesem Ort dazugehört und keinen Argwohn mehr weckt.

Wie viel man streuen darf, ist gesetzlich festgelegt. In *Weidwerk*, der Zeitschrift des Landesjagdverbandes Mecklenburg-Vorpommern, lese ich, dass man drei Kilo Lockfutter je 75 Hektar streuen darf.

«Fünf Kilo», korrigiert mich Maik, als ich ihn frage. Meinetwegen fünf Kilo, als Außenstehender diskutiert man nicht mit einem Berufsjäger. Und außerdem, was bedeutet das überhaupt, wenn keine Zeitspanne genannt wird? Drei Kilo pro Tag?

Zu den meisten Fragen kann man jede Meinung finden, die passt.

«Äpfel sind gut» versus «Sauen rümpfen die Nase beim Anblick von Äpfeln». «Niemals eine Kirrung in der Nähe eines Kessels anlegen» versus «Die beste Kirrung hatte ich bei einem Gebüsch mit lauter Kesseln». «Wenn es regnet oder bewölkt ist, lohnt es sich nicht, loszuziehen» versus «Gerade bei Sauwetter kommen die Sauen».

Schwarzwild ist nicht blöd, keineswegs, Anekdoten über seine Schlauheit – ich lese sie alle – sind populär in den Foren, und die Schreiber versuchen sich zu übertrumpfen, wie Eltern, die es nicht lassen können, mit ihren Kindern anzugeben.

Manche Jäger erheben das Anlegen und Unterhalten der Kirrung zur Kunst, und das alles, um das Schwarzwild zu übertölpeln. Dieses Spiel endet nie, denn Wildschweine lernen schnell, und die Jäger müssen sie daher immer wieder aufs Neue überlisten. Doch wer um jeden Preis Zugriff auf seine Sauen bekommen will, der sieht zu schnell Verhaltensschemata, wo blanker Zufall herrscht. Und wird daher vom Wild ausgestochen.

Vor allem der Leitbache, die – manchmal schon seit Jahren – eine große Rotte anführt, werden märchenhafte Fähigkeiten angedichtet. Sie führt die Rotte mit eiserner Hand, an ihrer Autorität wird nicht gekratzt. Und sie weiß, was sie tut. Wehe dem Jäger, der sie tötet, er zerstört die soziale Struktur der Rotte und wird mit herumirrenden Wildschweinbanden bestraft werden, die eine Spur der Verwüstung und große Schäden in seinem Revier hinterlassen – und er wird nicht der erste Revierpächter sein, der deswegen Pleite macht.

In seinem Revier, schreibt ein Forumsmitglied stolz, machen die Leitbachen einen Kontrollgang um die Kirrungen, ehe ihre Rotten sie betreten dürfen. Eine alte Leitbache gebe einen großen Erfahrungsschatz weiter. Das sei, wagt er plötzlich den Vorstoß, «ein guter Grund, die erfahrenen Bachen beim ersten Anblick zu erlegen». Doch in einem PS nimmt er diese Aussage rasch wieder zurück: «Das mit der Bache war ein Scherz.» Ein anderes Mitglied reagiert enttäuscht: «Jetzt mal im Ernst, warum?» Doch an dieses Tabu wagt sich keiner ran, jedenfalls verstummt die Diskussion mit einem Mal.

Mein Computer verstummt kurze Zeit später auch, ausgerechnet jetzt, wo es anfängt, spannend zu werden. Das passiert immer öfter. Zack, Bild weg, alles weg. Dann bin ich mindestens eine Stunde beschäftigt, ehe ich weitermachen kann. Gerade versuche ich herauszufinden, wie ich die Sauen überlisten kann, da muss ich plötzlich zusehen, wie ich meinen Laptop mit allerlei Tricks wieder zum Leben erwecke.

Um meine Wut abkühlen zu lassen, stelle ich mich ans Fenster und beobachte die Meisen, die im Innenhof an einem Fettknödel hängen. Die Kohlmeisen sind die Chefs, dann kommen die Blaumeisen und die Tannenmeisen. Die Sumpfmeisen hüpfen meistens unter dem Fettknödel auf dem Boden herum. Ganz selten einmal, wenn sie ihre Chance wahrnehmen, hängt eine an dem Knödel, süße kükenhafte Flaumkugeln. Dachte ich. Bis ich mein Fernglas zur Hand nehme und einen großen Vogel mit einem kräftigen Schnabel sehe, der mit heftigen, erbarmungslosen Bewegungen auf das Fett einhackt. Seitdem ist meine Rührung mit Respekt gemischt.

Wenn ich morgens die Läden öffne, fliegen die Meisen manchmal laut zwitschernd um mich herum. Ja, ja, ich hab's gesehen, das Netz ist leer, sie wollen einen neuen Fettknödel haben. Und den bekommen sie. Immer. Nicht weil sie Hunger leiden – der Winter dünnt die Meisenpopulation nun einmal aus, ihre Fortpflanzung ist darauf eingestellt –, sondern weil ich ihnen gerne zusehe.

Es fängt an zu regnen, zu schneien, zu hageln. Ich werfe einen zusätzlichen Scheit ins Feuer und wage mich wieder an meinen Computer.

Am nächsten Morgen ziehe ich meine Stadtkleider an, schließe alles ab und fahre nach Berlin. Stunden hat es am Abend gedauert, bis ich meinen Computer wieder in Gang gebracht hatte, um nach einem Apple-Reparaturservice zu suchen. Rostock und Berlin standen zur Wahl.

Das habe ich nun davon, dass ich kein Smartphone habe und stur an meinem antiken Nokia festhalte. Ohne Computer bin ich von der Welt abgeschnitten. Fast alle Kontakte laufen über E-Mail oder Skype, die

Nachrichten und den Wetterbericht höre ich mir im Webradio an, den ganzen Tag über checke ich auf Internetseiten über die Jagd das Wetter, den Sonnenstand und, vor allem, die Mondphasen sowie den Wind. Ich kaufe sogar im Internet ein, Jagdsachen meistens und zusätzliche warme Kleidung, denn hier gibt es nur wenig Angebote. Nicht einmal in den drei nahe gelegenen Städten, deren größte sechzigtausend Einwohner zählt. Anfangs fuhr ich noch gelegentlich in diese Stadt, insgesamt siebzig Kilometer hin und zurück, doch die Mühe war so oft umsonst, dass ich es heute nicht einmal mehr versuche.

So wie die anderen hier, kaufe ich online ein und schicke meine Bestellung, wenn die Ware nicht passt oder nicht gefällt, ohne jeden Skrupel postwendend wieder zurück. Es hat eine Weile gedauert, aber jetzt bin ich völlig integriert.

Dunkelheit liegt bereits über dem Land, als ich den Hof wieder hinauffahre. Ich mache Licht, schließe die Läden und Vorhänge, zünde den Ofen an, und was jetzt noch? Ich habe meine Mails noch nicht gecheckt. Äh, stimmt ja, ich bin offline.

Es bleibt still und leer, zugleich ist es warm und vertraut. Ich komme nicht zur Ruhe, gehe immer wieder zum Tisch, ich muss noch etwas tun, irgendwas vergesse ich. Es steckt wie ein Reflex in meinem Körper, immer wieder zieht es mich zu der leeren Stelle auf dem Tisch. Beim Kochen will ich Musik einschalten. Nach dem Essen will ich die Zeitung lesen und Boom eine Mail schreiben oder kurz mit ihm skypen. Nichts davon, ich verkrieche mich auf der Couch unter einer Decke und lese die *Aufzeichnungen eines Jägers* von Turgenjew, die kaum von der Jagd selbst handeln, sondern von seinen seltsamen Begegnungen während des Jagens. Russische Literatur nährt meine unheilbare Wehmut, vor allem wenn die Geschichten auf dem Land spielen.

Es ist viel stiller als sonst, mein Leben ist von einer Glasglocke umgeben, von draußen ist nichts zu erwarten, die Welt ist weit weg. Ich tue einfach so, als hätte ich kein Telefon, ich habe jetzt keine Lust, eins zu besitzen. Mich überkommt Heimweh: So war es hier früher immer. So still, so einsam. Jahrelang habe ich gezögert, einen Internetanschluss zu ordern und die Außenwelt in unseren Kuhstall zu holen. Ich wusste, dass ich viel zu verlieren hatte. Irgendwann aber konnte ich ohne digitale Verbindung nicht mehr arbeiten. Fortschritt hat einen hohen Preis, der Welt den Rücken zukehren auch. Doch jetzt, da ich plötzlich nur mich selbst habe, fühle ich, dass ich nie wieder so vollkommen hier bin, nie mehr so an diesem Ort und auf mich selbst angewiesen. Und mehr denn je vermisse ich den Hund.

Als ich am Morgen aufwache, scheint die Sonne durch die Ritzen im Giebel, ein langer Tag liegt vor mir. Unten schaue ich durch einen Vorhangspalt und halte den Atem an, still, jetzt nicht bewegen: ein Damwildrudel. Ich zähle durch, es sind neunzehn, etwa sechs Kälber, die man an ihren kurzen Bambiköpfen erkennt. Wenn ich mich schnell anziehe und das Gewehr aus dem Schrank hole, dann komme ich vielleicht noch rechtzeitig, um eines der Tiere zu erbeuten. Doch wie gelange ich geräuschlos ins Freie? Die Eisentür des Stalls quietscht und knarrt. Die Schiebetür zwischen Anbau und Innenhof auch. Und Damwild vernimmt und äugt sowieso viel besser als Rehe, und zudem sind es auch noch neunzehn Paar Lichter und Lauscher. Wenn nur eines der Tiere aufpasst und mit erhobenem Wedel wegspringt, dann flieht das ganze Rudel. Während ich noch zögere, geht ein großes Alttier zur Wagenspur und beschleunigt seinen Schritt. Das ist das Startzeichen, ein Tier nach dem andern folgt ihm, ich bin zu spät, das Rudel zieht weiter. Viertel vor acht.

Ich stecke einen eiskalten Fuß in meinen Filzpantoffel, der vor dem Ofen steht. Iih, ich zieh ihn raus, im Pantoffel ist etwas, ein Tier? Ich schüttele den Hausschuh aus, zwei Walnüsse rollen über den Boden. Als hätte ich am Nikolausabend meine Schuhe rausgestellt. Ich gehe zum Tisch, um Boom zu fragen, ob er in der Nacht mit weißem Bart und roter Bischofsmütze hier war. Ach nein, kein Computer.

Ob es die Hausmaus war? Die Netze mit Walnüssen, die zum Trocknen an der Lampe hingen, hat sie auch schon zernagt. Wie sie auf die

Lampe geklettert ist, bleibt mir ein Rätsel. Und ich sehe keine geknackten Walnüsse auf dem Boden. Aber wo stecken sie dann?

Moment, das Sofa. Als wir das bleischwere Möbel verwaist im Kuhstall fanden, war es auch voller leerer Nussschalen gewesen. Ich taste die Seitenwände ab, und tatsächlich, die Bespannung beult sich vor Walnüssen. Ich krame ein paar zwischen den Sprungfedern hervor. Große, schöne Walnüsse von diesem Jahr, genau die hingen in den Netzen zum Trocknen. Ist es überhaupt eine Maus? Hamstern Mäuse? Kurz im Internet … geht nicht!

Ich steige in meine Holzschuhe, um die Läden zu öffnen. Welch eine Stille, was für ein Leben, plötzlich existiere ich einfach abseits vom Heute, in einer Welt von früher. Ich bereite mir ein Sonntagsfrühstück, obwohl Dienstag ist, und statt der Zeitung lese ich eine Erzählung von Turgenjew.

Dann folgt die tägliche Routine: die Kirrung inspizieren. Der Mais ist weg, die Hundebrocken liegen noch unter den Felgen, die Sauen sind wieder nicht gekommen. Ich werde noch eine Schubkarre Äpfel auskippen. Und eine weitere entlang der Wagenspur, wo das Damwild gestern geäst hat. Im Obstgarten schnalle ich die Wildkamera vom Birnbaum; die hänge ich auch bei der Wagenspur auf, am Strommast. Rasch betrachte ich auf dem Display die letzten Aufnahmen: drei Mal der Fuchs und null Grad.

Ich könnte heute, bevor Dauerfrost herrscht … ja, das werde ich machen, noch ist es nicht zu spät: Tulpenzwiebeln und Knoblauchzehen pflanzen. Ich habe noch zwei Säcke mit gemischten Zwiebeln aus dem vorigen Jahr, und dank meines kaputten Laptops werde ich im nächsten Frühling Blumen in meinem Gemüsegarten haben. Und mir jetzt nicht die Vorfreude verderben, indem ich an die Schnecken denke. Ich kann sowieso nicht recherchieren, ob sie Tulpen mögen. Kann durchaus sein, aber wenn ich sie jetzt wieder nicht pflanze, enden sie verschrumpelt auf dem Komposthaufen.

Unkraut jäten, Pflanzlöcher graben, Zwiebeln rein, Erde drüber. Und sie mit altem Heu vom Dachboden bedecken. Leiter rauf, Leiter runter.

Vielleicht sind noch alte Samen im Heu, wer weiß, vielleicht haben sie noch nicht alle ihre Keimfähigkeit verloren, und ich habe in ein paar Monaten einen Gemüsegarten voller fünf Jahrzehnte alter Überraschungen. Gleich auch rasch den Lavendel, den Rosmarin, den Thymian und den Salbei abdecken, es wäre das erste Mal, dass der Rosmarin den Winter überlebt. Beim Arbeiten bin ich mit dem Spaten auf einen dicken, flachen Feldstein gestoßen. Ich grabe ihn aus und schleppe ihn als Stufe vor die Flügeltür der Küche. So kann ich den ganzen Tag fortfahren, eine Arbeit ergibt sich aus der anderen.

Die Äpfel, das wollte ich, Äpfel für die Kirrung sammeln. Sie liegen im nassen Gras und faulen, an den frischen, schlammigen Spuren erkenne ich, dass das Dam- und Rehwild sich noch daran gütlich tut. Für mich selbst habe ich im Stall Kartons voller schöner Boskop eingelagert. Danach hat der Moster die Bäume leergepflückt. Doch immer noch ist die Wiese übersät mit wurmstichigen und angestoßenen Exemplaren.

Ich bringe eine Ladung zum Komposthaufen und nehme dabei gleich eine Schere mit, um endlich den Durchgang freizuschneiden und die überhängenden Brombeerranken zu entfernen, an denen ich jeden Tag aufs Neue hängenbleibe. In fünf Minuten ist das passiert. Muss ich dafür wirklich offline sein?

Zwei Stunden später habe ich eine ganze Reihe der Gartenarbeiten erledigt, die auf der Liste stehen, die ich schon seit Wochen im Kopf habe. Keinezeitkeinezeitkeinezeit, der Teufelsgriff der digitalen *lifeline*, er ist eine Falle.

Während des Mittagessens schreibe ich Boom einen Brief, zum ersten Mal seit Jahren. Ich verdränge, dass ich vermutlich bereits wieder mit ihm geskypt haben werde, wenn der Brief ihn erreicht. Ich will sowieso Notizen machen, dann eben in Form eines Briefs. Aber nur, wenn ich ohne Durchstreichen und Verbessern schreibe, sonst wird es ein einziges Chaos, und ich muss alles ins Reine schreiben, und das verdirbt mir den Spaß. Meine sporadisch mit der Hand geschriebenen Texte formuliere ich schon seit Jahren zuerst am Bildschirm.

Zwei eng beschriebene große Seiten, ein solch unfertiges, unbeholfenes Schriftstück schicke ich nur einem Vertrauten, denke ich, als ich den Text noch einmal lese. Ehe ich meine Meinung ändern kann, stecke ich die Seiten in einen Umschlag, klebe auf gut Glück ein paar Briefmarken darauf, weil ich nicht auswendig weiß, wie hoch das Porto ist, und gehe damit zum Briefkasten unten im Weiler. Der Umschlag fällt bis auf den Boden. Wie oft wird wohl noch ein Brief in den Schlitz geschoben? Ich stelle mir das Gesicht der Postbotin vor, wenn sie den Kasten morgen leert.

Am Nachmittag nehme ich mir endlich Zeit, meine Jagdjacke für die Drückjagd am kommenden Wochenende zu wachsen. Mit einem geruchlosen Block Wachs reibe ich die Jacke ein, bis sie weiß ist. Anschließend arbeite ich das Wachs mit einem Bügeleisen in den Stoff ein, bis die Jacke steif ist. Dabei denke ich an meine Mutter, denn ich benutze dazu ihr Reisebügeleisen, das wir fanden, als wir ihre Wohnung leerräumten.

Viele überflüssige Dinge hatte sie nicht, meine Mutter, aber sie mochte praktische Dinge, und erst nach ihrem Tod sah ich, wie erfinderisch sie war. Die Knäuel Sisalschnur hatte sie in Marmeladengläser getan, das Ende ragte aus einem Loch im Deckel hervor, so konnte die Schnur sich nicht mehr verknoten. Früher, wenn ich während des Frühlings allein im Kuhstall wohnte, schrieb sie mir jede Woche einen Brief, fällt mir plötzlich wieder ein, in dem sie aufzählte, was sie alles getan hatte und demnächst tun würde. Und jedes Mal steckte ein Zehner im Umschlag. Sie naschte gern, ich sollte mir davon etwas Leckeres kaufen, schrieb sie. Was ich nicht tat.

Am dritten Tag meines Offline-Daseins erreicht mich eine SMS aus Berlin. Mein Computer ist fertig. Ich lasse alles stehen und liegen. An der ersten Kreuzung Richtung Berlin frage ich mich: Warum diese Eile? Jetzt ist es vorbei. Ich schalte das Radio an, schalte es aber bei den ersten Sätzen des Nachrichtensprechers wie von einer Tarantel gestochen wieder aus. Wütend auf mich selbst, weil ich dem Gottesgeschenk der letzten Tage bei der erstbesten Gelegenheit entflohen bin. In einem unbedachten Moment – so tief habe ich mich also meinem Online-Dasein unterworfen.

Vielleicht sollte ich phasenweise offline gehen. Ich stelle es mir herrlich vor, nicht von der unstofflichen Außenwelt verschlungen zu werden, mit einem Mal endlos Zeit zu haben. Aber dann kann ich nicht arbeiten, oder aber eben gerade doch: darüber schreiben, um zu verkünden, dass es noch ein Leben jenseits von 0 und 1 gibt. Ach nein, das nicht. Ich will offline sein, nicht das Offline-Sein thematisieren.

Ehe ich auf halbem Weg nach Berlin bin, habe ich die Idee schon zerdacht. Zu trendy, zu konstruiert, ich will meiner eigenen Zeit gar nicht entfliehen, ich spüre nicht das Verlangen, ein Eremit zu sein. Ich lebe so schon einsiedlerisch genug, meine Sorge ist eher, mich von anderen zu entfremden. Ein Sonderling kann ich immer noch werden, so schwer ist das nicht. Der Weg zurück ist erheblich schwieriger.

Als ich heimkomme, hole ich mir sogleich die Welt ins Haus, und das Leben ist wieder alltäglich. Ich habe mir eine Liste mit Fragen gemacht, denen ich unbedingt nachgehen muss. Und so lande ich sehr bald erneut bei den Sauen und der Kirrung. Ein Wildbiologe schreibt über die «Borstenviecher», wie er sie liebevoll nennt, dass sie nicht nur einen hervorragenden Geruchssinn haben, sondern dass der Tastsinn ihres Rüssels den von Hunden um ein Vielfaches übertrifft. Seltsam, dass etwas so kräftig und zugleich so sensibel sein kann. Wenn das Wildschwein die feste Erde nach Engerlingen durchwühlt, wird es von rund fünfzehntausend Geschmacksknospen auf den Papillen seiner Zunge unterstützt.

Sind das viele? Der Mensch hat offenbar rund zehntausend. Um mir eine Vorstellung machen zu können, muss ich zuerst wissen, wie viel besser oder schlechter wir schmecken können. Es gibt keine andere Möglichkeit, es abzuwägen, wir können unsere eigenen Erfahrungen nun einmal nicht umgehen. Aber es bleibt schwierig, den Menschen nicht als Maßstab zu nehmen, den anthropomorphen Blick zurückzudrängen und das Tier Tier sein zu lassen. So ist das Schwein mit all seinen Geschmacksknospen zwar ein Feinschmecker, ein Gourmet ist es damit aber noch nicht.

Auch für die Romantik rund um die Leitbache bin ich nicht unempfänglich. Manche Geschichten wiederholen sich und werden schon dadurch ein bisschen wahr. Etwa die von der Paarungssynchronisation. Hat eine Rotte eine starke Leitbache, dann passt sich der Hormonzyklus aller anderen Bachen dem ihren an. Dadurch werden die Frischlinge alle zur gleichen Zeit geboren, und das nicht im Herbst oder mitten im Winter, wenn sie kaum Überlebenschancen hätten. Irgendwas ist bestimmt dran, aber die Frage bleibt, wie stark der Effekt ist.

Manchmal erwähne ich die Überläuferbache, die ich im April geschossen habe und die kurz davor war, zu frischen. Bedauernswert, so eine hochschwangere junge Mutter mit ihren beinahe ausgetragenen Vierlingen? Selbst Schuld, diese Schlampe, die sich, noch nicht trocken hinter den Ohren, von einem geilen Keiler besteigen ließ? Fast alle finden es bedauernswert. Die Wortwahl verrät den Standpunkt eines Menschen. Wenn ich das Wort «Schlampe» in den Mund nehme, erschrecken die meisten. Manche lachen anschließend laut, *got the message*, andere sehen bestätigt, dass ich von allen guten Geistern verlassen bin.

Uwe schreibt diese frühe Beschlagenheit dem Fehlen einer erfahrenen Leitbache zu. Hätte die Rotte eine starke Anführerin gehabt, dann hätte kein Keiler eine Chance gehabt, in die Nähe der Frischlingsbache zu kommen.

Als ich Rudolf Sameit später einmal diese Deutung präsentierte, musste er lachen. Er kannte sie, und ja, es klinge schön, allerdings handele es sich um eine Mystifikation. Junge Bachen würden beschlagen, sobald sie etwa dreißig Kilo wiegen. Und wenn Frischlinge dieses Gewicht bereits im ersten Lebensjahr erreichen und beschlagen werden, deute dies auf einen Überfluss an Nahrung hin. Das sei der wichtigste Grund und eine Folge der intensiven Landwirtschaft mit ihren ausgedehnten Rapsfeldern und vor allem dem vielen Mais; hinzu komme noch der Klimawandel, der große Mengen an Eichel- und Buchenmast mit sich bringe.

Dagegen kann man nicht anjagen, darin sind sich alle einig. Auch wenn in Deutschland jedes Jahr mehr Wildschweine erlegt würden – im vorigen Jagdjahr waren es mehr als eine halbe Million –, es reicht nicht, um den Zuwachs einzudämmen. Die Diskussion darüber, wie das Schwarzwild bejagt werden muss, geht in alle Richtungen. Die Jagd verbindet und spaltet.

Im Landesforst jenseits der Chaussee wird nur im Herbst mit großen Bewegungsjagden auf Schwarzwild Jagd gemacht. Diese Vorgehensweise sei nun einmal am effektivsten, und außerdem habe das Wild dann das restliche Jahr über mehr Ruhe, sagen sie beim Forst.

Jaja, höhnen kleinere Jagdpächter in der Umgebung, im Landesforst macht man vor allem reichlich Kohle damit. Auch in den Jagdforen ist Kritik zu hören: Auf großen Bewegungsjagden könne man das Wild nicht gut ansprechen, «es wird oft auf alles geschossen, was vorbeiläuft, Leitbachen, dreijährige Keiler», Hauptsache: tot. Von weidgerechtem Jagen könne keine Rede sein.

Kleine Pächter bevorzugen die Ansitzjagd, allein oder mit einigen Schützen. Sie ist in ihren Augen auch effektiver. Und weidgerechter zudem, denn weil das Wild nicht auf der Flucht ist, kann man besser beurteilen, was man vor dem Lauf hat. Und auch das Wildbret ist besser, denn bei den Drückjagden sind die Tiere aufs Äußerste alarmiert und pumpen Adrenalin durch ihren Körper. Und wenn sie mit ihren Kräften am Ende sind, übersäuern ihre Muskeln.

Das mag stimmen, aber wer schmeckt es wirklich? Vielleicht wenn man Fleisch von zwei Tieren vergleicht. Aber dann müssen alle anderen Variablen gleich sein. Das Drückjagdwild, das ich zubereitet habe, schmeckte nicht anders als das Wild, das ich in aller Ruhe von der Kanzel aus geschossen habe und das «den Knall nicht einmal mehr gehört hat», wie ein Jägerklischee besagt. Ich würde auch lieber behaupten, dass das Wild, das unerwartet und nach wenigen Sekunden des Schmerzes tot ist, besser schmeckt, aber das wäre snobistisch.

Es geht um etwas anderes, denke ich, als ich bei minus vier Grad in der Kanzel auf der Hohen Wiese sitze. Ich habe wieder Hundebrocken unter die Felgen gestreut, denn mit Mais kann man die Sauen nicht anlocken. Obgleich sie in der Nähe sind. Am Rande der Salzwiese unter den hohen Eichen sehe ich jeden Tag frische Wühlspuren. Doch dort kommt das Mondlicht nicht gegen die Schatten an. Vorläufig sitze ich hier zum letzten Mal an, denn bald beginnen die Drückjagden.

Natürlich leidet das Wild am wenigsten, wenn es sich unbeobachtet wähnt und mit einem wohlgezielten Schuss getötet wird. Beim Ansitzen also. Doch ohne Drückjagden geht es nicht mehr. Es gibt einfach zu viele Wildschweine.

Bei der Ansitzjagd geht es nicht nur um Weidgerechtigkeit und gutes Wildbret. Es geht auch um Zeitgefühl. Ich zähle schon lange nicht mehr die Stunden, die ich draußen vergeblich auf Wildschweine warte. Ich muss es nicht wissen, ich rechne nicht mehr aus, wie viel Zeit es mich kostet, Beute zu machen. Ich will mein Leben nicht einteilen in Wochen, Tage, Stunden, Minuten, so dass ich alles, was ich mache, messen und bewerten kann. Ich sitze in der Kanzel, vertue meine Zeit und lerne, mich nicht gehetzt zu fühlen, auch wenn die Jahre immer schneller vergehen. Im letzten Büchsenlicht warte ich auf die Sauen.

Schweinehoden

Das erste Mal nahm ich Anfang 2012 an einer Drückjagd teil. Ich wollte Jäger werden, zögerte aber noch, denn das würde mich und den Lauf meines Lebens verändern. Also stellte ich Nachforschungen an. In der Morgendämmerung fuhr ich durch ausgedehnte Gutswälder im Wendland, der Graf hatte mich auf sein Landgut eingeladen. TREIBJAGD warnten die Schilder auf dem Grünstreifen bereits, als ich mich dem Schloss näherte. Eine Stunde später saß ich mit dem Grafen in einer Kanzel zwischen hohen Kiefern. Rund um knallten die Gewehre, die Hunde rannten laut bellend vorüber, doch bei uns ließ sich kein Wild blicken. Der Graf war nicht traurig deswegen, in einem anderen Leben wäre er wahrscheinlich kein Jäger geworden, sagte er.

Später fotografierte ich bei den Ställen das Aufbrechen, die Messer, die dampfenden Eingeweide, die rot verschmierten Hände und die Pfützen, in denen sich Blut und Wasser mischten. Ich sog den Geruch von Nahrungsbrei und Kot ein. Ich stellte keine Fragen, sagte nichts, ich drückte auf den Auslöser, Bild nach Bild.

In den nächsten Monaten sah ich mir die Fotos immer wieder auf meinem Bildschirm an. Ich musste nicht nur den Anblick ertragen, ich musste selbst mittendrin stehen wollen, mit einem Messer in der Hand, über erschossene Tiere gebeugt. Konnte ich das? Wollte ich das?

«Nur Wild auf dem ersten Hang schießen», sagt Maik Rojahn, der die Kublitzer Drückjagd leitet, als ich vom Pick-up klettere. Ich nicke, froh, dass mir diese Kanzel zugewiesen wurde: ein hoher, weiter Blick. «Weidmannsheil», sagen die Jäger, die auf der Ladefläche sitzenbleiben, mit gedämpfter Stimme, die Luft vibriert vor gespannter Erwartung. In viereinhalb Stunden werde ich hier wieder auf den Pick-up warten, ich frage mich: wie?

Als meine Mauser geladen neben mir steht, sehe ich mich um. Es ist inzwischen anderthalb Jahre her, dass ich hier das letzte Mal gesessen habe, an einem warmen Sommerabend, in einer Wolke von Mücken, das Gruh-Gruh der Kraniche, die roten Schleier im Westen färbten sich langsam violett. Nun graut das erste Morgenlicht durch den Nebel, und es ist totenstill. Winterweizen steht auf dem Acker. Dahinter kringelt Rauch aus dem Schornstein eines Landarbeiterhäuschens von Kublitz.

Es ist die erste von drei Drückjagden in diesem Herbst, vor allem Verwandte, Freunde und Bekannte wurden eingeladen. Es geht auf Schwarzwild. Bachen nur bis siebzig Kilo, hatte Hubert Falkner auf dem Platz vor seinem Haus auf dem Berg gesagt, wo Schützen und Treiber sich versammelt hatten. Wer eine schwerere Bache erlegt, muss eine Buße von fünfhundert Euro in die Kirchenkasse zahlen. Vom Damwild sind Alttiere, Schmaltiere und Kälber freigegeben, von den Rehen alle, außer den Böcken, die sind ab Mitte Oktober in unserem Bundesland nicht mehr jagdbar, und sämtliches Raubwild natürlich, vor allem Füchse, Waschbären und Marderhunde. Und schließlich, Hubert klang jetzt streng: nur schießen, wenn man Kugelfang hat, und den Hochsitz nicht verlassen, bei Zuwiderhandlung droht Ausschluss. Ende der Jagd ist um halb eins. Weidmannsheil.

Mit meinem Feldstecher suche ich die Ränder des Ackers ab. Nach zehn Minuten kommen zwei Damtiere und ein Knieper hinter dem ersten Hügelrücken hervor, laufen im Zuckeltrab vorüber, auf den fernen Waldrand zu. Sie ahnen bestimmt noch nicht, was für ein Tag heute ist. Überall auf den Hochsitzen um sie herum spitzen Schützen die Ohren und spähen mit Adleraugen in die Landschaft. Sie kommen aus ganz Deutschland, und manche sogar von jenseits der Grenze.

Die meisten Treiber sind von hier. Heeeh-hopp, da kommen sie, ihre Stimmen werden lauter, und ich höre, wie sie mit ihren Stöcken gegen die Baumstämme schlagen. Rehe springen vorüber, drei Überläufer flitzen in den Wald. Dann schlagen die Hunde furchterregend an, eine Sau kreischt und quiekt, die Treiber rufen. Hetzen sie auf? Warnen sie? Das Kreischen geht durch Mark und Bein, minutenlang höre ich nichts als wüste Urgeräusche, und ich bilde mir ein, dass alle Schützen ehrfürchtig zuhören. Dann verstummt das Geschrei. Und es ist sehr viel stiller als zuvor.

Die Sau war in einen Tümpel inmitten der Schlehdorne geflüchtet, höre ich später, die Hunde bekamen sie nicht zu fassen. Dass man bei einer Drückjagd in aller Ruhe dafür sorgen muss, dass das Wild auf die Beine kommt – schließlich heißt es ja auch «Bewegungsjagd» –, darüber lachen die Treiber: «Reine Theorie, Sauen lassen sich wirklich nicht von ein paar Spaziergängern aus ihren Kesseln drücken. Da muss man schon ziemlich viel Krach machen.»

Als ein Fuchs mit weißer Blume aus dem Wald kommt, lege ich an. Er ist weit weg, und deshalb zögere ich, doch als er stehenbleibt, entsichere ich meine Mauser. Irgendwann werde ich einen Fuchs schießen, vielleicht jetzt. Ich drücke ab, der Fuchs schaut kurz hoch, hinter ihm wirbelt eine Staubwolke auf. Er läuft weiter. Ich lade mein Gewehr durch und bekomme noch eine Chance. Wieder steht der Fuchs still, noch weiter entfernt. Ich schieße erneut. Der Fuchs schaut sich um, jetzt merkt er, dass doch irgendwas faul ist, und rasch kehrt er dorthin zurück, woher er gekommen ist, mich mit pochendem Herzen zurücklassend. Ich habe Glück, dass ich ihn komplett verfehlt habe. Gut danebengeschossen, nennt man das. Aber das mache ich nicht noch einmal.

Kurze Zeit später drehe ich mich zum Weg um, der hinter mir zum Hechtsee hinunterführt, und just in diesem Moment läuft der Fuchs vorüber. Dann höre ich einen Schuss. Als der Pick-up uns später abholt, liegt neben der Kanzel von Huberts Neffen Feddo der Fuchs mit der weißen Blume.

Nach dem ersten Jagdmorgen versammeln wir uns auf dem Kublitzer Agrarbetrieb. Hier wähne ich mich in den Achtzigerjahren, als die sozialistische Landwirtschaft ihre besten Zeiten hinter sich hatte, kaputte Betonplatten, lange, verwitterte, einst weiß verputzte Betonställe, verrostete Maschinen. Nur die Biogasanlage passt nicht ins Bild. Und die modernen Maschinen, aber die stehen jetzt in der großen Halle.

In der Werkstatt dampfen Glühwein und dicke Linsensuppe in emaillierten Töpfen. Zwischen den Werkzeugen und den Pin-ups hängen abgeworfene Geweihstangen von Hirschen und Rehen an der Wand. Fröhlich fliegen die Kronkorken von den ersten Bierflaschen. Was nicht heißen soll, dass wir mit der Beute des heutigen Tages zufrieden sind: vier Rehe und ein Fuchs. Die meisten Treiber kennen jeden Winkel des achthundert Hektar großen Reviers, und sie fragen sich verzweifelt, wo all die verdammten Rotten um Himmels willen heute gesteckt haben.

Am nächsten Tag jagen wir auf einer Halbinsel im Grimmitzer See und bekommen Verstärkung von einer Hundemeute aus Brandenburg. Der Meuteführer hat zwanzig der einhundert Jagdhunde aus seinem Dorf dabei. Sie tragen fluoreszierende Halsbänder.

Ich sitze in der Nähe der Landstraße auf einer Wiese, eingeklemmt zwischen zwei Moränen mit Buchen und Eichen. Der Boden ist übersät mit frisch umgewühlten Soden. Hoch und voller Regen stieben die Wolken gen Osten. Vor mir ziehen die Treiber über die nördliche Moräne. Als sie bereits eine Weile fort sind, kommt plötzlich eine kleine Rotte aus den Sträuchern getrabt, geradewegs auf mich zu. Schnell, schnell zielen, entsichern. In weniger als zehn Metern Entfernung rennen die Sauen in einem dreiviertel Kreis um meinen Hochsitz – als wollten sie mich veräppeln –, so schnell kann ich mich nicht einmal um meine eigene Achse drehen. Sie flüchten in den ausgetrockneten Wasserlauf, ich schieße zwei Mal, aber sie sind bereits weg. Mit ihren massiven Körpern und kurzen, strammen Läufen schaffen sie eine Spurtgeschwindigkeit von mindestens fünfzig Stundenkilometern.

Weiter weg auf der Halbinsel ertönen noch eine ganze Zeit lang Schüsse. Eine Rotte rennt durch einen Graben zur Landstraße. Als ich einem hinkenden Nachzügler den Gnadenschuss geben will, fällt er bereits um. Tot. Mit dem Feldstecher muss ich kurz suchen, bis ich ihn entdecke. Er liegt wie ein Findling in der Landschaft.

Plötzlich frischt der Wind auf, kohlrabenschwarze Wolken kommen angesegelt. Die Treiber kehren über die südliche Moräne zurück, verbissen jagen die Hunde vor ihnen her durchs Unterholz. Es läuft gut, sagen die Männer, als sie vorübergehen, sie treiben eine Rotte nach der anderen auseinander. Doch eine Leitbache ist mit ihrem ganzen Gefolge im Schlepptau entkommen. Sie sind in den See gesprungen und zu einer Insel geschwommen. Diesen Streich spielt ihnen die alte Sau nun schon seit Jahren.

Der Stallknecht des Landhauses berichtet, dass einer von Huberts Chesapeake Bayretrievern tot ist. Er war in ein Schlehdorngebüsch eingedrungen und geradewegs in die Hauer eines riesigen Keilers gelaufen, einmal hatte er laut aufgejault, und das war es dann. Die Treiber hatten den Hund herausgezogen. Von außen war überhaupt nichts zu sehen, kein Tropfen Blut.

Noch eine Weile höre ich Schüsse, Bellen, Rufen, dann verebbt der Tumult. Nur der Wind heult und zerrt mich beinahe von meinem Hochsitz. Ich versuche, mit dem Gewehr einem imaginären Stück Wild zu folgen, doch der Lauf schwankt im Wind. Es fängt an zu regnen, zusammengekauert sitze ich in einer Welt aus nichts als Wetter. Genauso wie das Wild, das sich inzwischen in allen Ecken und Winkeln der Landschaft verkrochen haben muss. Eine Stunde noch, ich bin warm eingepackt. Der Regen beginnt zu peitschen, und ein paar Sekunden später ist alles weiß vom Hagel. In der Ferne ist Donner zu hören. Dann schlingert Maiks Pick-up den Hang hinunter. Kurz vor meiner Kanzel kommt er zum Stillstand. Maik kurbelt das Fenster runter. «Jagd abgebrochen», ruft er gegen den Lärm an. «Abbaumen.»

In der Werkstatt hängen nasse Jacken am Holzofen und dampfen. Helden des Tages sind ein Vater und seine beiden Söhne aus Brandenburg. Der ältere hat neun Stücke erlegt. Er saß mitten auf der Halbinsel, als die Sauen von allen Seiten kamen. Die Stelle wird ihm nicht umsonst zugewiesen worden sein. Nach den ersten fünf hatte er seinem Vater eine SMS geschickt, ob er denn überhaupt noch weitermachen dürfe. Der hatte Hubert angerufen und bekam die Antwort: «Schießen!»

Weiter hinten am Tisch berichten ein paar Schützen einander betreten, was sie geschossen haben. Der Rest schweigt.

«Und?», wendet Hubert sich an mich. Als ich erzähle, was mir durch die Lappen gegangen ist, grinst er kopfschüttelnd. Die anderen ziehen mich damit auf. Das Knallen der Gewehrschüsse hallt noch in meinen Ohren nach. «Ich sage zumindest einfach, dass ich daneben geschossen habe oder zu langsam war», grummele ich. Ertappt lachen die anderen auf.

Die ungeschriebene Regel lautet, dass man über Fehlschüsse schweigt oder weidgerechte Argumente nennt, warum man den Abzug nicht gedrückt hat. Doch ich habe keine Lust, mich daran zu halten.

«Man hat leicht reden, wenn man nicht selbst mit einem Gewehr da sitzt», gesteht mir später einer nach dem anderen. Und ein ehemaliger hoher Beamter im Forstwesen erzählt mir, dass er bei Drückjagden nie auf flüchtendes Dam- oder Rehwild schießt, und nimmt mir damit mit einem Schlag meine Scham, weil ich mich das auch noch nie getraut habe. Ich werde es auch nie machen, Damwild und Rehe schieße ich, wenn sie verhoffen und ich folglich Zeit habe – klare Sache.

Bei flüchtigen Wildschweinen habe ich weniger Skrupel, denn ihre Zahl wächst immer weiter. Ein Schwein ist auch nicht so ein süßes, zierliches Wesen wie ein Reh oder ein Stück Damwild. Ich weiß, das ist ein unsinniges Argument, ein Bambi-Argument, aber damit bin ich die Rührung noch nicht los. Und wer weiß, vielleicht ist sie auch für irgendwas gut. Vor allem ältere Jäger gestehen mir, dass sie gelegentlich ein Tier laufen lassen, weil sie keine Lust haben, es zu töten. Sie müssen sich nicht mehr beweisen, und ihr Adrenalinspiegel steigt vielleicht auch nicht mehr so schnell an. Sie haben eher einen Blick für die Schönheit des jungen Lebens, allerdings ohne das Tier zum Menschen zu machen, ohne sie ethisch über einen Kamm zu scheren.

Als ich gerade nachsehen will, ob die Beute schon da ist, kommt der Führer der brandenburgischen Hundemeute erregt in die Werkstatt. Nicht weniger als zehn Hunde haben sich die Sauen zur Brust genommen, vier sind noch in der Tierklinik, zwei werden es höchstwahrscheinlich nicht schaffen, die übrigen wurden zusammengeflickt. Und der Deutsch Drahthaar von Maik muss in Zukunft mit einem Hoden durchs Leben gehen. Das macht also, zusammen mit Huberts Hund, drei tote Hunde an einem Jagdtag.

Das sind Kollateralschäden, Unfälle mit Hunden sind nicht ungewöhnlich. Manche Rassen sind so hochgezüchtet, dass sie schon ausrasten, wenn sie Wild nur riechen. Von Jagdterriern höre ich das oft, das sind Kamikazepiloten. Aber nicht immer kommen die Hunde durch eigenes Zutun ums Leben. Vor zwei Jahren hat ein Jagdgast einen Hund von Hubert erschossen, weil er ihn für ein flüchtiges Schwein hielt.

Der Sturm hat sich gelegt, die Sonne lugt zwischen den Wolken hervor, ich stehe im Schein des großen Lagerfeuers neben der Werkstatt, als die Pick-ups mit Ladeflächen voller Wild auf den Hof fahren. Ich hole meine Messer, Schlosssäge und Wildzange und gehe zum Stall. Wer jagt, bricht selbst auf, finde ich, und bei Drückjagden bekomme ich Routine darin.

Als ich vor drei Jahren zum ersten Mal das Messer in meine Beute stach, erschauderte ich, musste aber sogleich meine ganze Aufmerksamkeit dem toten Tier zuwenden. Jeder Handgriff war neu, und dennoch: Das Schneiden in das dampfende Fleisch, die glibberigen Innereien, die Farben, das Weiche oder Zähe des Gewebes, die Härte der Knochen, die unterschiedlichen Gerüche, all das war mir zugleich vertraut. Selten war mein Vater so nah, meine Hände und seine wurden eins. Seit meinem ersten Wildschwein liebe ich es, Wild aufzubrechen.

Im leeren Stall hinter der Wildkammer hat man die Beute auf einen Haufen geworfen. Ein paar Treiber haben bereits angefangen, die meisten arbeiten zu zweit: Der eine hält das Tier bei den Vorderläufen, der andere nimmt es aus. Nur wenige Jäger brechen die eigene Beute auf, um sie später mitzunehmen.

Ich fange mit einer Ricke an. Als ich die Bauchwand aufschärfe, spritzt mir aus dem leicht geschwollenen Gesäuge die Milch ins Gesicht. Verdutzt schaue ich den Treiber vor mir an, der das Tier festhält. Jetzt schon? Er zuckt die Achseln. Ich weiß nur, dass die Ricken im Sommer beschlagen werden und die Frucht bis Ende Dezember in Eiruhe in der Gebärmutter liegt, ehe sie zu wachsen beginnt. Die Wirklichkeit ist immer launenhafter als die Lehrbücher. Im Körper dieser Ricke war die Eiruhe offenbar schon vorbei. Vielleicht hat der Stress der Drückjagd und des Sterbens wie ein Katalysator gewirkt.

Ich wische mir die Milchtropfen aus dem Gesicht und mache weiter. Die Leber und das Herz tue ich für die Treiber in einen Plastikbeutel, das ist hier so Brauch. Die nehmen sie mit für die Hunde, der ein oder andere auch für den Opa, der Wurst daraus macht. Das Tier wird Fleisch, denke ich, als ich das Stück an den Haken gehängt habe und mein Messer wetze, ehe ich es in den Bauch eines Frischlings steche.

Überall um mich herum liegen tote Tiere, der Aufbruch kommt sofort in die Schaufel eines kleinen Baggers. Es stinkt nach halbverdauter Nahrung, Kot und Galle. Wie in einem Vorkriegsschlachthof. Mit ein paar Leuten nehmen wir fünfzehn Wildschweine, vier Stück Damwild und sechs Rehe aus. Weiterarbeiten und bei dem einen Tier verweilen, das geht nicht beides. Ein einzelnes Tier draußen bei der Kanzel aufbrechen, wo man es soeben erlegt hat, nachdem man stundenlang angesessen hat, manchmal mehrere Tage nacheinander, ist weidgerechter. Das Stück ist noch ein Individuum, dessen Leben man beendet hat. Die Ehrfurcht, das feierliche Gefühl, das dazu gehört, sie kommen hier nicht auf. Doch auch diese raue Wirklichkeit lasse ich mir nicht entgehen, wir treiben und jagen zusammen, wir arbeiten zusammen, wir stehen mit unseren Füßen im Schlamm und im Blut. Und danach essen und trinken wir zusammen.

Links von mir schleppt Arne Gerstenberg, mit Maik der einzige Treiber, der ein Gewehr führen darf, sein geflecktes Schwein zum Registriertisch. «Das hat Hausschwein in seinem Blut», sagt er, angetan von seiner außergewöhnlichen Beute.

Als ich gerade das Glied eines Überläuferkeilers ergreife, um es herauszuschneiden, ertönt neben mir homerisches Lachen. Da steht Arne, eine imposante Gestalt, und hält ein wenig verlegen sein nächstes Stück in der Hand, ein Frischling von weniger als zehn Kilo. Der muss auch aufgebrochen werden, auch wenn an ihm nur wenig Fleisch ist.

«Sollen wir tauschen?», schlage ich vor.

Ja, nickt er und hat den jungen Keiler bereits zu sich rübergezogen. Ich beuge mich über das kleine Schwein, das gerade seine Streifen verloren hat; es muss im Herbst zur Welt gekommen sein. Leber, Herz und Nieren tue ich in einen Beutel, um sie mit nach Hause zu nehmen.

Rechts von mir sind Huberts Neffen mit einem ausgewachsenen Schwein beschäftigt. Sie überlegen, diskutieren, reden über Wildbret und Rezepte. Als ich später zum Lagerfeuer komme, stochert Feddo mit einem Ast in der Glut herum. Er hat Schweinehoden hineingeworfen. «Die kann man essen», sage ich, «Hoden sollen eine Delikatesse sein.» Dann fällt mir ein: Warum habe ich eigentlich die des Frischlings nicht aufbewahrt? Die Jungen schauen mich ungläubig an, doch ihre Augen leuchten auf. Für ein Experiment sind sie durchaus zu haben. «Ich habe ein Salzfass in meinem Handschuhfach», sage ich und bin schon unterwegs.

Als ich wiederkomme liegen die beinahe schwarz verbrannten Hoden auf einem Teller. Feddo schneidet dünne Scheiben ab, das Gewebe ist beinahe weiß. Er spießt sie mit dem Messer auf und hält sie uns hin. Wir kosten vorsichtig. Weich, zart, nicht viel Geschmack, ein bisschen so wie Kalbsbries oder Hirn, wenn ich mich recht erinnere. Hühnerfilet, meint Neffe Ludger. Von den wenigen Schützen, die am Feuer sitzen geblieben sind, kommt einer, um eine Scheibe zu kosten. Die anderen verziehen das Gesicht oder schauen mit kaum verhohlener Ablehnung weg. Es wundert mich nicht, aber deswegen lasse ich es nicht bleiben, denke ich, auch wenn ich es nicht aus Trotz mache. Nun ja, ein klein wenig schon. «Ich drucke Euch nachher, wenn ich zu Hause bin, ein paar Rezepte aus.»

Nicht lange danach sitze ich am Ofen und suche nach Rezepten für Hoden. Jetzt verstehe ich auch die abweisenden Blicke besser. Testikel werden in vielen Ländern gegessen, nur in Deutschland waren sie als

Lebensmittel nicht zugelassen, bis eine EU-Verordnung – Nr. 853/2004 vom 29. April 2004 – dieses Verbot aufhob. Jetzt werden sie wohl in die Wurst oder ins Hundefutter kommen, wenn sie nicht doch noch weggeworfen werden.

Ich finde vor allem Rezepte für Stier-, Lamm-, Hähnchen- und Hammelhoden – die abgeschnittenen Hoden eines Widders oder Ziegenbockes. Geschlechtsreife Böcke stinken, das weiß ich von früher, daher werden sie vorher entweder geschlachtet oder kastriert.

Plötzlich sehe ich «Hannes den Hammel» vor mir, den kastrierten braunen Ziegenbock, der bei uns zu Hause inmitten der Schafe lebte. Ein jämmerliches, einsames Tier, der Prügelknabe der Wiese. Wie er zu uns gekommen ist und wo er geblieben ist, weiß ich nicht mehr. Ich denke, niemand wollte ihn noch haben, sein Fleisch war inzwischen zäh. Er war ein vollkommen sinnloses Tier, doch Hannes hatte in all seiner Überflüssigkeit etwas Keckes. Als Kinder lachten wir gern über ihn; eigentlich, denke ich jetzt, haben wir ihn ausgelacht.

Es ist bereits dunkel, als ich gerade noch rechtzeitig den Berg hinauffahre. Neben Huberts Haus ist die Strecke der Drückjagd gelegt worden. Die Stücke liegen in der vorgeschriebenen Reihenfolge, umrahmt von Tannenzweigen. Ein böiger Wind bläst die Flammen in den Feuerkörben in alle möglichen Richtungen. Schützen, Treiber und Jagdhornbläser stehen in drei Reihen um die Strecke herum. Rasch stelle ich mich dazu. Der Rauch weht mir voll ins Gesicht.

Jetzt andächtig der Feierlichkeit beiwohnen. Maik zählt die Beute von zwei Tagen auf: dreiunddreißig Sauen, acht Stück Damwild, zwölf Rehe, drei Waschbären, zwei Füchse. Als die Jagdhornbläser für jede Wildart eine eigene Melodie spielen, wandern die Jagdhüte vor den Bauch, die Blicke richten sich nach unten und nach innen. Auch wenn das Ganze immer noch etwas von einem Theaterstück hat, so bin ich doch kein Zuschauer mehr, der es amüsiert und mit sanftem Spott betrachtet. Hier liegen achtundfünfzig Tiere, die wir in den vergangenen Tagen getötet haben. Ein jeder denkt bestimmt auch einen Moment lang an die toten Hunde. So ist die Jagd, geht es mir durch den Kopf. Das ist einer der abgenutzten Jägersprüche, und jetzt – notabene – fällt er mir selbst auch ein. Ich suche vergebens nach Ironie. Wenn man selbst Wild erlegt, kann man sich kaum darüber beklagen, wenn ein in die Enge getriebenes Wildschwein den eigenen Hund tötet. Das muss man schlucken.

Auf dem Vorplatz steht der weiße Lieferwagen des Wildhändlers schon bereit. Als die Beute abtransportiert wird, beginnt das Schüsseltreiben, die Treiber verschwinden im Gästehaus, die Schützen begeben sich ins Landhaus. Die meisten kenne ich aus dem Vorjahr, sie kommen aus wohlhabenden deutschen Familien, sie sind Beamte, Unternehmer oder Rechtsanwälte. Der ehemalige Forstbeamte ist der einzige, der mit seiner Frau gekommen ist. Sie jagt schon seit dreißig Jahren.

Die Neffen treten in die Fußspuren ihres Vaters und Großvaters, sie machten ihren Jagdschein so, wie sie ihren Führerschein gemacht haben, und studieren oder arbeiten in vornehmen Büros. Die Kublitzer Drückjagd ist ihr alljährlicher Herbstausflug, für den sie mit einem Auto aus dem Ruhrgebiet kommen. Ihre Gewehre sind Familienbesitz, ihre Jagdkleidung auch. Als ich ihnen die Hodenrezepte gebe, stecken sie die rasch mit einem Grinsen in die Tasche. Bestimmt hat man ihnen schon eingeimpft, dass man Hoden nicht isst, und ihre Freundinnen haben am Telefon vor Ekel gekreischt.

Nach dem traditionellen Wildbret vom Damhirsch und vom Wildschwein mit Rot- und Rosenkohl tickt Hubert an sein Glas. Der Schütze des Jahres wird bekanntgegeben, man stößt an, und ein Jagdruf ertönt. Der Sieger ist – wer hätte es anders erwartet – der junge Mann, der neun Stücke erlegt hat. Er selbst musste gleich nach der Jagd wieder an die Arbeit auf einem Milchviehbetrieb in Schleswig-Holstein, sein Vater nimmt für ihn die Ehrung entgegen. Er gibt sich Mühe, seinen Sohn nicht allzu sehr über den grünen Klee zu loben, am Tisch sitzen lauter Väter. Also bedankt er sich beim Jagdherrn umständlich für die phantastische Jagd, sein Sohn habe gesagt: «Das war wie im Schießkino.»

Ja, stimmt, denke ich erschrocken, davon hat eine Drückjagd tatsächlich etwas. Aber ob das nun ein Kompliment ist? Man würde den Ausdruck eher in den Auslassungen eines Jagdgegners erwarten. Als wäre eine Drückjagd etwas Virtuelles und nicht auch Angst, Leiden und Tod. Jungjäger müssten während der ersten Jahre jedes Stück, das sie schießen, auch selbst aufbrechen, denke ich auf einmal.

Trophäen spielen bei der Kublitzer Drückjagd nur ganz am Rande eine Rolle. Rotwild zieht hier nur durch, und erwachsene Damhirsche werden in der Brunftzeit bei individuellen Ansitzjagden erlegt. Beim Aufbrechen sah ich einen einzigen Jäger, der einem Keiler das Gewaff aus dem Unterkiefer schnitt, schnell und geschickt. Die Zahnwurzeln verlaufen sehr weit nach hinten in den Kieferknochen hinein. Fachmännisches Können ist schön anzusehen. Sofort denke ich: Das will ich auch lernen. Ich gönne dem Mann seine Trophäe, mehr noch, ich würde selbst auch gerne einmal solche Hauer aus dem Kieferknochen eines Keilers zerren, den ich selbst geschossen habe.

Nach einer Weile verdrücke ich mich nach nebenan ins Gästehaus, wo die Treiber gerade ihre Mahlzeit beendet haben. Schnapsflaschen gehen herum, und es wird ordentlich gequalmt. Sogar Maik wird redselig, die Anspannung ist von ihm abgefallen. Seine Wangen glühen vor Begeisterung. Er trinkt einen Cola-Weinbrand nach dem andern. «So kenne ich dich gar nicht», staune ich.

«Ich denke, eigentlich bin ich durchaus ein freundlicher Mensch», erklärt er, «aber während einer Drückjagd bin ich ziemlich kurz angebunden.» Ein kleiner Fehler könne fatal sein, eine Kanzel, die falsch steht, ein Schütze, der eine Dummheit begeht, ein Treiber, der ein zu hohes Risiko in Kauf nimmt.

Wir reden über das Schwarzwild. Da herrsche ein einziges Durcheinander, sagt er. In den vergangenen Wochen habe er bereits eine Reihe gestreifter Frischlinge gesehen, und das im November. Es gebe zu viel Futter, und die Sozialstruktur der Rotten sei zum Teufel, auch deshalb ließen sich die Bachen decken. Ob zu viele Bachen erlegt würden? Leitbachen?, will ich wissen. Dazu sagt er nichts.

Was müsste denn getan werden?, dränge ich weiter.

Wenn es nach ihm ginge, würde er alle Wildschweine im Revier bejagen – erlegen also – und mit gesunden, intakten Rotten ganz von vorne anfangen, um die Population bis zur gewünschten Stärke aufzubauen. Anschließend würde er durch Abschuss das Gleichgewicht aufrechterhalten.

Er schaut dabei so fröhlich, dass ich nichts weiter sage. Es ist ein Jungentraum, eine fixe Idee, die von Zeit zu Zeit die Runde macht. Aber ein Jagdgebiet ist kein fest umrissenes Stück Land, wenn alle Rotten fort sind, kommen aus den Nachbarrevieren von allein neue, um Nahrung und Schutz zu suchen. Und warum sollten sich diese Rotten besser benehmen? Nur weil sie von woanders kommen? Es gibt keinen Neuanfang, den gab es nur im Paradies, als das Wort Fleisch wurde und Gott sah, dass es gut war. Doch heute Abend lausche ich geduldig Maiks Träumen.

Mit der Zeit kommen immer mehr Jäger ins Gästehaus, hier fließt weiterhin der Alkohol, hier können die Nichtraucher eine Zigarette nach der andern schnorren, hier währt der Abend ewig. Die Drückjagd ist zu Ende, aber die Geschichten gehen weiter. Als wollte die Spannung nicht einfach so weichen.

Plötzlich brüllen die Treiber neben mir vor Lachen: «YouTube», gluckst Arne Gerstenberg, «gib nur ein: wildschwein attacke.» Kurze Zeit später lachen sich alle tot, Wildschwein jagt Mensch, die Rollen sind umgekehrt, es sieht aus wie *Jackass auf Jagd*.

Treiber

Hinter der Leitplanke an der Durchgangsstraße warten wir auf einen Anruf des Drückjagdleiters Maik Rojahn. Erst wenn alle Schützen in ihren Kanzeln sitzen und die andere Gruppe Treiber am Startpunkt auf der anderen Seite ausgeladen wurde, dürfen wir losgehen. Es ist nasskalt, Regen hängt in der Luft. Einer der Treiber verteilt kleine Flaschen Kräuterbitter, die wir auf ex austrinken. Davon wird einem warm. Und man fühlt sich mutiger. Rechts vor uns liegt in einer Senke der Scholversee, wir ziehen sogleich in einer neun Mann starken Linie am steilen Ufer entlang, die Treiber auf der flachen Uferseite gehen durch einen steinigen Waldstreifen mit Eichen und Buchen, diejenigen, die weiter oben unterwegs sind, durchstreifen die Schlehdorngebüsche, und die am weitesten links positionierten Treiber marschieren über ausgedehntes hügeliges Weideland. Vom Ufer aus treiben wir das Wild auf die freie Fläche, den Schützen entgegen.

Die Hunde zerren ungeduldig an den Leinen. Die Treiber testen ihre langen Stöcke, ich schlage meinen gleich kaputt und suche mir im Unterholz rasch einen besseren. Zum ersten Mal gehe ich als Treiber mit. Auf meinen Wanderungen von zu Hause aus bin ich schon öfter auf Sauen gestoßen, doch nie zuvor bin ich durch Sträucher und Sumpfland freiwillig auf sie zugegangen. Mein Magen rebelliert.

Endlich, wir gehen los. Die Hunde werden losgelassen. Wir rufen Heeeh-hopp und schlagen mit den Stöcken auf Bäume und Sträucher. Langsam, langsam. Ich gehe auf der Grenze zwischen Wald und Schlehdorngebüschen, so viel wie möglich über Wildwechsel, der Hang ist übersät mit lockeren Feldsteinen. Ab und zu springt ein Reh auf, ansonsten ist es ruhig.

Bis der junge Retriever, den Hubert heute dabei hat, fröhlich Laut gebend losrennt. Er erwischt einen Fuchs, mit seinen breiten Kiefern packt er die Fuchsschnauze, das Tier zappelt in der Luft. Einen Moment erschlafft der Biss des Hundes, und im nächsten Moment sind die Rollen umgekehrt, und der Fuchs hängt mit seinen Zähnen an der Hundeschnauze. Der Retriever jault und fiept und schüttelt wie wild mit dem plumpen Kopf. Solange, bis der Fuchs sich nicht mehr halten kann und loslässt. Er flitzt davon. Im Wald ist er dank seiner Wendigkeit schneller als der Hund.

Es fängt an zu regnen, zu gießen, ich schwitze, ich lecke das Salzwasser von meinen Lippen. Draußen sein und sich nicht um das Wetter scheren, durch den Regen gehen und sich verwundert fragen, was man daran eigentlich immer so schrecklich findet, durch die Landschaft stiefeln, nicht auf gebahnten Wegen, es sei denn, es handelt sich um Wildwechsel. So ging ich als Kind neben meinem Vater her über die Weiden. Ungemütliches Wetter, die Wolken jagen rasch vorüber, der Wind zieht die Haut meiner Wangen straff, dann bricht die Sonne bereits wieder durch, und am Horizont erscheinen die nächsten Wolken.

Bei einem Wäldchen aus jungen Bäumen und Sträuchern schlägt der Retriever heftig an. Wir stehen auf der anderen Seite, nicht sehr geschickt, wenn die Sauen flüchten, kommen sie direkt auf uns zu. Doch sie bleiben, wo sie sind, ich rieche einen starken Maggi-Duft. «Brrr», macht der Treiber neben mir, «wie das stinkt.» Stinken? Ein Hausschwein finde ich viel widerlicher, während das hier mich an Umami erinnert, und ich liebe herzhaftes Essen. Doch er assoziiert den Geruch mit Gefahr, und Gefahr stinkt.

Wir stehen hinter den dünnen Baumstämmen und schauen auf das Gebüsch, wir hören es knacken und knurren, der Hund traut sich nicht hinein. Wir hetzen ihn auf, lassen das aber bald wieder. Ich muss an die vorige Drückjagd denken, an Huberts anderen Hund, der seinen Auftrag ausführte und regelrecht dem Tod entgegenging.

Zwei Treiber begeben sich vorsichtig in die Schlehen, die beiden sind ein eingespieltes Team, zusammen wagen sie mehr. «Da liegt er», rufen sie, «ein Bär von einem Keiler!» Das Tier macht keine Anstalten hochzukommen, dazu bräuchte es mehr Hunde, aber die Meute läuft weiter entfernt irgendwo herum. Wir beschließen, es hierbei zu belassen, die anderen warten.

Da, in der Ferne kreischt ein Wildschwein, schon eine Weile, wird mir plötzlich klar. Die beiden Treiber laufen hin, über die Wiese den Hügel hinauf, ich folge ihnen, vorbei an Drückjagdböcken und Schützen. In den Sträuchern haben die Hunde eine Sau gestellt. Drei, vier Hunde greifen sie unbändig Laut gebend und beißend an. Das Wildschwein wehrt sich, beißt zurück, schreit Zeter und Mordio. Der eine Treiber zögert, der andere zieht seinen Saufänger aus der Scheide, die an seinem Gürtel hängt, springt von hinten auf den Rücken der Sau, drückt sie zu Boden und sticht ihr das lange Messer zwischen die Rippen. Alles geht so schnell, dass ich keine Zeit habe, mich zu wundern. Im nächsten Moment ist das Schwein tot. Mit dem anderen Treiber schleife ich es auf den Weg, es wiegt mindestens fünfzig Kilo.

In einer Schneise schaut von seinem Drückjagdbock aus ein Jäger in langem Mantel zu und deutet auf ein Wäldchen: Dort muss auch noch eins sein. Er selbst darf unter gar keinen Umständen seinen Platz verlassen. Wir suchen an der Stelle, die er uns gezeigt hat. Hinter den Schlehdornhecken, die früher als natürlicher Stacheldraht gepflanzt wurden, verbergen sich oft Welten. Auch hier, plötzlich stehe ich am Rand eines Toteissees, der aussieht wie ein Krater. Unten glitzert Wasser, dort suhlen sich die Sauen, im Schlamm sind jede Menge Trittsiegel. Es ist ein sehr altes Wäldchen, auf den Hängen stehen dicke Bäume, das Licht scheint warm auf den Herbstlaubteppich. Dazwischen überall Feldsteine, aber keine Sau.

Am zweiten Tag treiben wir in einer langen Linie in der Nähe der Grenze zu Brandenburg. Ich bin an der Waldwiese positioniert, wo ich Anfang Mai eine Überläuferbache erlegt habe. Jetzt kann ich sehen, woher die Rotte damals kam. Wir verlassen den Weg und steigen durch einen ausgetrockneten Graben ins Gebüsch, ein nahezu undurchdringlicher Wirrwarr aus Schlehen, Brombeeren und Hundsrosen, die Äste und Ranken der Sträucher hängen weit verzweigt über dem nackten

Boden. Darunter haben die Sauen ihre Kessel. Ich fange laut zu rufen an, heeeh-hopp, und rausrausraus, sie müssen mich hören, damit ich sie nicht überfalle, denn wenn sie plötzlich gleich vor mir aufspringen, kann ich nirgendwohin mehr ausweichen. Weil vor Kurzem eben neugeborene Frischlinge gesichtet wurden, heißt es besonders aufpassen, die Bachen werden ihren Wurf verteidigen. In meinem Teil der Linie gibt es keine Hunde, um sie hochzumachen, es gibt nicht einmal einen Baum, auf den ich klettern könnte. Ich stehe in einem Meer von dornigen Sträuchern und komme kaum vorwärts. Daher bewege ich mich etwas zur Seite, auf einen besser begehbaren Streifen, damit ich nicht zurückbleibe. Die anderen Treiber suchen sich auch mühsam ihren Weg, wie ich sehe.

Hier steckten die Rotten also, so nah, und ich wusste von nichts, als ich höchstens fünfzig Meter von hier entfernt Abend für Abend im scharfsüßen Duft des blühenden Schlehdorns den Vögeln lauschte. All die versteckten Welten.

Heeeeh-hopp, rausrausraus. Schnüffelnd wie ein Hund suche ich nach den Sauen, aber ich rieche sie nicht. Sie müssen geflohen sein, noch bevor wir mit dem Treiben angefangen haben. Auf dem Drückjagdbock sitzt jetzt eine junge, blonde Jägerin. Sie hat noch kein Tier gesehen.

So habe auch ich bei Drückjagden angesessen. Stundenlang, das Rufen der Treiber und das Lautgeben der Hunde im Ohr, hoffend, dass sie in meine Nähe kommen, auf die Schüsse in der Umgebung horchend. Voriges Jahr war ich neidisch auf Boom, der als Treiber mitging; das wollte ich auch. Mich zusammen mit Einheimischen durch die fast undurchdringliche Landschaft kämpfen, das Adrenalin durch die Adern strömen fühlen, mich abrackern. In Zukunft bin ich bei den Kublitzer Drückjagden abwechselnd Treiber und Schütze, nehme ich mir vor.

Gestern hörte ich von Hubert, dass er schon seit fünfzehn Jahren nicht mehr als Schütze an den eigenen Drückjagden teilnimmt, sondern immer als Treiber. Die rauen Märsche durch sein eigenes Jagdrevier, zusammen mit seinen Leuten, lässt er sich nicht mehr entgehen. Mit den Entenjagden bilden sie für ihn den Höhepunkt der Jagdsaison.

Wir lassen die Jägerin auf der Waldwiese zurück und betreten den jungen Buchenbestand, vorbei am Kiefernwald, hin zu einem vor Kurzem angelegten Entenweiher. Ich gehe an einem Wald mit dünnen, bleichen Stämmen entlang, auf dem Boden ein Teppich aus Laub. Das Licht ist hier märchenhaft gefangen, unwirklich, als würden die Bäume es gelbgrau reflektieren. In jedem Wald, den wir durchqueren, ist das Licht anders, ist mein Schritt anders, das Geräusch.

Die Laubbaumbestände eignen sich besonders, die Rufe hallen zu lassen. Ich rufe, so laut ich kann. Nicht nur um das Wild aufzuscheuchen, sondern auch um meine eigene Angst zu beschwören, um die Jäger wissen zu lassen, dass ich hier unterwegs bin, und um die Linie intakt zu halten, denn ich verliere die anderen Treiber hin und wieder aus dem Blick. «Sauen! Sauen! In Richtung Grenze!» schallt es auf einmal durch die Luft. Es folgt eine ganze Salve von Schüssen.

Dann wird diskutiert, wohin wir uns wenden sollen. Die beiden Haupttreiber an den Flanken haben jeweils eine andere Taktik. Die Hunde der Meute kommen von überall her. Rotten rennen entweder im Verband, oder sie flüchten in alle Richtungen, zwischendurch Damwild und Rehe. Wir bahnen uns einen Weg durch einen Kiefernwald, wo im graubraunen Licht die dürren Zweige ineinandergreifen. Wieder rollt ein Ruf von einem Treiber zum nächsten durch die Luft: «Sauen, Sauen nach rechts!» Wir stehen jetzt unter freiem Himmel auf einem bemoosten Pfad, vor uns eine umzäunte Schonung mit Setzlingen, deren Boden mit jungen Schlehen und Brombeeren überwuchert ist. Dort knackt, raschelt und dröhnt es – eine Rotte poltert vorbei. Neben mir legt Arne Gerstenberg blitzschnell an, schießt, schießt noch einmal. Ein kräftiger Frischling fällt. Mit einem anderen Treiber krieche ich durch ein Loch im Zaun und dann durch einen Wildwechsel unter den Schlehdornen durch, wie ein Schwein. Da liegt er, ein junger Keiler von etwa dreißig Kilo. Wir ziehen ihn aus den Sträuchern und schleppen ihn zum Pfad. Dort lassen wir ihn liegen, er wird später mit dem Pickup abgeholt.

Wir gelangen zu einer Wagenspur am Grenzacker, wo ich im Mai den Gabelbock erlegt habe und wo im Oktober die Entenjagd begann. Dort formieren wir die Linie erneut bis zum Hechtsee. Wir gehen durch den hoch gelegenen, abfallenden Buchenwald. In der Nähe der meisten Kanzeln, an denen wir vorbeikommen, liegt erbeutetes Wild.

Hinter einem Kiefernbestand stoßen wir auf einen Frischling und eine große Bache mit prallem Gesäuge, die an Ort und Stelle bereits aufgebrochen wurden. Je größer das Tier, desto länger dauert es, bis es abgekühlt ist, und deshalb wird es rasch «gelüftet», aufgeschärft, meistens mit zwei Schnitten zwischen Schultern und Rumpf. Später erfahre ich, dass die Bache die zwei Hunde eines Treibers angegriffen hat und dass dieser, ein großer, kräftiger Mann, daraufhin auf die Sau gesprungen ist und sie mit seinem Messer erstochen hat. Ein Tier von rund einhundert Kilo, schätze ich, welch eine Unerschrockenheit. Oder ist es Übermut? Oder Aggression? Ein Jagdhundeführer hat die Pflicht, seine Hunde zu beschützen. Aber gibt es dabei nicht eine Grenze? Wie aggressiv darf ein Hund sein, wie sehr darf man ihn aufhetzen? Da sind die grauen Bereiche wieder.

An einem Entenweiher warten wir auf ein verloren gegangenes Treiberpaar. Wir gießen uns den letzten Kräuterbitter hinter die Binde. Da kommen sie mit ihrem kleinen Terrier, der Ursache für ihre Verspätung. Er war ihnen in einen Dachsbau hinein entwischt, und sie bekamen ihn nicht mehr heraus.

Als wir wieder in der Nähe der Waldwiese sind, läuft ein Damwildkalb an uns vorüber, dem die Eingeweide aus der Flanke hängen. Grässlich. Es ist so schnell, dass Arne ihm keinen Gnadenschuss geben kann. Ein paar Treiber wollen dem Kalb folgen, um es von seinen Leiden zu erlösen. «Nein», sagt Arne, «scheucht es nicht noch mehr auf, lasst es in Ruhe, damit es sich irgendwo hinlegen und sterben kann. Die Nachsucher kümmern sich später darum.» Von seiner Kanzel aus verfolgt ein Jäger das Ganze und sagt, das Kalb sei schon krankgeschossen bei ihm vorbeigekommen. Ich schaue ihn mir noch einmal genau an und ertappe mich dabei, dass ich ihm, mit seinem selbstzufriedenen Gesicht unter einem Hut mit langer Feder darauf, nur zur Hälfte glaube.

Wieder bei der Waldwiese angekommen, dringen wir erneut in die Schlehen ein. Die Jägerin hat die ganze Zeit nichts vor ihren Lauf bekommen. Doch als wir uns durchs Gebüsch kämpfen, riechen wir es sofort: Die Wildschweine sind zurück. Ein scharfer Maggigeruch hängt in der Luft. «Vorsicht!» Da rennt bereits eins laut kreischend an mir vorüber, und ich schlage meinen Stock auf seinem Rücken entzwei. Ein Mensch gewöhnt sich rasch an eine neue Situation. Das Gebüsch wird undurchdringlich, und wir geben auf. Ohne Hunde ist hier nichts zu machen.

Während wir zum Kublitzer Agrarbetrieb zurückgehen, finden wir noch eine Schweißspur. Wir folgen ihr zu dritt, verlieren sie, finden sie wieder, sie führt zu mannshohem Schilf. Ich gehe hinein. Immer wieder entdecke ich ein paar rote Tropfen auf den Halmen. Wo ist das Tier nur geblieben? Der Boden wird immer sumpfiger, und plötzlich stehe ich am Wasser. Das Tier muss hineingesprungen sein. Vielleicht ist es zum anderen Ufer geschwommen. Dort muss dann nachher jemand mit einem Hund suchen, beschließen wir.

Hinterher frage ich mich doch, was ich da eigentlich wollte, als ich als Erste ins Schilf ging. Ein totes Schwein suchen? Aber was, wenn es noch am Leben gewesen wäre? Und wenn es, nicht von angreifenden Hunden abgelenkt, mich attackiert hätte? An Abstechen war nicht zu denken – wenn ich mich das überhaupt getraut hätte –, denn die Klinge meines Jagdmessers ist nur zehn Zentimeter lang. Um ein halbwegs starkes Schwein abzufangen, braucht man schon einen Saufänger, und der ist fast doppelt so lang. Es waren sogar Treiber mit Saufänger in der Nähe, aber ich musste ja unbedingt das Schwein finden. Treiberirrsinn, Anfängerverhalten.

Der hässliche Schuss

An der letzten Drückjagd des Jahres nehme ich wieder als Schütze teil. Ich muss und werde bei einer Drückjagd einmal ein Schwein schießen. Maik setzt mich bei einem Schlehdorngebüsch ab, ich gehe den Hang hinab zu einer Kanzel. Zwischen den Bäumen in der Ferne glitzert der Scholversee, rundherum Wäldchen, Gebüsch, Wiesenhänge, übersät mit Wühlspuren. Als ich näher komme, laufen vier Rehe davon.

Sehr bald schon höre ich in den Schlehen Schweine grunzen. Und in der Ferne laut heranstürmende Hunde. Aus dem Gebüsch kommt ein Wildschwein über die Wiese gerannt, über siebzig Kilo schätze ich. Mir fallen die fünfhundert Euro für die Kirche ein, und ich lasse es laufen, es sieht mir aus wie eine Bache. Es folgen noch zwei kleinere Schweine, doch die sind mir zu schnell. Dann kommen die Hunde, im Graben beim Scholversee stellen sie eine Sau, durchdringend und anhaltend kreischt sie auf. Das Lärmen wandert nach Südwesten, weitere Hunde eilen herbei, insgesamt mindestens zehn, viele kleine, weiß gefleckte Terrier. Die Sau hört nicht auf zu kreischen, ich kann es kaum noch aushalten und sehe mich hektisch um, kein Treiber zu sehen.

Dann taucht in der Ferne jemand in Rot auf, er geht den Hang hinab zum Ufer, auf das Lärmen zu. Ich stehe auf, winke, gestikuliere, fuchtele mit den Armen, doch er reagiert nicht. Mit dem Fernglas hole ich ihn mir näher heran, es ist einer der Hundeführer. Er geht weiter in die richtige Richtung, er will also genau dorthin. Ein Gewehr hat er nicht bei sich, bestimmt aber einen Saufänger. Nun bleibt er stehen, zögert und kehrt um. Ich muss mich zurückhalten, ihm nicht zuzurufen, dass er etwas unternehmen muss. Doch warum sollte er auf mich hören, und außerdem verrate ich dann dem Wild, dass ich hier sitze. Ob dies den Schweinen einen Schrecken einjagt, ist die Frage, aber das innere Gebot ist stark: In einer Kanzel ist man ruhig.

Ich setze mich wieder hin, ich kann nichts tun, die Sau und die Hunde müssen die Sache eben unter sich ausmachen. Sie geraten auf die andere Seite des Grabens, das Kreischen und Bellen entfernt sich immer weiter. Nach einer Weile wird mir plötzlich bewusst, dass ich es nicht mehr höre.

Die Sonne scheint, der Wind frischt auf, im Norden leuchtet kurz ein Regenbogen auf. Jetzt bricht in dem Wäldchen vor mir Tumult aus, am Rand steht ein großer Keiler, er schaut, seine Hauer verleihen ihm etwas Verschmitztes, etwas von einer Comicfigur. Als würde er grinsen. Man könnte einfach so seine Angst verlieren. Er geht zurück, bleibt doch lieber in Deckung.

Stille, ich höre nichts mehr, kein Wildschwein, keinen Hund, keinen Treiber. Man könnte meinen, es sei gerade Kaffeepause. Oder eine normale Ansitzjagd statt einer Drückjagd.

Nach ungefähr anderthalb Stunden beginnt es im Wäldchen erneut zu knacken, ein gräuliches Wildschwein kommt auf die Wiese, ein Überläufer, schätze ich. Er trabt gemächlich an mir vorüber, ich lege an – das ist meine Chance –, ziele, aber dann steht er plötzlich still, Mist, er wittert mich, genau da bin ich vor zwei Stunden langgegangen, er kehrt um, ich muss ihn kriegen, jetzt, das ist wirklich meine letzte Chance, ich folge ihm, und als er drauf und dran ist, in den Wald zu gehen, schieße ich, halb von hinten, und ich sehe ihn mit lahmendem Hinterteil verschwinden, höre ihn krachend durchs Unterholz laufen, aber er kreischt nicht. Dann ist es still. Ob er tot ist, oder gerade verendet?

Ich zwinge mich selbst zur Ruhe, versuche, mir alles noch einmal vor Augen zu holen. Ein Tier beginnt tief und aggressiv zu grunzen. Vielleicht der Keiler oder eine große Bache. Die Hunde sind angekommen. Sie fallen jetzt bestimmt mein angeschossenes Schwein an. Mist, kein Treiber in der Nähe, der es abstechen könnte. Erst jetzt verstehe ich, wie schwierig es sein kann, in der Kanzel sitzen zu bleiben. Ich will das Schwein suchen, ihm noch eine Kugel verpassen, damit es schnell stirbt. Aber es ist nicht erlaubt, um keinen Preis. Ich höre ein Schwein kreischen, Hunde blindwütig Laut geben, rechts im Wäldchen. Ein Hundeführer geht über den Hügelrücken, ich winke, doch nein, heute sind sie sehenden Auges blind.

Dann taucht auf dem Wildwechsel wieder ein Schwein auf, es taumelt gegen einen Baumstamm, das muss meins sein, ich ziele, ich sehe nur seinen Kopf und Nacken, schieße. Es schüttelt sich kurz und fällt um. Tot.

Wie viel Zeit zwischen meinem ersten und dem zweiten Schuss vergangen ist, ich weiß ich nicht. Zehn Minuten, eine halbe Stunde? Die Zeit vergeht langsam, wenn man auf heißen Kohlen sitzt. Ich schaue durch meinen Feldstecher, erschrecke, denke plötzlich, es handelt sich um eine erwachsene Bache oder so. Dann würde immer noch ein krankgeschossenes Tier im Wald herumliegen. Hab ich jetzt zwei Tiere geschossen, das erste krank und das zweite auf der Stelle tot? Oder handelt es sich doch um ein und dasselbe?

Es geht auf halb elf zu. Noch zwei Stunden warten, bis ich von der Kanzel steigen darf, um nachzusehen. Ich hoffe jetzt, dass in der Zwischenzeit kein Treiber mehr kommt. Lieber sehe ich nachher selbst nach. Allerlei Szenarien gehen mir durch den Kopf. Aber dennoch überwiegt die Freude darüber, dass ich endlich bei einer Drückjagd ein Schwein geschossen habe. Zumindest solange es mir gelingt, zu glauben, dass es tot ist. Ab und zu flüchtet Damwild vorüber, ein paar Rehe, ein Fuchs. Ruhig lasse ich die Zeit verstreichen.

Gegen halb eins ist es mit meiner Ruhe vorbei, rasch klettere ich hinunter und eile zu dem Schwein. Es liegt auf dem Bauch, die Hinterläufe beiderseits des Körpers auf merkwürdige Weise abgespreizt, den Kopf ein wenig zur Seite geneigt. Ich habe es in den Oberschenkel und gleich hinter dem Teller getroffen. Ein junger Keiler von rund dreißig Kilo, schätze ich. Ich kann mir sein Gebiss nicht mehr ansehen, die Kiefer sind fest aufeinander gepresst.

Der Schütze, der jenseits des Wäldchens ansaß, wünscht ohne weitere Fragen Weidmannsheil; er habe bereits am Schuss gehört, dass ich ein Tier getroffen hatte. Ein geübtes Ohr vernimmt erst den Knall des Schusses und dann – dumpf – den Einschlag in den Körper des Wilds.

Die anderen fragen, ob ich erfolgreich gewesen sei, und ihre Gesichter verraten, dass sie vorher kaum daran geglaubt haben. Hubert strahlt sogar regelrecht. Als ich nörgelnd bemerke, ich hätte das Schwein nicht sauber getroffen und zwei Schüsse benötigt und dass außerdem nicht viel davon übrig sei, sagt er: «Worum geht es bei diesen Drückjagden?»

Ich, brav: «Um Schadensbekämpfung.»

Er: «Genau, und das hast du gemacht.»

Mit Maik und einem der Treiber fahre ich los, um das Wild einzusammeln. Maik hat lieber keinen Topfgucker dabei, aber jetzt, wo ich ein Schwein geschossen habe, kann er es mir schwerlich verwehren.

Wir werfen mein Schwein auf die Ladefläche. Werfen, ja, als ich gerade Jäger geworden war, zuckte ich dabei zusammen – kann das nicht mit etwas mehr Respekt geschehen? –, aber schnell war es so vertraut wie bei den Bauern früher in unserem Dorf. Mit einer Schwingbewegung spart man Kraft. Und das Tier ist tot und so schwer wie ein Zementsack.

Das nächste Stück müssen wir suchen, es ist dem Sterben nahe in die Schlehen geflüchtet. Auf den Knien spähen wir in das undurchdringliche Dornengebüsch. Da! Wie ein Raubtier kriecht der Treiber den Wechsel entlang, fummelt ein dickes Gummiband mit einem Seil daran um den Rüssel, und zusammen ziehen die beiden Männer einen rund achtzig Kilo schweren Keiler aus den Sträuchern. So fahren wir die Wäldchen und die Kanzeln ab. Ein Schwein ist eine Schneise bis zum Ufer des Sees hinuntergerollt und muss nun den steilen Hang hinaufgeschleppt werden.

Sechs Sauen laden wir auf, außerdem sechs Stück Damwild und ein Reh, der Rest wird mit einem andern Pick-up geholt. Einen mickrigen Frischling mit Räude lassen wir liegen, den vergräbt Maik später, denn Räude ist ansteckend. Mindestens drei Schweine haben große Fleischwunden an Hinterleib und Kopf, die wurden, ehe ein Meuteführer hinzu kam, von den Hunden schrecklich in die Mangel genommen.

Die Meute ist dazu da, Unruhe zu stiften, die Rotten auseinander zu treiben und das Wild zu den Schützen zu jagen; dass die Hunde den Sauen derart zusetzen dürfen, verstehe ich nicht. Wenn sie auch bei Hirschen und Rehen so blutrünstig zuschlagen würden, wäre ihr Einsatz bestimmt schon längst verboten. Aber das tun sie nicht, denn Hirsche und Rehe flüchten nur, sie geben keine Geräusche von sich und rennen um ihr Leben. Wildschweine nehmen den Kampf auf, schreien, kreischen und beißen um sich.

Wieder auf dem Betrieb angekommen, suche ich meine eigene Beute aus dem Berg heraus, denn ich will sie unbedingt selbst aufbrechen. Von außen ist nicht viel zu sehen, der Treffer im Hinterteil ist ein kleines Einschussloch, eine Austrittswunde sehe ich überhaupt nicht. Der zweite Schuss traf genau hinter den Teller, und die Austrittswunde, die wie fast immer größer ist, befindet sich an der Schulter.

Als ich die Kehle des Tiers aufschärfe und den Kehlkopf suche, greife ich sofort in eine weiche, blutige Masse. Alles kaputt dort. Ich reiß mich zusammen. Nachdem ich das Glied, die Samenstränge und die Hoden abgeschnitten habe, öffne ich den Bauch. Der Gestank von halbverdauter Nahrung und Kot schlägt mir ins Gesicht. Natürlich, der Schuss ist vom Hinterteil schräg nach vorne in den Rumpf gedrungen. Ich säge das Schloss durch, sehe aber kaum, was ich mache, der Bauch ist voller Blut, Urin und Darminhalt. Die Leber ist intakt, aber verschmutzt. Auch Herz und Lungen sind heil, obwohl die Lappen voller Lungenwürmer sind.

Die Arbeit geht langsam voran, und mein Widerwille wächst, weil das Innere ein völlig zerschossenes, schmutziges Durcheinander ist. Soll ich meine Beute wirklich kaufen? Um anschließend das Meiste als Schlachtabfall wegzuwerfen? Ist das mein verdienter Lohn? Ich gehe zu Maik und sage ihm, dass ich die Sau nach genauerer Betrachtung doch nicht kaufe, ich hätte zu viel in Fetzen geschossen. Er nickt, ihm kann es sowieso egal sein. Es geht um die Anzahl der Schweine, kaum um die Qualität und das Gewicht des Wildbrets.

Der junge Keiler ist, von einer Ente im Oktober einmal abgesehen, die erste Beute, die ich nicht mit nach Hause nehme. Und weil ich ihn nicht abschwarte und zerlege, weil ich nicht in den kommenden Tagen von ihm esse und den Rest einfriere und mir darüber Gedanken mache, was ich alles mit dem Fleisch kochen kann, werde ich ihn jedes Mal vergessen, wenn ich an die Tiere denke, die ich erlegt habe. O ja, da war auch noch das Drückjagdwildschwein. Von ihm ist nichts übrig in meinem Leben, ich habe es sogleich weggetan, es hat mir nicht zur Nahrung gedient. Gut, ich habe wieder eine neue Erfahrung gemacht, ich habe einen schlechten Schuss abgegeben, und ich habe meine Ehre gerettet, da ich die Ansicht, ich würde mich nicht trauen, bei einer Drückjagd zu schießen, Lügen gestraft habe. Doch das ist und bleibt ein mageres Ergebnis, ich habe das Tier nicht wirklich erbeutet.

Winter

Die längste Nacht

Die Luft sticht kalt in meine Wangen, als ich auf den Heuboden komme. Es friert, zum ersten Mal in diesem Winter, und ausgerechnet jetzt habe ich die Wärmflaschen vergessen, und die Decken liegen noch aufgeschlagen da. Das Bettzeug ist eisig und klamm.

Einen Moment erwäge ich, unten zu schlafen, aber ich will nicht. Oben schlafe ich besser als neben dem Ofen. Und es ist schon fast Routine: Am frühen Abend fülle ich zwei Wärmflaschen mit heißem Wasser aus dem Kessel und lege sie schon mal ins Bett. Zum ersten Mal seit meiner Kinderzeit schlafe ich wieder im Pyjama, und ich ziehe zudem noch Wollsocken an. Zitternd klettere ich die Aluminiumleiter empor, schnell, schnell, der Wind bläst durch die Ritzen des hölzernen Giebels. Wie ein Tier liege ich in meiner warmen Höhle.

Also lege ich jetzt doch noch Wärmflaschen ins Bett und bleibe noch eine Weile auf.

Wir schliefen immer in kalten Zimmern. Obwohl wir – vielleicht sogar als Erste im Dorf – eine Zentralheizung hatten, blieb diese in den Schlafzimmern auch mitten im Winter aus. Aus Sparsamkeit und weil es nach Ansicht meiner Mutter nicht gesund war, in einem warmen Zimmer zu schlafen. Wir brauchten frische Luft. Außerdem mussten wir abgehärtet werden, sonst wurden wir zu schnell krank. Jeden Morgen machte ich rasch die Vorhänge auf, um nachzusehen, was für Eisblumen am Fenster waren.

Bei den Bauern war es im Übrigen viel kälter als bei uns. Dort war es nur in der Küche warm – sehr warm, dank des Holz- oder Kohleofens –, und in der großen Lohdiele. Da war ich im Winter am liebsten, zwischen den Kühen, es roch nach Silage und Heu, die Kuhfladen und der gelbe Urin fielen dampfend in die Kotrinne. Ab und zu muhte eine Kuh träge, als wäre sie zutiefst zufrieden. In die alten Ställe für Schweine und Kleinvieh ging ich nicht gern, das waren fürchterlich zugige Verschläge.

In der Stadt gibt es das nicht, dort ist es draußen kalt und drinnen überall zwanzig Grad, es gibt keine Räume, die aufgrund der Tiere angenehm warm sind, keine unwirtliche Zugluft, keine eiskalten Schlafzimmer.

Während die Wärmflaschen das Bett heizen, schaue ich unten aus dem Fenster. Es gibt einen Meteoritenschwarm, las ich in der Zeitung, morgen ist der Höhepunkt, dann stürzen mehr als einhundert pro Stunde in Richtung Erde. Kurz nach Neumond, also mit maximalem Effekt, zumindest wenn der Himmel unbewölkt ist.

Jetzt glitzern unendlich viele Sterne, die den Himmel hell erleuchten. Ich dachte, ich sei einiges gewohnt, aber das … Warum bin ich noch drinnen? Holzschuhe an, Jacke an, raus mit dir, Kopf in den Nacken, so dass die Kinnlade von allein herunterklappt. Es ist frostig klar. Hinter dem Stall raschelt ein Tier, es erhebt sich und ergreift die Flucht. Im Süden leuchtet der Himmel gleich über dem Horizont so hell, als läge dort eine große Stadt. Vorgestern gab es eine solche helle Stelle im Westen, über dem großen See. Unergründlich, der Mond kann es nicht sein, der stand bereits am späten Nachmittag als schmale Sichel über dem Dachsberg. Und am allermerkwürdigsten war, dass genau dort, über dem erleuchteten Horizont, die Sterne am hellsten glitzerten. Umgebungslicht lässt den Sternenhimmel doch eher verblassen? Nichts weiß ich über die Welt um mich herum. Doch heute Nacht lasse ich mich dadurch nicht aus dem Feld schlagen.

Ich mache ein paar Schritte und bleibe stehen. Rote und grüne Blinklichter, Flugverkehr, in weiter Ferne grummelt es. In meinen Augenwinkeln sehe ich ständig sich bewegendes Licht, zisch, weg. Oder war das Einbildung? Doch dann, hinter dem Weidentümpel ein hell aufleuchtender Punkt, der geradewegs nach unten rauscht und einen Schweif hinter sich herzieht, der langsam erlischt. So malten wir als Kinder den Stern von Bethlehem über der Krippe des Jesuskindes. Das

Gras knistert unter meinen Holzschuhen. Wieder flitzt eine Sternschnuppe vorüber. Und da. Und noch eine. Im Brachland schreckt ein Reh.

Ich stehe da, schaue und verfolge die Sternschnuppen in ihrem rasenden Sturz. Sie fallen unentwegt, wie viele habe ich jetzt gesehen? Ach, warum sollte ich sie zählen. Und welche überhaupt? Auch die in meinen Augenwinkeln, wo die Unsicherheit und das Mogeln beginnt? Mogeln ist verboten, dann erfüllt mein Wunsch sich nicht.

Schau lieber, wie seltsam offen der Weidentümpel da liegt, wie die Bäume um ihn herum stehen, wie Wächter, und wie durchlässig sie sind, für Wind und Regen, für Licht und Blicke. Es sind fünf – das habe ich bisher nicht gesehen –, fünf große Weiden. Doch die sehe ich bei diesem Licht, in dieser Dunkelheit so, in dieser laublosen Jahreszeit, der Baum reduziert auf sein Skelett. Im Sommer ist dort nichts als Grün, das den Tümpel umschließt wie ein Vorhang.

Wieder ein paar Schritte und Sternschnuppen, die fallen. Ich wünsche mir nichts, ich wünsche mir nie mehr etwas beim Anblick einer Sternschnuppe, fällt mir plötzlich auf. Nicht, weil ich es vergesse, sondern weil ein Wunsch von ganz allein dazugehört, den muss ich nicht jedes Mal formulieren, ich muss nicht einmal daran denken, es ist einfach so: Sternschnuppe bedeutet Wunsch, und der Wunsch lautet, es möge passieren, was gut für mich ist. Ich habe meinen Wunsch bis zum Punkt seines Verschwindens gedacht, sage aber nicht, dass er nichts mehr ist, er ist im Gegenteil alles. Und ich jubele bei jeder Sternschnuppe als Kniefall vor dem Ungewissen, es ist pure Magie, und die ist jetzt, bei all unserem Wissen, mehr denn je angebracht.

Wieder ein paar Schritte. Eine Ente quakt. Ich wage mich nicht zu nah an den Grundstücksrand, ich will das Wild nicht mitten in der Nacht aufscheuchen. Bei der Schweinestallruine liegen schwarze Flecken auf dem Boden, mit der Spitze meines Holzschuhs stoße ich dagegen, ja, tatsächlich, Maulwurfshügel. Ich schlurfe an der Fassade des Wohnhauses entlang zum Obstgarten. Es raschelt, hört auf, wieder schreckt ein Reh, ich zucke zusammen, noch nie habe ich eins so nah und so laut schrecken gehört, der heisere Klang des Schreis ist nichts gegen die Lautstärke. Nochmal, und nochmal. In der Ferne ruft ein Waldkauz. Waldkauz, Waldkauz, gebe ich mich dramatisch, dein Ruf ist der Grundton meines Lebens. Wieder schreckt das Reh, etwas weiter entfernt jetzt. Ich mache ein paar Schritte zurück.

Was tue ich hier eigentlich, außer zu den Sternen sehen? Ich hoffe, Tiere zu hören, zu sehen, zu riechen. Ich will sie finden, wissen, dass sie da sind. Ich bewege mich sehr behutsam, denn ich will sie nicht stören. Was will ich von ihnen?, frage ich mich. Warum will ich ständig Tiere ertappen, während sie sich unbeobachtet, ungesehen wähnen? Sobald sie mich bemerken, habe ich versagt, denn dann flüchten sie oder suchen Deckung. Dann habe ich schon zerstört, worauf ich aus bin. Warum lasse ich sie nicht in Ruhe?

Auf einmal bin ich wieder drinnen, wo der Ofen brennt und die Weinflasche halb voll ist.

Die Fragen bedrängen mich. Was will ich vom Wild, außer es essen?

Einen Spiegel, um das Tier in mir selbst zu sehen? Es geht gerade um das, was dazwischen liegt, um die Vermischung, wenn ich die verliere, wenn nur noch glatte, kalte, klare Bilder übrigbleiben, dann habe ich alles verloren.

Das Tierische und das Menschliche vereint, das suche ich, nicht die Unterschiede, sondern das Unentwirrbare, das wir bequemlichkeitshalber in Körper und Geist aufspalten, Mann und Frau, Mensch und Tier. Doch nur unentwirrt kann man sich an das Unsagbare heranschleichen, ihm näher kommen und es sein lassen, was es ist.

Ich will mich selbst als Prädator begreifen. Ich bin keine «nichtnatürliche Todesursache» des Wildes. Das würde mich außerhalb, oberhalb, ihm gegenüber stellen, und das ist zu viel der Ehre oder wird mir nicht gerecht, was auf dasselbe hinausläuft, weil es mich, auf welche Weise auch immer, reduziert.

Gehöre ich überhaupt zu den Jägern? Viele können es sich nicht erklären, «Leute wie wir» jagen nicht, oder nur im übertragenen Sinn, wir jagen sublimiert, alles Mögliche. Aber selbst ein lebendes Wesen töten, um es sich anzueignen, sich seiner zu bemächtigen, es zu essen, auf die Art jagen, das tun die anderen, die Herrscher, die Herren, die Bauern. Und die Naturvölker, aber das ist eine andere Geschichte, denen erlauben wir es, die jagen aus Notwendigkeit, um zu überleben, so, wie sie es schon seit Jahrhunderten machen.

Und sie, die anderen, die Grünröcke, wie sie sich selbst manchmal nennen, die betrachten mich auch nicht als eine von ihnen. Ich stamme nicht aus einer Jägerfamilie, ich gehöre nicht zum Adel, nicht zum alten Geld oder den *nouveaux riches*, ich bin kein Mann, keine Jägersfrau, ich bin zu alt, um Jungjäger zu sein, ich wohne nicht auf dem Land, ich färbe meine Lippen rot.

So begegne ich der Jagd in dem, was ich nicht bin. Mein Element ist das des Außenseiters.

Bei meiner Jagdprüfung war ich der einzige Kursteilnehmer, der keine Jägersachen trug. Das kostete Punkte, denn es wurde als unpassend oder sogar arrogant betrachtet. Doch das wurde mir erst bewusst, als ich zur Prüfung erschien. In meinen Augen bedeutete es, das Schicksal herauszufordern, wenn ich bereits vor bestandener Prüfung Jägerkleidung gekauft hätte. Und ich bin immer noch nicht komplett ausgestattet, auch wenn ich mich wundere, was ich alles habe: ein Fernglas, eine Büchse mit Zielfernrohr und rotem Lichtpunkt, eine Flinte, Munition, einen Waffenschrank und Futterale, eine Jagdjacke, -hose und einen Jägerhut, ein Thermokissen, zwei Jagdmesser, ein Ausbeinmesser, ein Filetiermesser, Messerschleifer, eine Wildzange, eine Schlosssäge, eine Warnweste, einen Zielstock, ein Sandsäckchen, eine Knochensäge, eine Wildwaage, ich habe eine Wildkamera, Thermostiefel, zwei Tiefkühlschränke – in Amsterdam und hier –, neulich habe ich sogar eine Kühlzelle erstanden, ich habe eine 100-Liter-Kühlbox für den Transport, zwei Meter Jagdbücher, ich habe einen deutschen Jagdschein in einem Etui mit einem Rehbock darauf, eine Jagdversicherung, ich bin Mitglied eines Hegerings, des Landesjagdverbands Mecklenburg-Vorpommern, der Koninklijke Nederlandse Jagersvereniging, ich habe eine niederländische und eine deutsche Jagdzeitschrift abonniert … Und das Allerwichtigste: Ich habe die Erlaubnis, rund um unser Grundstück zu jagen. Mein Jagdgebiet.

Eine rosafingerige Morgendämmerung scheint am nächsten Morgen durch die Stallfenster, das Land ist mit glitzernden Raureifkristallen bedeckt. Kein Wild zu sehen. Rasch nach draußen. Im Obstgarten hebt sich ein Oval körniger Erde vom weißen Gras ab. Das Topinamburbeet ist umgewühlt, am frühen Morgen, denn die Erde ist noch schwarz.

Ich schnüffle, rieche ich Wildschweine? Vielleicht, ein wenig, aber vielleicht rieche ich auch die Erinnerung an den Geruch. Große Trittsiegel, kleine Punkte von den Afterklauen. Sonst nichts. Ein Keiler.

Suchend gehe ich durchs Gras, hinter den Himbeeren ist eine stattliche Grube, beim Renettenbaum auch, und da, der schmale Weg zum Untergarten ist mit umgeworfenen Grassoden übersät. Da hat heute Nacht eine Rotte gehaust, nicht weit von der Fassade entfernt, wo ich gegen halb eins stand.

Sie haben sich von meinen Duftspuren nicht abschrecken lassen. Das ist sowieso meine einzige Chance, dass meine Witterung sie nicht mehr alarmiert. Dieselbe Jacke anziehen, keine neuen Gerüche mitnehmen, ich achte darauf, wie unbeholfen es auch sein mag – und weiterhin sein wird, denn meine Menschennase taugt nicht sonderlich viel. Ich richte die Wildkamera auf den Gartenweg: So erfahre ich hoffentlich, um welche Zeit sie kommen.

Auf dem Weg zur Kirrung sehe ich bereits durch die Bäume hindurch, dass die Autoreifen noch am selben Platz liegen. Ich verstreue einige Handvoll Maiskörner und schütte ein paar Hundebrocken unter die Felge. Irgendwann werden sie herkommen, wenn es stärker friert und sie die Erde nicht mehr aufwühlen können. Jetzt kann ich sowieso nicht auf Schweinejagd gehen, die Nächte sind unendlich lang und der Mond eine machtlose Sichel.

Es ist möglich, die Tage können noch kürzer werden. Wir haben den 21. Dezember, und die Sonne steht nur sieben Stunden und neunundzwanzig Minuten über dem Horizont. Nicht einmal einen ganzen Arbeitstag. Erbarmungslos wird es, als ich mir überlege, wie lange es dunkel ist: sechzehn Stunden und einunddreißig Minuten, mehr als zwei volle Arbeitstage oder fast drei Mal solange wie die Zeit, die ich normalerweise schlafe. In der Dämmerung sitze ich vor meinem Bildschirm und lese die Zeitung, Ofen an, Lampen an, Fensterläden offen. Fünf Meter von mir entfernt zuckelt ein sechsköpfiges Damwildrudel am Treppenpodest vorüber, mit einem Kalb. Ich sitze wie erstarrt da, die Tiere laufen am Gemüsebeet entlang um den Stall herum, über den Weg zum Bauwagen, dort verschwinden sie in den Sträuchern.

Ein Kalb, das muss ich haben. Mir bleibt nur noch gut ein Monat, um eins zu erbeuten, dann beginnt die Schonzeit für Dam- und Rehwild, und ich darf nur noch Schwarzwild und Raubwild jagen. Auch auf der Wildkamera sehe ich viel Damwild vorbeilaufen, es kann also fast gar nichts schiefgehen. Dachte ich, bis Uwe mir ganz beiläufig berichtete, dass der diesjährige Abschussplan für Damwild bereits erfüllt sei, nur ein paar Kälber seien noch freigegeben. Ich muss schnell sein, sonst komme ich doch noch zu spät. Der Tiefkühlschrank ist bis auf eine Rehkeule und eine Schweineleber leer – und zwei Hasenkeulen, die ich von Sameit bekommen habe. Boom in Amsterdam hat auch fast keine Wildvorräte mehr.

Am nächsten Morgen stehe ich um kurz nach sieben mit meinem Gewehr draußen, es ist zum Weinen schön. Reif, Sterne, der Himmel färbt sich grau, dann allmählich rosa, und die Landschaft färbt sich mit. Ich postiere mich im Schweinestall, den Lauf meines Gewehrs auf dem Sandsäckchen, das über dem Fensterrahmen hängt. Ich ziele in Richtung Wagenspur. Nach einer Stunde: Sonne, zarte, ruhige Farben. In Höhe meiner Kanzel läuft ein Sprung Rehe vorüber, bestimmt sieben Stück, eine typische Winterszene. Ich warte auf das Damwild, zwei Spießer sind schon da, mit strahlend weißen Spitzen. Dann kommen zwei weitere aus dem Brachland, dahinter die großen Geweihe. Schließlich steht am Rand des Gesichtsfelds ein großer Schaufler und schaut sich herrschsüchtig um.

Ich schleiche zur Hühnerstallruine neben dem Wohnhaus, um in den Obstgarten zu schauen, obwohl es riskant ist: Ein schwacher Wind weht von Süden her. Am alten Grabstein stehen zwei Stück Damwild, das Hinterteil mir zugekehrt. Hinter der Ruine ein Reh. Ich pirsche mich Zentimeter für Zentimeter zum Rand vor, wo der Flieder steht. Das Damwild hat schon das Weite gesucht, die Ricke schaut aufmerksam in meine Richtung, ich stehe zwanzig Meter von ihr entfernt, aber sie sieht mich nicht, sie spürt nur, dass etwas faul ist, schaut zum neuen Zaun, hinter dem das Brachland liegt, zögert, Kopf hoch, Hals gestreckt, als könne sie nicht recht einschätzen, ob sie dort entlang flüchten kann. Ich bewege mich nicht, versuche nicht einmal anzulegen, denn sobald ich mich rühre, springt sie davon. Ich schau ihr lieber ruhig hinterher.

Gruh-gruh erklingt es plötzlich heiser über meinem Kopf. Kraniche? Ende Dezember? Plötzlich wird mir bewusst, dass ich sie schon früher gehört habe, am Toteissee hinter der Kastanienallee. Offenbar habe ich damals das Geräusch zwar wahrgenommen, aber nicht wirklich zu mir durchdringen lassen. Es muss sich um Überwinterer handeln, die auf Sparflamme geschaltet auf den Frühling warten.

Ich gehe zurück zum Schweinestall, lege den Gewehrlauf auf den Fensterrahmen und denke an die «Friedensandacht für Tiere», die vorgestern in der Amsterdamer Friedenskirche abgehalten wurde, eine spirituell-humanitäre Zeremonie, las ich in der Zeitung. «Gewalt gegen Tiere führt immer wieder zu Gewalt gegen Menschen», predigte der Pastor. Klingt gut, aber ob es auch wahr ist? Jagen ist, wie man es auch betrachtet, Gewalt gegen Tiere, aber ich denke nicht, dass Jäger per se gewalttätigere Menschen sind, auch nicht gegenüber Tieren. Ich schaue hinüber zum Damwild, das gerade so außerhalb meines Schussfelds in der Wagenspur hin und her geht.

Nicht mehr lange, und es ist Vollmond. Ich grüble darüber nach, wo an der Kirrung ich die Wildkamera aufhängen kann, um herauszufinden, wann die Schweine kommen, wenn sie denn kommen. In der Nähe gibt es keine Bäume oder Sträucher. Ob ich vielleicht doch einen Pfahl in den Boden ramme?

Am Morgen treffe ich draußen Gerhard Lohse. Ich spreche ihn an. «Wir kennen uns doch von der Erntejagd beim Rapsfeld?» Jaja, nickt er. Ich erläutere ihm mein Problem mit der Wildkamera.

«Weißt du, wie oft diese Dinger geklaut werden?», wendet er ein.

«Hier? Hier kommt doch nie jemand vorbei.»

«Ach nein? Wenn du wüsstest, was hier nachts so alles unterwegs ist.»

Versucht er jetzt, mir Angst einzujagen? Herumstreunendes Nachtvolk will überhaupt nicht gesehen werden, denke ich, genauso wie das Wild. Außerdem bin ich in Wald und Flur nachts zu sehr heimisch, um Angst zu haben.

Wie sich herausstellt, sitzt Lohse jenseits des Froschteichs auf Sauen an. Dort steht eine neue Kanzel. Von dort kommt er gerade, er hat Mais gestreut.

«Ich hab gestern Abend dort angesessen», sage ich, «sie kamen um sechs Uhr.» Kurz leuchten seine Augen auf, und ich bedaure, dass ich das nicht für mich behalten habe. Doch nein, so will ich nicht werden, dass ich einem anderen seine Beute nicht gönne.

Als der Mond an Helligkeit zunahm, waren aus den Ufersträuchern vier Überläufer aufgetaucht. Ich legte an, stellte scharf, doch plötzlich, während sie direkt vor mir standen, rannten sie, so schnell sie konnten, in Richtung Brandenburg. Verdutzt schaute ich ihnen hinterher. Ich wusste sofort, woran es lag: Genau dort, wo sie ihre Flucht antraten, war ich entlanggegangen. Es war die einzige Möglichkeit, zur Kanzel zu kommen.

«Du kannst besser mit dem Auto fahren», sagt Lohse, «das nehmen sie kaum wahr. Ich parke gleich hinter der Kanzel.» Er hat Allradantrieb, ich würde mit meinem alten Toyota steckenbleiben. Es wäre sowieso absurd, zwei Kilometer müsste ich über die Chaussee, den Feldweg und über das Brachland fahren, durch tiefe, schlammige Traktorspuren und über spiegelglatte Lehmhänge, um zur Kanzel zu gelangen, die von meinem Haus fünf Fußminuten entfernt liegt.

Am Abend sehe ich Lohse vorbeifahren, und meine Ruhe ist dahin. Ich gehe sogar nach draußen, um zu gucken, und ich glühe vor Neid. Dass ich so tief sinken könnte … Es ist purer Jägerneid, der an mir nagt. Kurze Zeit später schallt laut Amy Winehouse durch den Kuhstall. So, dagegen kommt kein Schuss an.

Ein paar Tage später, die Sonne scheint durch die Nebel und färbt das mit Reif überzogene Land orange, kommt morgens ein Pick-up vorbei. Uwe ist es nicht. Dann ertönt ein Schuss. Das muss Dennis sein, Lohses Sohn, der als Maurer bei Uwe gearbeitet hat. Er hat unser Treppenpodest gebaut und das breite Fenster ausgestemmt. Ein fanatischer Sauenjäger, tagsüber war er meistens müde und ließ es ruhig angehen. Als ich ihm erzählte, dass ich den Jagdschein mache, höhnte er: «Wieso, du kannst doch einfach von deinem Haus aus schießen!» Ansonsten war er eher schweigsam, er hatte es nicht so mit Städtern, die hatten auf dem Land nichts verloren, fand er.

Ich kann es nicht lassen, rasch ziehe ich Jacke und Stiefel an und greife zum Feldstecher. Da höre ich noch einen Schuss. Zunächst sehe ich nichts, dann knallt es in der Nähe ein drittes Mal. Ich gehe weiter den Hügel hinauf und bemerke ein Auto mit offener Tür am tiefsten Punkt der Wagenspur. Im Schilf beim Froschteich steht ein Mann und pustet Rauchwolken in die Luft, den Gewehrlauf schräg nach unten gerichtet. Auf der anderen Seite flüchtet ein Schwein aus dem Morast, den Hügel hinauf Richtung Grenzwald. Der Mann legt blitzschnell an und schießt, einmal, zweimal, trifft aber nicht. Er schaut noch einen Moment und raucht, dann macht er Anstalten zu gehen. Es ist tatsächlich Dennis. Rasch eile ich zurück. Ich denke nicht, dass er mich gesehen hat.

Mit dem Lockfuttereimer gehe ich zur Hohen Wiese. Als er mich einholt, winke ich, und er hält an. Auf der Ladefläche liegt ein Frischling, die Kugel ging ihm durch den Kopf. Das mache er immer, sagt Dennis, dann bleibe das Wildbret intakt. Er ist gesprächig, Jäger reden gern mit Jägern, wenn sie einander nicht als Rivalen betrachten.

«Uwe will bald eine kleine Drückjagd veranstalten», sagt er, als er den Motor anlässt. «Dann sehen wir uns.» Plötzlich freue ich mich darauf. Schließlich fragt er noch, ob es bei mir zu Hause auch ordentlich warm wird mit dem Ofen. Er kennt unseren Stall.

Zu Hause rekonstruiere ich das Ganze noch mal: Dennis muss zuerst einen Schuss ins Schilf abgegeben haben, um die Sauen aufzuscheuchen. Dann hat er ein Schwein erlegt, und das zweite ist ihm entwischt. «So war es doch, oder?», frage ich Uwe später. Er nickt. «Wahrscheinlich.»

Vielleicht sollte ich das auch einmal machen, ins Schilf schießen, um ein wenig schneller Beute zu machen. Aber im selben Moment ist mir klar, dass ich das nie tun werde. Mitten im Winter würde zwar bestimmt kein Liebespaar im Morast hocken, wie an jenem fatalen Spätsommertag in einem brandenburgischen Maisfeld, aber angenommen, ich träfe zufällig ein Tier. Das Schwein, das ich während der Drückjagd krankgeschossen habe, steht mir noch genau vor Augen.

Im Kuhstall gibt es kein Weihnachten, am ersten Feiertag scheint die Sonne ins Haus, und ich putze auf einmal alle Fenster. So wird es schnell Abend, und ich kann Boom am Bahnhof abholen. Die wendländischen Hasenkeulen liegen schon seit fast einem Tag in einer Cidermarinade. Während ich mit einer Zeitung die letzten Streifen wegwische, sehe ich die Hasen vor mir, die mein Vater manchmal von einem jagenden Bauern bekam und die erst eine Woche lang im Kohlenkeller abhängen mussten. Nicht im Vorratskeller und auch nicht im Wäschekeller, das erlaubte meine Mutter nicht, denn nach einer Weile begannen die Hasen stark zu riechen. Hasenpfeffer war ein Festmahl, wie wir alle fanden. Und wer die meisten Schrotkugeln fand, der hatte gewonnen.

Boom hat einen Reefer mitgebracht. Spät am Abend, die Wohltat der Hasenkeulen im Bauch, gehen wir durchs Jagdrevier, eine leicht prickelnde, frostige Kälte und Vollmond. Wir sitzen eine Weile in der Kanzel auf der Hohen Wiese, wir lauschen, pfeifen dann aber auf die Stille. Ich habe mir heilig geschworen, nicht mehr tonlos zu flüstern. Das Wild kommt durchaus mal einen Tag ohne meine schweigsame Aufmerksamkeit aus, dann geht es eben woanders hin, Platz genug.

Dachte ich. Meine Augen beginnen ganz schnell zu blinzeln, und ich sehe die Welt um mich herum im Rhythmus meiner Augenlider, wie durch eine Brille aus ausgestanzten Schmetterlingen, seltsam und fröhlich. Überall sind Rehe, bis ich sie, angestrengt spähend, als Grasbüschel entlarve. Bei der Feuerstelle bemerke ich äsendes Damwild, doch als ich näher komme, ist es verschwunden. Die Welt ist voller Wild. Mein Auge sieht, was es sehen will.

Am nächsten Tag kommen die Vorwerkfreunde aus Berlin, zum ersten Mal seit Monaten ist das Anwesen jetzt wieder bevölkert. Und ich lebe weniger mit dem Wild. Außerhalb meines Reviers unternehme ich lange Spaziergänge mit Boom und schaue, was in anderen Revieren so alles herumläuft.

Vor dem Jahreswechsel mache ich einen großen Topf Rehpfeffer. Ich habe eine Keule entbeint und in Muskelstücke zerlegt. Das erfordert Geduld und Aufmerksamkeit, nachgeben, nirgendwo quer hindurch schneiden, zuerst den Muskeln, Sehnen und Häuten folgen. Es bleibt ein Wunder, dass das gelebt, sich fortbewegt hat, dass es mit Absichten gelenkt wurde, durch Instinkt, dem Willen zur Selbsterhaltung. Dass ganz sicher einmal besonders sauerstoffreiches Blut in die Muskeln geströmt ist, so dass das Tier vor uns flüchten konnte. Und dass es jetzt uns zur Nahrung dient, für unsere Muskeln, Sehnen, Häute, für unsere Absichten und unseren Willen zu überleben. Und dass dies etwas ganz anderes ist als das Füllen eines Benzintanks. Dass es uns schmeckt, dass es uns Genuss verschafft, dass es uns miteinander verbindet.

Dass die Rehkeule keine Keule mehr ist, finde ich schade, aber ich will das Fleisch diesmal anders zubereiten. Also schneide ich die prächtigen Muskeln zu Würfeln und verwandele sie so erst richtig in eine Zutat: Man nehme anderthalb Kilo gewürfeltes Rehfleisch.

Und dann ganz vorsichtig braten, das feinste Wild kann man am leichtesten verderben, trockene Stücke, die man nur mit Mühe hinunterschlucken kann. Es ist bereits ein paar Mal passiert, und dann stur darauf beharren, dass es herrlich schmeckt, denn das muss es, das junge Reh, ansonsten wäre sein Tod eine Todsünde.

Es ist fatal, Reh oder Hirsch zur Sicherheit etwas länger zu braten oder zu schmoren, weil man ja vielleicht krank werden könnte, denn schließlich handelt es sich um Wild. Ich mache Versuche mit meinem eigenen Wild: Wie lange kann man es im Kühlschrank lagern, wie kurz darf es im Topf sein. Und natürlich hat niemand danach Probleme mit seinen Eingeweiden. Und wenn das vielleicht einmal passiert, was soll's, ich habe keinen fleischverarbeitenden Betrieb. Unsere Obsession mit Hygiene verdirbt uns das Essen. Es ist alles eine Frage des Maßes. Maß und Gleichgewicht.

Und heute ist der Rehpfeffer zart.

Um zwölf Uhr stehen wir mit einer Flasche Champagner auf dem höchsten Punkt des Ackers. Um uns herum steigen Freudenraketen auf, zerbersten in tausend Sterne, die Lebenslust knallt durch die Luft. In Nullkommanichts verschwindet der tiefer liegende Weiler unter einer orangefarbenen Decke aus Rauch. Feuerwerk assoziiere ich mit der Stadt, doch auch auf dem Land toben die Leute sich aus. Die armen Tiere, höre ich immer öfter. Das Wild! Tja, denke ich, darüber kommen die Tiere schon weg, sie sind daran gewöhnt, das nackte Leben zu retten, ohne zu verstehen, was los ist, und diese Nacht ist eben reich an ausgelassenen Menschen.

Am nächsten Tag, als wir zerknautscht und zufrieden die Köpfe nach draußen strecken und uns auf einen Spaziergang wagen, zeigt sich, dass die Wildschweine überhaupt nicht abgehauen waren. Beim Bauwagen haben sie ihre eigene Party gefeiert und ein paar Quadratmeter umgewühlte Erde zurückgelassen. Warum gerade in dieser Nacht an dieser

Stelle, darüber könnte man nun wieder endlos spekulieren. Ich fange erst gar nicht damit an. Die Sauen haben mich gewaltig zum Narren gehalten.

Und dann wird es wirklich Winter. Endlich. November und Dezember heißen im meteorologischen Jargon bereits «Vorfrühling». Das Quecksilber sinkt rasend schnell auf minus zehn Grad und tiefer. Auch tagsüber. Eisiger, sibirischer Wind, laut der Wetterseite im Internet beträgt die gefühlte Temperatur minus achtzehn Grad. Aber mit zwei Wärmflaschen und Boom ist es gut auszuhalten in der Höhle unter den Decken auf dem Heuboden. Die Spitzen der Kissen sind morgens vom Frost gestärkt.

Als ich am Sonntagmorgen unten Kaffee machen will, kommt kein Wasser aus dem Hahn. Ich seufze, das ist früher auch schon einmal passiert, da haben wir stundenlang mit Heißluftpistole und Föhn auf Leitern im eiskalten Stall gestanden, um die über zehn Meter langen, zum Teil isolierten Leitungen vom Haupthahn aus aufzutauen.

Und so machen wir es auch diesmal. Nach Stunden stehen wir immer noch fröstelnd auf Leitern. Wo ist der verdammte Engpass? Wir tippen auf die Leitung, die der östlichen Mauer am nächsten ist, oder der Luke zum Dachboden. Da also erneut die Wärmequellen draufgehalten, mit lahmen Armen. Und dann höre ich endlich den Spülkasten im WC. «Jaaaa», rufe ich durch den Stall, «es läuft!» Das Eis in der Leitung knirscht und bricht mit so viel Macht, dass ich fürchte, sie könnte platzen. Die Hähne fangen stotternd und stockend an zu spritzen. Wir lassen das Wasser solange laufen, bis der Strahl die übliche Stärke erreicht.

Erst in dem Moment fällt mir mit einem Schreck die Abwassergrube ein, die könnte durchaus voll sein. Der Betondeckel ist festgefroren. Ich streue Salz darauf und versuche, erst einmal nicht daran zu denken.

Im Stall steht das Mineralwasser als Eis in den Flaschen, die Leinentaschen, die mit Gemüse, Kartoffeln und Obst gefüllt an den Balken hängen, hole ich in die Wohnung, der gefrorene Chicorée kommt auf den Komposthaufen. Das Olivenöl im Schrank ist geronnen.

Ängstlich behalten wir den Wasserhahn im Auge, lassen über Nacht einen dünnen Strahl laufen. Am nächsten Morgen tropft der Hahn nur noch quälend langsam. Rasch drehe ich ihn auf, um den Druck zu erhöhen. Dick eingepackt machen wir einen letzten Spaziergang durch die ausgedehnte Hügellandschaft. Morgen muss Boom nach Hause. Wir schweigen viel, dicht aneinandergedrängt, den Ostwind im Gesicht.

In der Morgendämmerung fahren wir zum vierzig Kilometer entfernten Bahnhof, eine dünne Schicht Pulverschnee liegt auf dem Land. Als ich dem Zug lange genug hinterhergesehen habe, mache ich mich auf den Heimweg zu meinem Kuhstall. Unterwegs bemerke ich ein Rudel Damwild am Waldrand, ich halte an, schaue noch einmal genau hin: ein weißes Alttier, auch hier. Ich senke kurz den Kopf und fahre weiter.

Mit gespitzten Ohren betrete ich den Stall und höre es sofort: nicht einmal der dünnste Wasserstrahl, nichts. Es kommt kein Tropfen aus dem Hahn. Ich drehe ihn ganz auf, nichts. Plötzlich schießen mir die Tränen in die Augen. Ich werfe einen Holzscheit in den Ofen und mache Kaffee mit dem Wasser aus dem Kessel. Sparsam sein jetzt.

Niedergeschlagen sitze ich auf dem Sofa. Wenn der Frost anhält, kann ich hier nicht bleiben, die Leitung friert immer schneller zu. Dann fällt mir die Abwassergrube wieder ein. Und die Wäsche! Ich habe fast keine sauberen Sachen mehr und kann die alte Waschmaschine meiner Mutter jetzt nicht laufen lassen, im Anbau ist es genauso kalt wie draußen, die Wasserleitung dort ist also auch dicht. Außerdem muss erst die Grube geleert werden, danach kann ich zumindest ein paar Sachen auf der Hand waschen, wie ich es hier früher auch gemacht habe.

Ich inspiziere meine Hände, ziehe die Pflaster von den Fingern: die Risse brennen, sie heilen schlecht. Ich höre mein junges Selbst noch rufen: «Handschuhe? Unsinn, ich ertrage keine Handschuhe, davon krieg' ich Schweißhände.» Ich steckte sie in meine Jackentaschen, wenn es kalt war, und auf dem Fahrrad mussten sie abwechselnd dran glauben.

Jetzt reißt jedes Mal die Haut auf, wenn ich sie der Kälte aussetze, und es ist egal, um was für Kälte es sich handelt: ein Schlüsselbund, Wasser aus dem Hahn, die Wäsche, die aufgehängt werden muss, meine Finger springen auf, überall Schrunden. Nicht weiter beachten, war meine erste Medizin. Bis beim Kochen Zitronensaft, Salz oder anderes beißendes Mistzeug hineingeriet und ich mit Ringfinger und kleinem Finger tippen musste. Jetzt ziehe ich beim Kochen Latexhandschuhe an und trage im Haus oft Wollhandschuhe.

Während ich meine Finger erneut mit Pflastern versorge, höre ich plötzlich ein Krachen. Ich spitze die Ohren: Tropft da nicht was? Sollte wirklich? Ja, es ist unverkennbar, brechendes Eis, knirschend und scheuernd, der Wasserdruck hat das Eis langsam zum Schmelzen gebracht, mit Gewalt bahnt sich das Wasser einen Weg durch die Leitungen, es klingt wie Musik, schwillt an, bis das Wasser mit Kraft in den Spülstein prasselt. Rasch drehe ich den Hahn zu, mit Blick auf die volle Abwassergrube.

Mit einem Mal energiegeladen, mache ich mich an die Arbeit. Mit einigem Zerren kann ich die Grube öffnen. Noch anderthalb Dezimeter bis zum Rand. Wenn ich jetzt anrufe, geht alles gut. Der Boden ist steinhart, diesmal also kein Schlamm und kein spiegelglatter Lehm, so dass der schwere Tankwagen rückwärts in die Sträucher zu rutschen droht oder der Fahrer sich weigert, hinaufzufahren.

Morgen kommt er, ich kann das Wasser ruhigen Herzens ein wenig laufen lassen. Minus fünfzehn Grad sagt die Wildkamera, und meine Wetterseite im Internet nennt eine gefühlte Temperatur von minus einundzwanzig. Gefühlte Temperatur, subjektiver Humbug, fand ich immer, oder meteorologische Sensationslust. Aber es ist tatsächlich schweinekalt, und jetzt lese ich, dass die gefühlte Temperatur berechnet wird. Das Wort «Windkälte» macht das verständlich, denn nichts ist so kalt wie Wind bei kaltem Wetter. Die Haut kühlt rasend schnell ab. Ich trage inzwischen sogar eine dicke Mütze.

An diesem Abend hole ich das Bettzeug herunter und stelle alle zwei Stunden den Wecker; jedes Mal muss ich den Hahn ein wenig weiter aufdrehen, weil er nur noch tropft. Ich finde es warm im Zimmer, und seit der Südweststurm den aufsteigenden Rauch zurück ins Haus geblasen hat, wird mir beim kleinsten bisschen Rauch übel, mein Körper schlägt Alarm. Wirklich toll, dieses Hartholz! Das Schwärmen über Holzöfen, durch ein norwegisches Buch in den Niederlanden in Mode gekommen, ärgert mich maßlos. Sie sind ungesund und schlecht für die Umwelt. Dennoch bleibt mir hier kaum etwas anderes übrig, die fünf Kubikmeter, die im Sommer geliefert wurden, schwinden zusehends. Damit komme ich nicht durch den Winter. Morgen also auch den Holzhändler anrufen, ich habe jetzt gerade sowieso meine praktische Phase.

In der Morgenstille höre ich, wie der Tankwagen aufs Grundstück fährt, und eine Viertelstunde später ist die Grube leer. Auch der Holzhändler kommt heute, am frühen Nachmittag stehen fünf große weiße Säcke mit Buchenholz neben dem Stall. Das muss ich jetzt nur noch nach drinnen schaffen. Nur noch, das heißt, dass jeder Scheit noch fünf Mal durch meine Hände geht, ehe er Wärme spendet: mit der Schubkarre in den Stall, im Stall an die Wand stapeln, mit der Schubkarre ins Haus, auf den Stapel neben dem Ofen, in den Ofen.

Weil mir kalt ist, fange ich gleich mit dem ersten Sack an. Das geht gut von der Hand, nach anderthalb Stunden liegt ein Kubikmeter im Stall, bleiben noch vier für die Momente, wenn mich nach langem Stillsitzen vor dem Computer fröstelt.

Jetzt schwitze ich vom Schleppen, ich schaue zum Himmel hinauf, es kommt Schnee. Wenn ich mein Gewehr hole, kann ich noch knapp ein, zwei Stunden draußen in der Hühnerstallruine ansitzen, die letzten Tage war wieder Damwild im Obstgarten.

Eine Viertelstunde später sitze ich prall wie ein Michelin-Männchen auf einem Gartenstuhl aus Kunststoff auf meinem Thermokissen. Der Lauf meiner Mauser ruht auf dem Zielstock vor mir. Endlich habe ich gelernt, mich vernünftig anzuziehen. Brav ziehe ich jeden Morgen Schicht nach Schicht an, bis mir warm genug ist. Wenn ich nach draußen gehe, ziehe ich eine Schicht wieder aus, denn wenn man sich bewegt, wird einem warm. Doch wenn ich losziehe, um anzusitzen, ziehe ich zwei zusätzliche Schichten an, viel zu warm, aber ich weiß, wie kalt es wird, wenn man stillsitzt. Endlich habe ich auch große Thermostiefel, in die zwei Paar Socken plus Innenschuhe aus Filz passen. Ich wusste nicht, dass das möglich ist, warme Füße, während ich bei minus acht Grad, gefühlt minus fünfzehn, stundenlang draußen sitze.

Die ersten Schneeflocken schweben herab. Links in der Schlehdornhecke knackt dürres Holz, es raschelt. Ein Wildschwein grunzt. Laut und tief. Das muss ein kräftiger Keiler sein, ich denke an die tiefen Trittsiegel, die ich vor Kurzem auf dem Feld gefunden habe. Einen Keiler kann ich jetzt nicht erlegen, es ist Rauschzeit, und sein Fleisch ist ungenießbar. «Es stinkt derart», sagte Uwe unlängst, «dass du den Topf, in dem du es zubereitet hast, in den Müll werfen kannst.» Das Grunzen entfernt sich in Richtung Salzwiese. Der Obstgarten wird langsam weiß. Durch den Schnee scheint es draußen milder zu werden. Ich bleibe sitzen, bis der Abend da ist, der aufgrund des Schnees nicht wirklich dunkel wird.

Und dann beginnt das Tauen, langsam steigt das Quecksilber. Aber ich muss jetzt unbedingt waschen, schaue auf meine kaputten Hände und mache mich – unverbesserliche Städterin, die ich bin – auf die Suche nach einem Waschsalon. Die am nächsten gelegenen befinden sich in Greifswald und Berlin, wie sich herausstellt. Ein Waschsalon kann auf dem Land nicht überleben, und weil ich niemandem mit meiner schmutzigen Wäsche zur Last fallen will, werfe ich einen Stapel der am dringendsten benötigten Sachen in eine Schüssel mit heißem Wasser aus dem Kessel.

Am nächsten Nachmittag ziehe ich Gummihandschuhe an und wasche alles aus. Vielleicht kann ich die Sachen schleudern. Dann muss ich sie nicht auswringen und bekomme sie zumindest trocken. Aber die Luke geht nicht auf, verzweifelt starre ich auf die Waschmaschine. Ich bemerke, dass Wasser in der Trommel steht – geschmolzenes Eis. Ich drehe den Hahn zum Anbau auf, schalte die Maschine ein, höre es kurz knacken und dann … Na, wer sagt's denn, das alte Ding meiner Mutter kann minus fünfzehn Grad durchaus vertragen. Fröhlich kippe ich die Wäsche aus der Schüssel in die Trommel.

In den zwei darauffolgenden Stunden gehe ich immer wieder zum Anbau, um zu hören, ob die Maschine noch läuft. Nie zuvor fand ich Wäsche an der Leine im Zimmer so gemütlich.

Der Winter hat mich eine Lektion gelehrt. Erneut ist mir zutiefst bewusst, dass man auf dem Land sehr schnell Probleme haben kann, wenn man keinen Haushalt hat, der mit allen modernen Annehmlichkeiten ausgestattet ist.

Der letzte Kubikmeter Holz ist fast vollständig im Stall. Als ich einen kleinen Erdbrocken vom Rost vor der Tür treten will, halte ich im letzten Moment inne. Der Brocken lebt, er ist ein winziges graubraunes Vögelchen, zum ersten Mal aus dem Nest: Hey, ich fliege! Und jetzt weiß es nicht mehr weiter. Ich setze es auf die festgefrorene Holzpalette. Hinter mir im Efeu höre ich lautes Gezwitscher, seine Eltern, die sich aufgrund des Vorfrühlings in der Jahreszeit geirrt haben? Dann müssen sie halt zusehen, wie sie das kleine Tier über die Runden bringen. Ich geh ins Haus.

Nachts träume ich im Halbschlaf: Der kleine Vogel wird es nicht überleben. Hätte ich einen Feldstein auf ihn werfen sollen? Hätte ich ihm geholfen, wenn ich ihn getötet hätte? Hätte es ihm geholfen, wenn er nicht geboren worden wäre? Wenn ich bereits früher sein Ei zerstört hätte, hätte ich ihm dann geholfen? Weil das Leben Leiden ist?

Ach was, bin ich denn meines Tierbruders Hüter? Suche ich darum draußen nach krankem Wild, um es von seinem Leiden zu erlösen? Ist das mein Helfersyndrom als Jäger? Ein Gefühl der Macht? Ich verfüge über dich, ich weiß, was gut für dich ist?

Aber warum sollte ich dich nicht einfach in Ruhe lassen? Weil ich es nicht ertragen kann? Weil ich mich in dir spiegele?

Wilde Tiere sterben im Winter vor Hunger und Kälte. Das verurteilen immer mehr Menschen. Von den Meisen an meinen Fettkugeln überlebt nur ein Bruchteil den strengen Frost. Wer regt sich darüber auf?

Wenn wir die gesamte Tierwelt retten wollen, zerstören wir die Erde.

Wir tun keiner Fliege was zuleide und leiden an Größenwahn, wir tun so, als wären wir Gott. Ach, was weiß ich, und ich spüre noch, wie ich versinke.

Hirn

Samstagmorgen. Ich schaue aus dem Fenster, die sich auflösenden Nebel versprechen einen strahlenden verschneiten Tag. Ich muss die Schiebetür zum Innenhof aufmachen, schießt es mir durch den Kopf, damit ich keinen Krach mache, wenn draußen plötzlich Damwild steht. Aus Ziegelsteinen und alten Brettern habe ich dort ein Podest gebaut, so dass ich den Gewehrlauf auf den Mauerrand legen kann. Leise schiebe ich die Tür auf. Dann ziehe ich die Holzschuhe an und gehe durch die Stalltür nach draußen, um die Läden zu öffnen. Bei jedem Schritt, den ich mache, knirscht der Schnee unter meinen Sohlen. Anpirschen wird nichts. Auf dem Feld erkenne ich vage äsendes Damwild.

Stopp. Kahlwild. Eins schaut auf und verschwindet nach kurzem Zögern hinter dem Weidentümpel. Der Rest steht still. Ich mache ein paar Schritte zurück, verschwinde rasch hinter dem Stall und dann, einen Fuß vor den anderen setzend, nach drinnen. Als ich wieder aus dem Fenster sehe, ist das Rudel verschwunden. Denke ich. Als ich wieder draußen bin, sehe ich die Tiere hinter dem Schilf in Richtung Osten ziehen. Vier oder fünf. Als Nachhut ein Kalb, es lahmt. Das, das hätte ich gern geschossen, aber es ist zu spät. Jetzt öffne ich endlich die Läden. Auf dem Feldweg trottet noch eine Gruppe hinab aufs Brachland.

Wäre ich doch bloß um sechs Uhr aufgestanden. Es gibt Jäger, die sind immer genau zum richtigen Zeitpunkt am richtigen Ort. Dazu gehöre ich nicht. Ich hänge die Wildkamera an den Strompfahl bei der Wagenspur, werfe ein paar Äpfel auf den Boden, verstreue zwei Handvoll Mais und verbiete mir selbst, jetzt im Obstgarten oder auf der Hohen Wiese nachzusehen. Das würde meine Chancen während der kommenden Tage nicht verbessern. Wieder im Haus, stelle ich den Wecker vorsorglich schon mal auf viertel vor sechs.

Sonntagmorgen, und es ist bitterkalt. Zwar friert es nicht mehr so stark, aber es weht ein eisiger Wind. Kein Wild zu sehen.

Montagmorgen. Ich versuche, das Schicksal nicht herauszufordern, stehe in aller Ruhe auf und schaue an dem blauen Vorhang vorbei hinaus. Es dämmert und ist neblig. Was tun? Zur Kanzel gehen hat keinen Sinn, das Gras ist mit Reif bedeckt. Waschen, anziehen, das Gewehr aus dem Waffenschrank holen. Ich spähe erneut von hinter dem Vorhang nach draußen: Damwild! Das weiße Alttier sogar, in einem Kahlwildrudel von mindestens zehn Tieren. Sie äsen an der Wagenspur. Südostwind, genau richtig, das ist meine Chance. Jacke an, rein in die Stiefel, nicht zaudern, mehr brauche ich nicht, den Sandsack noch. Die Schiebetür ist bereits offen, deswegen bin ich gestern Abend extra noch einmal aus dem Bett gestiegen.

Gewehr laden, vorsichtig schleiche ich nach draußen, der bröckelnde Beton auf dem Innenhof knistert, erschrocken sehe ich zum Kahlwild hinüber, die Tiere reagieren nicht. Weil die Fenster in der Fachwerkwand beschlagen sind, sehen sie auch nicht, wie ich mich bewege. Sie stehen etwa dreißig Meter entfernt. Sandsäckchen oben auf den Balken, jetzt kommt es drauf an, langsam richte ich mich auf und erhebe mich über den Rand, ich lege den Lauf auf das Säckchen. Ich suche ein Kalb, doch in dieser nebligen Welt kann man die Stücke nur schwer ansprechen. Das erste setzt sich bereits in Bewegung und geht entlang der Wagenspur nach Osten, um dann hinter dem Schilf zu verschwinden. Die andern folgen. Ich gebe die Hoffnung schon beinahe wieder auf. Das weiße Alttier schaut sich noch eine Weile um und geht dann auch. Wieder zu spät, wieder muss ich mich geschlagen geben.

Drinnen ziehe ich den Vorhang weiter auf, halt: noch mehr Damwild, anderes! Eine weitere Chance. Nach wenigen Sekunden stehe ich wieder draußen. Vor mir ein auffallend großes Alttier, das Leittier zweifellos, zwei oder drei gewöhnliche Stücke, ich achte nur noch auf die zwei Kälber.

Dann erschrecken sie aufgrund irgendeines Geräuschs, die Ruhe im Rudel ist weg, ich muss schnell sein. Dasselbe Lied, sie gehen los. Das vorderste Kalb macht einen Prellsprung, aber die Alttiere drängen sich nicht zusammen, im Gegenteil, sie verteilen sich auf der Wiese. Dann geht das Kalb nicht hinter dem Schilf, sondern davor vorüber, auf dem Wechsel am Gemüsebeet vorbei. Es bleibt stehen, um noch ein wenig zu äsen. Als es das Haupt wieder hebt, um weiterzugehen, drücke ich ab. Das Kalb fällt um und strampelt noch kurz mit den Hinterläufen, das Rudel springt davon und verschwindet hinter den Kastanien.

Ungläubig schaue ich auf das graubraune Häufchen im Nebel. Mein erstes Damwild. Alles in mir jubelt, zittert und glüht. Ich renne ins Haus, entlade das Gewehr, werfe es aufs Sofa, suche mein Handy, ach nein, renne wieder hinaus. Das Kalb liegt auf der Seite des Einschusses, mit Träger und Haupt nach hinten. Die Austrittswunde klafft blutig an der Schulter. Daneben Tropfen hellen Bluts mit hellen Gewebefetzen: ein Schuss durch die Lungen. Alles gut. Ein kräftiges Kalb, ich hebe einen Hinterlauf hoch: weiblich. Ich berühre es kurz. Lasse das Tier lieber erst noch kurz liegen, damit es zu sich selbst kommen kann, denke ich unsinnigerweise. Wahrscheinlich meine ich vor allem mich selbst.

Der Schuss fiel um 7:45 Uhr, rekonstruiere ich. An den Moment kann ich mich kaum erinnern. Was ein solches Ereignis mit einem macht, die extreme Blickverengung, die alle Energie auf das eine Ziel steuert, es ist für nichts anderes Raum, es geht fast von selbst, in einem hyperkurzen Moment der Entscheidung.

Ich rufe Boom an, spreche auf seine Mailbox, er ruft sofort zurück. Er ist ebenfalls erleichtert, denn – auch wenn er das nicht so schnell zugeben würde – er zweifelt manchmal an meiner Bereitschaft zu schießen. Er verlangt ein Foto, ein gutes, fügt er streng hinzu, von oben, stell dich also auf eine Trittleiter.

Ich gehe mit der Aluminiumtrittleiter nach draußen und bemerke auf der Grenze zwischen Acker und Anwesen ein Alttier. Es muss das Muttertier sein, das zurückgekehrt ist, um nach seinem Jungen zu suchen. Sobald es mich sieht, kann es nur noch weglaufen. Ich zucke zusammen. Wenn du ein Kalb schießt, dann versuche auch, das Muttertier zu erlegen, so ist das weidmännische Bestreben. Aber die festgelegte Anzahl an Alttieren ist für dieses Jagdjahr schon erreicht, es ist also nicht erlaubt. Ich frage mich, ob ich es sonst gemacht hätte. Es wäre durchaus möglich gewesen, wenn ich kaltblütig auf meinem Posten geblieben wäre und kurz die Ruhe bewahrt hätte. Jetzt reagierte mein Körper zu heftig, aber beim nächsten Mal, wenn ich mich selbst nach einem Schuss ein wenig besser im Griff behalte, warum dann nicht auch das Alttier erlegen? Es klingt hart, mitleidlos, und so werden die meisten Menschen es auch empfinden, aber man kann es genauso gut unsentimentales Mitleid nennen.

Ich schaue dem Alttier nach, als es unwillig hinter dem Rudel herläuft und jenseits des Hügels verschwindet. In den nächsten Tagen wird es sich ständig umsehen, das Rudel absuchen, etwas fehlt, es ist beunruhigt, vielleicht auch ängstlich, doch das wird vorübergehen, es wird sein Junges vergessen, so wie die anderen Muttertiere, die ein Kalb verloren haben. Und am Ende des Frühlings wird es ein neues Kalb setzen und es mit seiner Fürsorge umgeben.

Wird das Muttertier vorsichtiger, scheuer, so wie das Alttier des Trios? Irgendwas wird der Vorfall mit ihm machen, ein altes Alttier weiß mehr vom Leben als ein junges. Alles wird gespeichert, auch ohne bewusste Erinnerung, das Gedächtnis dient in erster Linie dem Überleben, bei jedem lebenden Wesen, auch bei uns.

Das Lungengewebe im Gras neben der Austrittswunde sieht heftig aus, finde ich plötzlich. Kurz spiele ich mit dem Gedanken, das Kalb für das Foto auf die andere Seite zu drehen. Doch nein, nicht falschspielen, das hier ist keine Idylle, ein Jäger lebt auch in einer harten Wirklichkeit.

Montag, der gewöhnlichste Tag der Woche, aber heute nicht für mich: Ich werde heute das Damkalb in aller Ruhe aufbrechen. In die Speiseröhre mache ich einen Knoten, damit das heruntergeschluckte Futter nicht mehr auslaufen kann. Sie glitscht immer wieder weg, und der Knoten löst sich zunächst ebenso schnell, wie ich ihn hineingemacht habe. Doch dann hält er plötzlich.

Den Brustkasten schärfe ich diesmal nicht auf, sondern ergreife vom Zwerchfell her das Herz und ziehe alles mit einem Mal heraus. So nimmt man Schweine aus, die man am Spieß über dem Feuer braten will. Es hat etwas Schönes, das Herz mit einer Hand zu umfassen und mit ihm alle Innereien kräftig, aber behutsam nach unten zu ziehen. Auch der Kehlkopf, die Drossel und der Schlund kommen mit. Das Herz, das satt in der Hand liegt – das ist der Moment, in dem Krieger es im Triumph in die Höhe recken. Ich fühle die Bewegung in meinem Körper.

Und dann ringeln: den Anus und den Mastdarm vorsichtig rundum losschneiden, nachdem man die Losung zurückgeschoben hat. Bei Dam- oder Rehwild ist sie eh nicht so eklig, weil sie eine feste Losung produzieren. Man braucht ein bisschen Übung und Geschick, doch wenn es gelingt, ist es die sauberste Methode.

Das Kalb ist ordentlich fett, überall im Bauch gibt es dicke, weiße Stränge. Es wäre bestimmt gut durch den Winter gekommen. Das Herz, die Leber und die Nieren lege ich in eine Schüssel, jetzt geht es mir um die Innereien, denn das Muskelfleisch muss noch ein paar Tage abhängen. Die Lungen sind zerschossen, sonst würde ich sie auch verwerten.

Vergeblich suche ich das Bries; alle jungen Säugetiere haben eins, zwischen Brustbein und Luftröhre. Paarhufer haben sogar zwei, eins über dem Herzen und eins im Hals. Sie bilden sich zurück, wenn das Kalb keine Milch mehr trinkt. Mein Kalb ist wohl ungefähr ein halbes Jahr alt und wird noch hin und wieder an den Zitzen genuckelt haben, auch wenn ich das während der vielen Stunden, die ich Damwild beobachtet habe, nie gesehen habe. Es kann sein, dass ich das Bries mit den Lungen zerschossen habe.

Ich lege das Kalb in die Schubkarre und hänge es mithilfe meines neuen Flaschenzugs im Stall an die Leiter. Ein schönes Gerät, funktioniert wie geschmiert. Dann rüber an den Haken der Waage, die mechanisch arbeitet, auch ganz einfach, ich liebe solche Dinge. Einundzwanzig Kilo aufgebrochen. Für Damwild muss ich Uwe zwei Euro je Kilo zahlen.

Die Innereien, die ich bereits herausgenommen habe, nennt man auch gelegentlich das «kleine Jägerrecht». Sie gehören in der Regel dem Schützen: Herz, Leber, Lungen, Nieren, Milz und auch die Zunge, allerdings bleibt sie meistens im Kopf. Die Leber meines Damkalbs wiegt fünfhundert Gramm, das Herz zweihundertdreißig, die Nieren neunzig, ohne Fett, das liegt bereits beim Aufbruch – wie dumm, Nierenfett ist das beste Fett –, und auch die Milz ist dort gelandet. Die bleibt also auch weiterhin auf der To-do-Liste. Die Zunge muss ich noch aus dem Kopf schneiden, das mache ich am Nachmittag, zusammen mit dem Hirn.

Rasch bringe ich den Eimer mit dem Aufbruch zur Kirrung. Auf der Salzwiese steht ein Damwildrudel. Als die Tiere mich sehen, drängen sie sich sofort zusammen, als wollten sie sagen: So, und versuche nun noch mal, eins von uns zu erschießen.

Nein, nicht mehr, bis zum Herbst nicht mehr. Sie haben jetzt sieben Monate Ruhe.

Ich kippe alles auf den Boden und schärfe mit dem Jagdmesser die Mägen auf: In allen vieren befindet sich ähnlicher grüner Brei, der Pansen ist prall gefüllt, das Rudel hätte bald einen ruhigen Ort zum Wiederkäuen aufgesucht. Die Hälfte des Aufbruchs bedecke ich mit den Felgen, damit ich sehen kann, ob die Schweine da waren.

Auf dem Rückweg nehme ich die Wildkamera mit, das Kalb müsste auf den Fotos zu sehen sein. Aber es gibt nur eine Aufnahme von gestern Abend, ein Damwildrudel am Rand der kleinen Wiese. Die Kamera verweigert immer öfter den Dienst, was, wie ich glaube, am Frost liegt. Auf dem Foto erkenne ich nur das Leittier. Es erinnert mich an die alte Nachbarin von früher, auch eine Nummer zu groß und grobknochig. Während die anderen sich übers Futter beugen, schaut das Leittier zu.

Endlich Mittagessen, mein Magen knurrt. Ich schneide ein paar Würfel Fett aus der Bauchhöhle, schmelze sie in der Pfanne und brate ein paar dünne Scheiben Leber darin. Es riecht noch besser als in Butter gebraten. Brot dazu, Buttermilch, sonst nichts.

Während ich mit einem Brotstück das letzte Fett von meinem Teller wische, öffne ich zwei Webseiten über Innereien, eine mit Ernährungstipps vom Bundesland Rheinland-Pfalz – «Innereien lecker zubereiten ist keine Hexerei» – und eine private Seite für «unerschrockene Feinschmecker» mit dem Titel «Innereien. Hundefutter oder Haute Cuisine?». Beide wollen etwas gegen das schlechte Image von Innereien tun, hier bin ich richtig. Vor allem die zuletzt genannte Seite ist eine Fundgrube mit nahezu tausendfünfhundert Rezepten.

In meiner Schüssel liegen noch Herz und Nierchen. Die stelle ich mit dem Rest der Leber in den Kühlschrank.

Ich scrolle endlos durch die Webseiten. Bisher suchte ich mein Heil vor allem in Kochbüchern von vor dem Krieg, in denen sich meistens ein paar Rezepte für Innereien fanden, oder in dicken Büchern über die Küche eines Landes oder einer Gegend. Während des letzten halben Jahrhunderts verschwanden die Innereien nach und nach aus immer mehr Küchen und landeten in der fleischverarbeitenden Industrie, um diese als Wurst, Pastete oder Hundefutter zu verlassen.

Es gibt kein paradoxeres Fleisch als das von inneren Organen. Es ist zugleich ein Arme-Leute-Essen und eine Delikatesse. Menschen ekeln sich davor oder wären bereit, dafür einen Mord zu begehen. Innereien haben mehr Charakter als Muskelfleisch, sie sind spezielle Körperteile mit einer ganz eigenen, unverzichtbaren Funktion im Organismus, und darum haben sie auch alle eine eigene Form, Gewebestruktur, Farbe und einen eigenen Geruch und Geschmack.

Bei Innereien sehe ich noch immer die toten Tiere vor mir, die mein Vater aufschnitt. So sah ich zum ersten Mal, was alles in meinem eigenen Rumpf stecken musste: Der Magen und die Därme enthielten alle Stadien zwischen Nahrung und Kot, die Blase war ein Beutel voller Urin, der aus den Nieren kam, in der Gallenblase befand sich die giftgrüne Flüssigkeit, die ich bei leerem Magen manchmal erbrach; bei Hühnern sah man alle Phasen eines Eis auf einem schleimigen Häufchen, und wenn eine Kuh ihre Gebärmutter umgestülpt herausgepresst hatte und mein Vater sie wieder zurückstopfen musste, dann sah ich, wo das Kalb gesteckt hatte: in einem mit blutroten Schwämmchen bekleideten Sack. Und jeder wusste, dass das Herz schlagen musste, um das Blut durch den Körper zu pumpen, und dass der Brustkasten sich auf und ab bewegte, weil die Lungen Sauerstoff einsogen und wieder ausatmeten. An der Milz, erklärte mir mein Vater, könne man wie an der Leber allerlei über Krankheit und Gesundheit ablesen. Nur an die Bauchspeicheldrüse erinnere ich mich nicht. Dass die Sinnesorgane, die Haut und das Hirn auch Organe sind und die Zunge als Geschmacksorgan gilt, das habe ich erst später erfahren.

Organe sprechen die Phantasie an, sie sind eine Quelle des Aberglaubens. Darum war es den frühen Christen auch verboten, Innereien zu essen. Heidnische Priester sagten anhand der ausgebreiteten Organe von frisch geschlachteten Tieren die Zukunft voraus. Wenn ein Krieger das Herz seines Gegners erbeutete und aß, dann ging dessen Lebenskraft auf ihn über. Heiler und Medizinmänner verwendeten Organe, um zu heilen und zu verhexen. Und das geschieht immer noch. Der Hang zu verbotenen, gefährlichen oder merkwürdigen Nahrungs- und Wundermitteln vergeht nicht. Wie auch, Innereien sind spannend und von Geschichten umwoben.

Ich muss mich aufraffen, es ist höchste Zeit für den Kopf, denn Hirn isst man frisch. Ich schneide ihn vom Rumpf. Erst die Zunge, die, so denke ich, schnell herausgeschnitten werden kann. Das erweist sich als Irrtum. Ich bekomme das Maul nicht auf, suche die Sehnen, heble zwischen den Kiefern herum, solange, bis es geschafft ist. Meine Finger sind steif, im Stall hat es etwa null Grad, und das Kalb ist eiskalt. Ich sehe nicht so recht, wie die Zunge in der Kehle sitzt. Am Ende behalte ich eine Zunge von weniger als einhundert Gramm übrig, zu wenig. Drinnen tue ich sie in einen Stieltopf, in dem ich vorher ein paar Zwiebelwürfel, Staudensellerie, Süßkartoffeln, Knollensellerie und Gewürze schmore. Wasser dazu und auf einem Ziegelstein auf den Ofen für den Fall, dass ich nachmittags Hunger auf etwas Warmes und Herzhaftes bekomme. Zu Hause aßen wir früher ganz selten einmal, wenn es meine

Mutter überkam, Rinderzunge mit einer säuerlichen, weißen Soße. Das sämig Saure mit dem schwammigen Fleisch, ich mache es auch gelegentlich, doch meine amputierte Kalbszunge ist dafür zu klein.

Für das Hirn brauche ich geschmeidigere Finger, und daher gehe ich mit dem Kopf in die Wohnung. In der Küche beträgt die Temperatur allerdings auch nicht mehr als zehn, zwölf Grad. Erst entferne ich das Fell vom Schädel, damit nachher keine Haare am Hirn hängenbleiben. Ich versuche, es ohne Beschädigungen herunterzuschneiden, um für den Fall zu üben, wenn ich einmal einen Fuchs schieße und das Fell zum Gerber bringen will. Vor allem die Augenlider und Lippen sauber abzubekommen und das Fell um die Augen herum, erfordert Präzision, ein scharfes Messer und ständiges genaues Hinschauen, damit man immer am Schädel entlang schneidet und am Knochen bleibt. Es gelingt, die schwarzen Ränder an Augen und Lippen bleiben heil. Als ich den Damwildkopf ohne Knochen auf der Anrichte ausbreite, liegt da die Maske des Kalbs. Rührend sieht es aus, im Gegensatz zum Schädel, in dem die glanzlosen Augen sich jetzt kugelig und ungeschützt vom fettig weißen Knochen abheben. Seltsam, die lose, schlaffe Außenseite des Kopfes ist für meinen Menschenblick am stärksten das individuelle Tier.

Nun also das Hirn. Ich zerre den Unterkiefer weiter los und muss eine quer verlaufende Sägebewegung machen, um die Unterseite des Schädels zu öffnen. Ich sehe nicht, wo das Hirn genau beginnt, und habe Angst, mit der Wildsäge die Haut, die die weiche, graue Masse umspannt, zu berühren. Der Schädelknochen ist steinhart. Später stelle ich fest, dass ich besser höher hätte sägen sollen, in Richtung der äußeren Augenwinkel, zur Unterseite der Augenhöhlen also. Mit einem kleinen Löffel und einem Messer löse ich das Hirn vom Schädel. Unbegreiflich, dass diese breiige, graue Masse das Kontrollzentrum dieses ganzen komplexen Organismus ist. Und dass es in meinem Kopf auch so aussieht, und dass jede Handlung von diesem Brei koordiniert wird, dass jeder Gedanke, so abstrakt er auch sein mag, dort produziert wird. Auch bei mir, auch der Gedanke, den ich jetzt gerade habe. Es ist beunruhigend. Wie körperlich wir sind, wie verletzlich.

Ich tauche das Hirn in kaltes Wasser, entferne die roten Äderchen und die Hirnhaut. Dann kommt es in nahezu kochendes Salzwasser mit ein paar Gewürzen. Und danach kann ich das Hirn im Kühlschrank aufbewahren, bis ich es braten werde. Aber ich bewahre nichts auf, ich will es jetzt kosten. Die Brühe gieße ich zu der von der Zunge. Als das Hirn ein wenig abgekühlt ist, schneide ich es in Scheiben.

Vorsichtig lege ich die Scheiben in die Pfanne mit brutzelnder Butter. Das ganze Haus duftet, ich sauge den Geruch des gebratenen Hirns tief ein, und als ich die Scheiben aus der Pfanne nehme und auf einen Teller lege, bedaure ich es auf einmal, dass ich all diese Gerichte allein verspeise und mich mit niemandem darüber austauschen kann. Mangels eines Tischgenossen mache ich Boom per Mail den Mund wässrig: Betreff: «Mmmmmm …» Text: «… knusprig von außen, zart und cremig von innen. Das musst du kosten, das mach' ich uns öfter!» Hirn ist sehr nährstoffreich, es ist nicht fett, enthält aber doppelt so viel Cholesterin wie Eigelb. Mein Cholesterinspiegel tendiert erblich bedingt nach oben, doch wie oft esse ich schon Hirn?

Wenn ich wieder in Amsterdam bin, so nehme ich mir vor, koche ich öfter Innereien, von gemästeten Tieren. Organe sind gesund, leicht verdaulich und lecker und passen gut zu bio und nachhaltig und tierfreundlich und vor allem zur Philosophie vom ganzen Tier. Ich finde es betrüblich, dass der ausgelutschte Hamburger und das ewige Hähnchenfilet schon seit Jahren oben auf der Hitliste stehen. Das ist Fleisch geworden: industriell verarbeitet, immer einförmiger. Wir sehen nicht mehr gern das Tier in dem, was auf unserem Teller liegt, und wir wollen nur die vertrauten Fasern von Muskeln schmecken.

Innereien sind schwer zu bekommen, und fast keiner weiß mehr, wie man sie zubereitet. Sie hin und wieder in einem Restaurant zu essen, ist schon abenteuerlich. Auch ich gehe in der Stadt selten auf die Suche nach Kalbsbries, ganz zu schweigen von Schweinehoden. Aber wenn ich hier draußen das ganze Tier habe, dann will ich es auch von Kopf bis Schwanz essen. Man schießt morgens ein Kalb und hat nur von den Innereien für mehrere Tage Fleisch. Welch ein Reichtum.

Auch buchstäblich. Denn sobald wir wieder mehr Innereien essen, wird deutlich werden, dass ein Tier viel mehr Muskeln hat als Fleisch von Organen, viel mehr Schnitzel als Bries, Hoden oder Hirn. Andererseits wird es sehr bald mehr Innereien geben, wenn die Nachfrage steigt, allein schon deshalb, weil weniger männliche Tiere bei der Geburt getötet werden. Aber für Nicht-Jäger bleibt es schwierig, sich Wildinnereien zu besorgen. Ist es da etwa verrückt, wenn ich mich reich fühle?

Früher bekamen wir manchmal ein ganzes Tier von einem Bauern, einen Hasen oder einen Hahn. Die kamen dann nur sonntags auf den Tisch. Mit Innereien, meistens nur Leber und Herz. Wir balgten uns darum. Manchmal auch ein Magen, doch nur, wenn Opa da war. Er war auch Tierarzt und vertrat meinen Vater, wenn der einmal krank war. Dann brachten die Bauern uns regelmäßig ein Huhn, und meine Mutter bereitete es artig so zu, wie ihr Vater es wünschte. Mit Magen. Ein zähes, merkwürdig gestreiftes Stück Fleisch. Einer von uns war der Dumme, denn Opa aß den Magen nicht selbst, nein, er bestimmte einen von uns, denn wir mussten lernen, alles zu essen. Wir krochen beinahe unter den Tisch, und meine Mutter schwieg. Wen es getroffen hatte, der schluckte das Fleisch würgend hinunter. Was mir heute übertrieben vorkommt, ein Hühnermagen hat keinen ausgeprägten Geschmack, doch wir fanden ihn ziemlich eklig.

Einmal haben wir Nierchen gegessen, auf einem Parkplatz in Belgien. Wir befanden uns auf der Rückreise von einem Sommerurlaub an der französischen Riviera, wir waren müde und hungrig, und meine Mutter holte die letzte Konserve aus dem Vorratsschrank im Wohnwagen: Ragout aus Schweinenierchen. Ich denke, mein Vater hat die Büchse gekauft, wir aßen nie Nieren. Und wir wussten sofort, warum nicht: Sie schmeckten wie ein Mund voll Urin. Vater, Mutter und vier Kinder spuckten das Zeug angewidert aus. Wir mussten nicht aufessen. Meine Mutter kippte alles in den Mülleimer, das hatten wir noch nie erlebt. Jahrelang behauptete ich, Nieren schmeckten mir nicht, bis Boom sie eines Tages zubereitete. Nicht aus einer französischen Konservendose aus den Sechzigerjahren, sondern frisch vom Schlachter.

Daran muss ich denken, als ich Boom später am Abend, nach meinem letzten Gang, maile: «Ich habe gerade gebratene Nierchen (die ein paar Stunden in Buttermilch gelegen haben) gegessen, mit feingewürfelten Schalotten, abgelöscht mit Weißwein und zwei verschiedenen Sorten Senf. Dazu gebratenen Porree, mit Linsen und Reis – schön, diese Reste im Kühlschrank.»

Bis in die späte Nacht treibe ich mich auf den Seiten mit Rezepten für Innereien herum.

Das Damkalb lasse ich einen Tag länger hängen, als Uwe mir geraten hat, im Stall hat es um die null Grad, beinahe zu kalt, die Kühlzelle brauche ich nicht. Das Fell ist wunderschön und dicht, aber das Tier lässt sich nur schwer aus der Decke schlagen. Alles an dem aufgebrochenen Kalb ist eiskalt und steif. Ohne Messer geht es nicht. Als ich das erste Mal mit der Klinge ausrutsche, durch das Fell hindurch, fluche ich noch. Das war meine letzte Chance, noch in diesem Jahr mit einer Damwilddecke zum Gerber zu gehen.

Als ich den Schlachtabfall zur Kirrung bringe, ist der Schädel mit den schwarzen Augen verschwunden. Er passte nicht unter die Felgen, doch was soll ein Fuchs oder ein Seeadler mit einem Schädel? Das waren Schweine, die fressen alles. Die italienische Mafia wirft jemanden, den sie zu Brei geschlagen hat und der vom Erdboden verschwinden muss, nicht umsonst in ein Gehege mit ausgehungerten Schweinen. In kürzester Zeit ist nichts mehr von ihm übrig. *Lupara bianca* – «das weiße Gewehr» oder «der Tod ohne Leiche».

Weil ich nicht glaube, dass ein so dickes Fell schnell weg sein wird, werfe ich es in die Sträucher, schade drum, doch es selbst zu präparieren, ist mir jetzt zu viel. Am Tag darauf liegt es ein Stück weiter weg, und am übernächsten Tag ist es verschwunden. Zu gerne wüsste ich, wo es geblieben ist. Vielleicht wärmt ein Tier sich darin. Auch wenn das bestimmt zu menschlich gedacht ist.

Das Quecksilber sinkt wieder auf minus zehn Grad, doch weil es zu schneien anfängt, wirkt es weniger kalt. Nach dem Schnee ist Sonne vorhergesagt, die Nacht wird hell, und es ist fast Vollmond. Die Gastjäger von voriger Woche sind abgereist, es herrscht Ruhe im Revier. Alle Zeichen stehen gut, was für ein Glück, ich könnte noch ein Reh schießen. Das wäre zwar recht schnell nach dem Damkalb, aber in einer Woche fängt die Schonzeit an, und es ist daher die letzte Gelegenheit, eine der vielen Ricken, die es gibt, zu erlegen. Aber lieber noch wäre mir natürlich ein Schwein.

Ich suche im jungfräulichen Neuschnee nach Spuren, doch rund um den Stall finde ich nur die von hüpfenden Vögeln, von einer Katze und dem lustigen Gehoppel eines Hasen. An der Kirrung ist eine Felge einen Meter weit verschoben. Daneben sind Trittsiegel eines mittelgroßen Schweins zu sehen. Ich folge der schleifenden Spur, die das Wildschwein im Schnee hinterlassen hat, und stoße alle paar Meter auf einen Tropfen hellen Bluts. Dann finde ich keinen mehr; die Sau muss eine leichte Verletzung haben.

Am späten Nachmittag gehe ich, diesmal mit Gewehr, wieder hinauf zur Hohen Wiese. Ein Fuchs flammt im orangefarbenen Licht auf, als er über den Acker schnürt. Ich schaue zur Kirrung hinüber. Als ich die Kanzel fast erreicht habe, bemerke ich ein Gesicht in der Luke. «Nicht erschrecken», flüstert eine Stimme. Ein Mann sitzt in der Kanzel. Er öffnet die Tür und sagt: «Ich komme runter.» Ich bin verwundert, dass jemand in meiner Kanzel hockt; Uwe hat mir nichts gesagt.

Es ist der Jäger aus Osnabrück, ich kenne ihn aus der Ferne. Wir stellen uns einander leise vor, und er entschuldigt sich. Er ist erst am Abend angekommen und wusste nicht, dass ich auf die Jagd gehen wollte.

Kurze Zeit später sitze ich oben. Das Licht wird grau, es beginnt zu dämmern. Ich lasse den Blick durchs Fernglas schweifen, wenn sich das Licht verändert, verändert sich die Landschaft. Die dunklen Flecken, die vor der Schlehdornhecke auftauchen, sind keine Schweine, es sind Wildwechsel. Sie bewegen sich sogar, ja, wirklich. Doch das liegt an meinen Augen, die Halt suchen.

Bevor es richtig dunkel wird, gewinnt der Mond bereits an Kraft. Die Kanzel wirft einen langen Schatten auf den Acker vor mir, der sich allmählich in Richtung Norden bewegt und kürzer wird. Als auch das letzte Tageslicht vertrieben ist, legt sich Klarheit über die Landschaft, sie verliert ihre Gespensterhaftigkeit. Ich kann meine Augen benutzen und muss mich nicht mehr nur auf meine Ohren verlassen. Der Schnee funkelt und glitzert. Die Nacht verheimlicht fast nichts mehr. Ich könnte beinahe lesen.

Ich horche, ob ich nicht irgendwo ein Knacken höre. Den Rehbock bemerke ich erst, als er zwanzig Meter von mir entfernt in mein Blickfeld kommt, unterwegs zur Kirrung. Er hat bereits ein kräftiges Bastgeweih, jetzt schon, und strotzt vor Gesundheit. Wie ein Staubsauger macht er sich über den Mais her. Nicht alles auffressen, stöhne ich. Ab und zu schaut er sich vorsichtig um, und ich folge seinem Blick mit dem Fernglas, denn an seine Erfahrung und Sinnesorgane komme ich nicht heran. Als er kurz in die Knie geht und ein Zittern durch seinen Körper fährt, tastet meine rechte Hand bereits nach dem Gewehr: In der Hecke da unten muss ein Tier stecken. Und jetzt höre ich es auch: das tiefe Grunzen eines Schweins. Hinter ein paar lichten Sträuchern taucht ein dunkler Brocken auf. Das muss der Keiler sein, den ich schon öfter in den Schlehen entlang des Obstgartens gehört habe. Er trabt durchs Schilf zum Buchenwald. Ich seufze, ihn hätte ich mit seinem stinkenden Fleisch sowieso laufen lassen.

Der Rehbock beugt sich wieder über den Mais, doch etwas hat sich verändert, das spüre ich auch. Durch die Luke hinter mir streift mich ein eisiger Luftzug. Der Wind hat sich gedreht. Der Bock streckt den Hals und reckt die Nase in die Luft. In meine Richtung. Er springt zur Seite, schnüffelt, und macht sich mit hohen Sprüngen aus dem Staub. Sein flauschiger Spiegel leuchtet hell im Mondlicht.

Als das Wild weg ist, falle ich zurück in die Zeit und merke erst jetzt, dass mir eiskalt ist. Seit vier Stunden sitze ich jetzt draußen, bei minus sechs Grad, gefühlten minus elf. Ich hatte vor, die ganze Nacht auf die Sauen zu warten, aber sie haben mich jetzt bestimmt gewittert, wenn das Geflüster und der quietschende Stuhl sie nicht schon gewarnt haben.

Als Jäger verrät man sich nicht zuerst dadurch, dass das Wild einen sieht, sondern dadurch, dass es einen hört. Man entzieht sich viel leichter den Blicken des Wilds als seinem Gehör. Nie werde ich mich so lautlos bewegen können wie ein Reh oder ein Hase. Und mich ihrem Riechvermögen zu entziehen, ist schlichtweg unmöglich.

Am nächsten Morgen schweben die Flocken vor der Fassade herab. Wieder frischer Schnee, ich springe aus dem Bett. Durch das Stallfenster entdecke ich ein Damwildrudel bei den Resten der Getreidescheune. Als ich eine halbe Stunde später nach draußen gehe, um meine Runde zu machen, entfernen sich die Tiere ohne jede Hektik. Die Schneewolken sind weitergezogen, die Sonne bricht durch.

Es gibt kaum Spuren, so frisch ist der Schnee. Außer im Obstgarten, dort waren vor Kurzem zwei Paar Stiefel mit kräftigem Profil unterwegs. Männer, ganz offensichtlich. Jungfräulicher Schnee verleitet dazu, Detektiv zu spielen. Ich folge den Spuren zu einem Auto, das jenseits des Tors gestanden hat. Dort sind sie ausgestiegen, den Weg raufgegangen und gleich nach rechts in den Obstgarten hinter dem Haus abgebogen, bis zum Topinamburbeet. Haben sie die Wildkamera dort hängen sehen? Auf jeden Fall haben sie den Obstgarten auf der anderen Seite des Hauses wieder verlassen und sind auf dem Pfad zum Feldweg gelangt, bis zur Schlehdornhecke zwischen Brachland und Hoher Wiese. Dort haben sie umgedreht und sind an der Vorderseite des Wohnhauses entlang zurück zum Auto gegangen.

Nichts schöner als frischer Schnee. Ich folge den Spuren des Wilds, der Mäuse und Vögel und auch der Menschen mit derselben Gier: Was haben diese Wesen hier gemacht, was trieb sie an?

Am äußersten Rand der Hohen Wiese bemerke ich einen seltsamen dunklen Fleck. Einen Moment lang denke ich, es könnte ein großer Raubvogel sein, doch als ich dann durchs Fernglas schaue, dämmert mir, dass es sich um einen Marderhund handelt. Er sitzt in seinem lockeren, langhaarigen Fell da und sonnt sich. Hinter seinem Rücken springt ein Fuchs über drei große Feldsteine, er glüht wieder, diesmal in der Morgensonne. An der Kirrung finde ich natürlich wieder keine Schweinefährten, es sei denn unter dem frischen Schnee.

Als ich wieder am Ofen sitze, klopft jemand ans Fenster. Der Osnabrücker. Er wolle mich um einen Gefallen bitten, sagt er, als ich ihn ins Haus gebeten habe. Ob er am Abend in meiner Kanzel ansitzen dürfe. Er jage schon seit der Wende in diesem Revier und habe an den Ort die schönsten Jagderinnerungen. Ich kann ihm den Wunsch nicht abschlagen, übermorgen reist er schon wieder ab.

«Vielleicht zum letzten Mal», sagt er. Auch er ist sich also nicht sicher, dass Uwe und sein Kompagnon Reiner Teichmann das Revier im neuen Jagdjahr wieder gemeinsam pachten werden. Am 1. April beginnt die neue Pachtzeit von zwölf Jahren, im März wählt die aus den Grundbesitzern bestehende Jagdgenossenschaft den zukünftigen Pächter, Gerüchte schwirren herum, und Uwe hat nicht die besten Karten.

Am frühen Nachmittag lese ich die Zeitung, als plötzlich ein Schuss ertönt. Ich springe auf, sitzt der Osnabrücker jetzt bereits an? Durch die Gartentür sehe ich zwei Pick-ups, die an der Schlehenhecke zwischen Brachland und Hoher Wiese stehen. Außerdem sind dort etwa sechs Männer in Orange. Rasch ziehe ich Stiefel und Jacke an, schnappe mir den Feldstecher und gehe hinaus. Der vordere Wagen kommt aus Leer – als ich daran vorbeigehe, rieche ich Sauen, zwei liegen auf der Ladefläche –, der hintere mit den Scheinwerfern auf dem Dach ist von hier.

Die Männer sind nicht erfreut, mich zu sehen. Sie warten mürrisch, bis ich in Rufweite bin, und unterdrücken ihren ersten Impuls, mich für eine Spaziergängerin zu halten und zurückzuschicken. Ich frage den am nächsten Stehenden, was sie hier machen, und füge hinzu, um meine Frage zu legitimieren, dass ich bei Uwe jage und gestern Abend noch vier Stunden lang auf Sauen angesessen habe. Die kann uns viel erzählen, sehe ich die Männer denken. Im Gebüsch habe eine Rotte von elf

Schweinen gesteckt, sagt einer. Die seien jetzt in den Buchenwald gelaufen, fügt ein anderer hinzu und deutet in Richtung Chaussee. Jaja, denke ich, mag sein, aber auf der Hohen Wiese oder im Obstgarten waren sie heute Nacht nicht. Der Jäger, den ich angesprochen habe, erzählt, man wolle heute in Reiner Teichmanns Hälfte des Reviers eine kleine Drückjagd veranstalten, eine Sau sei krankgeschossen, man habe die Schweißspuren verfolgt, die hierhin geführt hätten. Teichmann habe Uwe angerufen, der wisse Bescheid. Die zwei Schweine auf der Ladefläche habe man auf Teichmanns Gebiet erlegt.

Das kann stimmen, ich habe hier nur einen Schuss gehört, mit dem wahrscheinlich die Sauen aus der Hecke getrieben werden sollten.

Dann kommt von hinter der Hecke ein großer Mann hervor, der mir die Hand gibt. Seinen Namen verstehe ich nicht.

«Und das kranke Schwein?», frage ich.

«Das ist am Vorderlauf verletzt.»

Und ein anderer, nicht unbedingt der schlauste: «Der hing ganz lose.»

Als ich frage, ob sie nachsuchen werden, erwidert er: «Ach nein, wir haben keinen Hund.»

Ich will sagen: Sie könnten doch Uwe anrufen, der hat einen Hund und kennt außerdem das Gelände sehr gut, doch halte ich meinen Mund, weil ich etwas anderes wissen will: «Jetzt liegt es also im Wald und krepiert?» Ehe sie mich für sentimental halten, denn dann erzählen sie mir nichts mehr, füge ich rasch hinzu: «Schade um das Wildbret.»

«Nein, kein Problem, die Sau schafft das schon, die wird wieder gesund», sagt einer, und die andern nicken.

Hä? Das höre ich öfter, wenn Jäger keine Lust zum Nachsuchen haben.

Um vom Thema abzulenken, fragt mich einer, wo ich wohne.

«Dort in dem ehemaligen Kuhstall, sechzehn Jahre inzwischen», erwidere ich und zeige mit dem Finger.

Später erfahre ich von Uwe, dass Reiner Teichmann selbst auch dabei war. Er war bestimmt der große Jäger, der mir die Hand gegeben hat.

Als sie wegfahren, gehe ich in den Obstgarten nachsehen. Unten sind überall Schweinefährten, sie verlaufen über die Salzwiese zur Chaussee. Vermutlich hat die Rotte die Straße überquert und ist im Landesforst verschwunden. Doch Schweißspuren des krankgeschossenen Schweins, das die Männer hierhin geführt hat, kann ich nirgends entdecken. Kein Tropfen Blut, keine Spuren eines schleppenden Gangs. Die Geschichte knirscht an allen Ecken und Kanten. Plötzlich fallen mir die großen Stiefelspuren im Schnee ein. Jetzt weiß ich, was sie hier wollten.

Ich zögere eine Weile und gehe dann ins Haus, um Uwe anzurufen. Seine Frau geht ans Telefon, sie klingt deprimiert und gibt mir Uwe, der über Reiners Aktion sehr verstimmt ist. Er wollte morgen selbst eine kleine Jagd mit dem Osnabrücker, den Lohses und mir veranstalten, aber jetzt sind alle Sauen weg. Teichmann hatte ihn, wie wir rekonstruieren, auch erst angerufen, nachdem ich aufgetaucht war.

Nach den heutigen Vorfällen habe ich wenig Hoffnung, dass in der nächsten Jagdperiode alles beim Alten bleiben wird. Uwes beruhigende Worte, dass er es sich «nicht anders vorstellen» könne, klingen mir plötzlich hohl im Ohr. Ich fange an, mir Sorgen zu machen.

An diesem Abend bleibe ich zu Hause, der Osnabrücker sitzt in meiner Kanzel. Er weiß wahrscheinlich nicht einmal, dass die Schweine weg sind. Gegen elf Uhr höre ich einen Schuss. Seltsam. Sollten die Sauen doch zurückgekommen sein? Obwohl, er kann natürlich auch einen Marderhund oder einen Fuchs geschossen haben. Ich unterdrücke den Drang, nachsehen zu gehen.

Am nächsten Morgen bin ich bereits früh draußen unterwegs, um nachzuschauen, ob ich herausfinden kann, was passiert ist. Neben der Kanzel steht Uwes Pick-up, die Tür ist auf, aber ich kann niemanden entdecken. Auch keine Schweißspur. Trotzdem muss Uwe auf Nachsuche sein. Dann fällt mein Blick auf etwas Weißes an einem Strauch am Waldrand. Ein Papiertaschentuch, das hängen Jäger meistens an der Stelle auf, wo sie das beschossene Wild zuletzt gesehen haben.

Ich warte, schaue. In der Tiefe höre ich Stimmen. Ich gehe hin, es sind Uwe und der Osnabrücker, beide mit Gewehr. Sie haben gerade das tote Schwein gefunden, das er gestern geschossen hat, berichtet Letzterer. Es war zur Salzwiese gelaufen, rund dreißig Meter von der Kirrung entfernt, und war dann stehen geblieben. Der Osnabrücker hatte bereits bemerkt, dass das Tier stark hinkte, dass irgendwas mit seinem Hinterlauf nicht stimmte, und hatte rasch geschossen. Leider in den Bauch. Das Schwein war zurückgerannt, muss aber danach schnell verendet sein, es ist nicht weit gekommen.

Anna, Uwes Hund, hat es soeben in den sumpfigen Wäldern im Nordwesten der Hohen Wiese gefunden, ein Keiler. Er lag in einem alten Kessel aus Heu und Gras. Der Osnabrücker zeigt mir Fotos, auch eine Detailaufnahme des Hinterlaufs: ein verwesender Klumpen voller Maden. Der Keiler ist total abgemagert. «Der war ja halb verhungert», sagt Uwe. «Die Wunde muss schon älter sein, vielleicht sogar einen Monat oder zwei. Er ist elendig zugrunde gegangen.» Wer ihn seinerzeit krankgeschossen hat, ohne nachzusuchen, weiß Uwe nicht. In meinem Kopf klingt die Bemerkung über den Vorderlauf des andern Schweins gestern. «Nein, kein Problem, die Sau schafft das schon, die wird wieder gesund.»

Am nächsten Morgen suche ich am Waldrand nach dem toten Keiler. Ich will wissen, was noch von ihm übrig ist. Im Schilf in der Senke entdecke ich ein Schweineohr und einen Teil des Kopfs. Wie kann das sein, das sieht vollkommen normal aus. Doch halt, es kann gar nicht der Kopf des Tiers sein, denn den hat der Osnabrücker mitgenommen, er wollte das Alter des Keilers bestimmen und den Kopf präparieren lassen. Für den Fall, dass es sein letzter in diesem Revier war, denke ich.

Dann springt das Tier im Schilf mit einem Schrei auf. Es hat mich bemerkt und rennt jetzt laut grunzend davon. Es gibt hier also doch noch Sauen, und ich habe bald noch eine Chance.

Nachts beginnt es zu tauen, und von Südosten jagt ein Sturm übers

Land. Am nächsten Morgen bekomme ich den Ofen nur mit Mühe an, immer wieder fängt er zu qualmen an. Die ganze Woche bleibt es tagsüber grau, die Nächte sind zappenduster, ans Jagen ist gar nicht zu denken. Ich arbeite am Computer und komme kaum nach draußen. Das letzte Wochenende liegt mir schwer auf dem Magen, und was das neue Jagdjahr angeht, sehe ich schwarz.

Ein Kaninchen töten

Die Stadt. Nach anderthalb Stunden Landstraße und sechs weiteren auf der Autobahn fahre ich den Wagen in die Tiefgarage. In unserem Fenster in der fünften Etage brennt Licht. Boom weiß nicht, dass ich schon da bin. Ich lade meine Sachen aus, stelle alles in den Aufzug, und oben schleppe ich den ganzen Krempel durch den Flur zu unserer Wohnungstür. Apfelsaftflaschen, Jutesäcke mit Walnüssen, eine Hundert-Liter-Kühlbox voll mit tiefgefrorenem Wild, ein bereits aufgetautes Stück Rücken vom Damkalb und frische Eier von der Nachbarin. Ich stehe mitten drin und klingele.

Die Tür geht auf, da steht Boom, ich bin zu Hause.

Nach neun Monaten bin ich wieder in der Küche meiner Stadtwohnung, ich löse die Filets vom Kalbsrücken und schneide sie zu Medaillons, herrlich zarte Dickerchen, die wie kleine runde Kissen aussehen. Die Butter zischt in der Pfanne und brutzelt eine Kruste um das Fleisch. Die ganze Wohnung duftet nach Gebratenem. Der Korken ploppt aus der Weinflasche, auf das Damkalb!

Gut getimt: Von innen sind die Medaillons saftig-rot, nicht roh, aber beinahe, und geradeso warm. Wir essen alles restlos auf, ich lecke meinen Teller ab, einfach am Tisch, nicht heimlich in der Küche, wie ich es als Kind tat. Boom grinst.

Ich will raus. Wir sausen mit dem Aufzug nach unten. In der Grünanlage beleuchten die Laternen unsere Stadtparkbeete gerade ausreichend. Sie sind jetzt alle eingezäunt. Zwischen den Buchenhecken hocken ein paar Kaninchen. «Kssst», zische ich und vertreibe sie.

«Was soll das?», sagt Boom. «Das hat doch keinen Zweck, du bekommst sie sowieso nicht zu fassen.»

«Nein, aber dann am Dienstag mit den Frettchen schon. Und überhaupt, voriges Jahr im März, da hatte ich eins, weißt du nicht mehr?»

«Nein», lügt Boom, und ich erzähl die Geschichte noch einmal.

Ich arbeitete im Johannisbeerbeet, als ich eine Frau rufen hörte: «Hallo, hallo!» Ich schaute auf. Beim Kinderbeet stand eine Marokkanerin und zeigte auf etwas: «Kommen Sie, schnell!»

Es klang so dringend, dass ich rasch zu ihr hinging.

«Schauen Sie, da!» In einer Masche des Zauns zappelte ein kleines, rundes Kaninchen. Es konnte weder vor noch zurück, vor Kurzem musste es noch hindurchgepasst haben, und jetzt steckte es plötzlich fest. Es war schlicht zu groß geworden.

«Eigentlich müsste ich es töten», sagte ich, «Kaninchen sind eine Plage.» Die Frau stieß einen Schrei aus, als ich das Tier herauszog. Es strampelte, warm und weich, ich spürte seine Rippen. Die Frau erschauderte, nicht alle Frauen mit Kopftuch kommen vom Land wie unsere türkischen Gärtner.

Was jetzt? Am Abend zuvor hatte ich zufällig einen YouTube-Film darüber gesehen, wie man schnell und schmerzlos ein Kaninchen tötet. Ich wusste, wie es geht, aber der sich wehrende Körper in meiner Hand und die Aufregung der Frau verhinderten ein schnelles Handeln. Mein erster Impuls war, mit dem Tier wegzugehen, es in meine Höhle zu bringen oder zumindest irgendwo an die Seite, um dann zu entscheiden, was ich mache. Aber ich hatte Angst, die Frau könnte schreien. Und ehe ich es recht wusste, hatte ich das Kaninchen mit einem verärgerten Schwung losgelassen, so als wollte ich es ein letztes Mal warnen. Es flitzte davon. Wohin, habe ich nicht gesehen, und auch die Frau war mit einem Mal verschwunden. Ich schaute mich um und spürte noch in meiner Hand den warmen, weichen Körper um sein Leben kämpfen. Ich, die Jägerin, ich, die Städterin. Welchen Sinn hätte es gehabt, dieses eine Tier zu töten? Nur um zu beweisen, dass ich es konnte, dass ich mich traute?

«Und jetzt?», fragt Boom, beinahe ein Jahr danach. «Würdest du es jetzt tun?»

«Hhmm», zögere ich, «alle Beete sind jetzt umzäunt. Und so ein kleines Kaninchen, da ist kaum Fleisch dran. Ich würde vor allem gern wissen, was passiert, wenn ich erwischt würde.»

Ein niederländischer Jäger hatte mir davon abgeraten, einfach ein Kaninchen zu töten, es könnte mich den Jagdschein kosten. Aber den habe ich nicht, jedenfalls nicht den niederländischen. Aus diesem Grund bin ich extra diese Woche hergekommen, in zwei Tagen muss ich persönlich und mit all meinen Papieren bei der Polizei erscheinen. Wenn das geregelt ist, kann ich im neuen Jagdjahr auch endlich in den Niederlanden jagen. Und wo ich schon mal hier bin, rufe ich Eddy an, der mich einmal mit auf die Jagd mit Frettchen nehmen will.

Durch den Sloterpark fahre ich zu meinem Termin bei der Polizei, ich sauge die frische Luft ein und kann für eine Weile wieder tiefer atmen. Das Wasser des Teichs glitzert durch die kahlen Äste, dahinter erheben sich Apartmenthäuser. Ich muss mich erst wieder an die Stadt gewöhnen. Wenn ich aus dem Fenster schaue, stößt mein Blick sogleich auf die Gebäude gegenüber, und ich fühle mich eingeschlossen, so hoch über dem Erdboden. Draußen überfallen mich Menschengetriebe, Gewimmel, Geschwindigkeit, nicht endende Bewegung, Geräusche von allen Seiten, Lärm, Gestank, Menschentrauben, überall Reklame – die Stadt gewährt den Sinnesorganen keinen ruhigen Moment, alles drängt massiv auf einen ein, meine Reflexe sind darauf nicht mehr eingestellt. Seit Monaten bin ich gewohnt, in die Ferne zu schauen, intensiv zu schauen, auf das Wenige, was da ist. Ich habe mich daran gewöhnt, meine Ohren zu spitzen, jedes Geräusch zu registrieren. Es fällt mir schwer, zurückzuschalten, oberflächlicher zu sehen und zu hören, allgemeiner, meine Augen anders auszurichten, mein Gehör eine Stufe herunterzuschalten – um nicht überflutet zu werden.

Im Sprechzimmer schaut sich ein Polizist meine Papiere an. Innerhalb von zwei Monaten komme jemand bei mir vorbei, um den besonders gesicherten Waffenschrank zu kontrollieren, sagt er schließlich. Ich habe aber gar keinen Waffenschrank, weil ich in den Niederlanden keine eigene Waffe habe. Ich werde Zweithalter der Waffe einer Bekannten, das wird in meinen Jagdschein eingetragen, und ich muss ihr die Waffe gleich nach der Jagd zurückbringen.

Wie dem auch sei, sagt der Polizist, ein Hausbesuch werde so oder so gemacht. Über den Termin werde man mich telefonisch informieren. Ich sei aber während der kommenden Monate gar nicht in Amsterdam, entgegne ich vorsichtig.

Nach zwanzig Minuten stehe ich unverrichteter Dinge wieder draußen und reiße mich zusammen. Ich werde wohl doch einmal länger in den Niederlanden bleiben müssen, sonst wird das nichts mit dem Jagdschein.

Südlimburg, schon fast jenseits der Grenze, eine unniederländische Gegend entlang der Straße nach Lüttich, von der rechtwinklig Straßen abgehen, die wie Bäume heißen, weiß gestrichene Backsteinhäuser. Hier wohnt Eddy, der mit seinen Hunden und Frettchen auf Kaninchenjagd geht. Die Hunde spüren sie auf, die Frettchen sprengen sie aus dem Bau, und der Frettierer hat ein Netz über den Ausgang der Röhren gespannt, eine Reuse, in die das Kaninchen sich verstrickt.

Ich klingele. Zwei Hunde stürmen laut bellend nach draußen. In der Tür steht er, der Frettchenmann. Er könnte direkt einem flämischen Film entsprungen sein. Quadratisch, gedrungen, mit einem ziemlichen Spitzbauch, die wilden grauen Haare zu einem Zopf geflochten, sanfte braune Augen, betrübt herabhängende Wangen.

Er macht Kaffee und holt ein ausgestopftes Kaninchen aus dem Schrank, das er immer mit zur Frettchenmesse nimmt. Das eine Ohr hängt ein wenig lose am Kopf. «Tja, Kinder», sagt er, «die wollen es natürlich streicheln.» Und er ist nicht der Mann, der ihnen dies verbieten würde.

Er zeigt mir, wie er Kaninchen tötet. Denn danach habe ich ihn gefragt. Er bricht ihnen das Genick, jedoch anders als in dem Film, den ich gesehen habe. Er nimmt sie nicht bei Hinterläufen und Kopf, um sie zu strecken, denn dann müsste er sie zuerst aus dem Sprengnetz zerren, und sie würden noch mehr in Panik geraten. Gleich nachdem sie aus dem Bau gekommen sind, tötet er sie im Netz, indem er Daumen und Zeigefinger wie eine Zange um ihren Nacken legt und die andere Handfläche unter ihren Hals und dann den Kopf kraftvoll nach hinten drückt, knack. Tot.

Im Internet las ich: *Beim Brechen des Genicks sind das Letzte, was das Tier fühlt, die warmen Hände eines Menschen!* Welch eine trügerische Beruhigung. Die warmen Hände einer Lebensgefahr. Auch wenn das Kaninchen keine Schmerzen leidet, ist es von Angst erfüllt. Da muss ich nur an das zappelnde Kaninchen in meiner eigenen Hand denken.

Die Frettchen sind in einem Schuppen hinten im Garten. Der Reihe nach nimmt Eddy sie aus ihren Ställen, um sie mir zu zeigen. Er hält sie in einer Faust an sich gedrückt und streichelt ihnen mit der anderen Hand über Kopf und Rücken. Er hat sein Leben lang Frettchen gestreichelt, das sieht man. Es sind zahme Iltisse, erklärt er mir, sie kommen in freier Natur nicht vor. Die sandfarbene Fähe Sandy, die seit fünf Jahren bei ihm ist, hat noch nie jemanden gebissen.

Heute nimmt er sie mit, und Nora, die ein wenig größer ist und dunkelbraun. Er hat die beiden schon gefüttert, denn wenn sie Hunger haben, fassen sie ihre Beute schneller, beißen sie tot und fressen sich voll, um anschließend zufrieden im Kaninchenbau zu schlafen.

Eddy zieht den beiden Frettchen ein ledernes Geschirr an, mit einem Sender und einem Glöckchen, so dass er sie hören kann, wenn sie in den Sträuchern oder unter der Erde stecken. Dann setzt er beide jeweils in eine kleine Holzkiste mit Trageriemen.

Wir fahren zur Maas. Die Hunde sind unruhig. Laiku, ein Terrier, springt aufgeregt auf meinem Schoß hin und her. «Er ist ein lieber Hund», sagt Eddy, «auch wenn er für die Kaninchenjagd ein Fehlkauf war, er hat keinen Jagdinstinkt. Aber so ein Tier gibt man nicht mehr weg.» Währenddessen hängt der Kleine Münsterländer Luna mit hechelnder Sabberzunge über seiner linken Schulter. «Ein Eifriger, er arbeitet gern für sein Herrchen.»

Eddy frettiert seit rund dreißig Jahren. Wenn Kaninchen zur Plage werden, weiß man ihn zu finden: Bauern und Gärtner, Verwalter von Freizeitanlagen, Gemeindegrundstücken und Friedhöfen. Es kostet sie nichts. Er bekämpft die Schädlinge, und die Beute nimmt er mit.

Jäger und Frettierer seien nicht gerade Freunde, sagt er, als ich ihn danach frage. Das sitze tief, sie seien immer Konkurrenten gewesen. «Frettierer galten als Wilderer, sie kannten die örtlichen Gegebenheiten und den Tierbestand mindestens so gut wie die Jäger. Und sie waren arm, es ging um Fleisch auf dem Tisch. Jetzt frettiert er manchmal zusammen mit Schützen aus der Umgebung. Die erlegen die Kaninchen, wenn sie, von den Frettchen gesprengt, aus dem Bau kommen. Herrlich findet er das.

Am Baggersee Oost-Maarland fahren wir auf den riesigen Parkplatz von Fun Valley, *a one day holiday*, und steigen aus. «Wenn du willst, kannst du auch einen Kasten tragen», sagt Eddy. Ja! Ich hänge mir die Kiste mit Nora darin um und komme mir bereits vor wie ein halber Frettierer. Wir gehen von einem zum anderen Kaninchenbau. Die Hunde folgen ihrer Nase. Bei den Stapeln aus Ästen und Stämmen, die kreuz und quer verteilt herumliegen, sind sie immer wieder außer sich vor Begeisterung, und dann weiß Eddy Bescheid: Da sind Kaninchen, doch zwischen den Ästen kann er nichts ausrichten, er muss die Fluchtrouten mit Netzen verschließen können. Auch auf den Vorsprüngen und in den Sträuchern schlagen die Hunde an. Ab und zu rennen Kaninchen weg, die Hunde verfolgen sie, bekommen aber keins zu fassen.

«Schau mal dort», sagt Eddy, als wir am Ufer des Baggersees entlanggehen, «Biber. Die werden allmählich auch zur Plage, weil sie keine natürlichen Feinde haben.» Der Stamm einer Weide ist ein Wunder an Gleichgewicht: wie zwei Bleistifte, die schwankend mit den Spitzen aufeinander stehen. Aus der Ferne hat der Stamm auch etwas von einer Sanduhr – und das ist beinahe wortwörtlich zu nehmen: Die Biber haben den Baum so gut wie durchgenagt, beim ersten Windhauch kann er durchbrechen. Und dann haben die Biber, was sie brauchen, um ihren Damm zu bauen: Zweige, Rinde, weiches Holz.

Auf der Spielwiese zwischen Bootshaus und Strand steht ein dunkelroter Container. «Da fangen wir an», sagt Eddy, «darunter verlaufen viele Röhren. Allerdings kann man die Netze schlecht befestigen.» Auf den Knien liegend breitet er sie über die Ausgänge und fixiert sie mit einem Hering im lockeren Sand. Vorsichtig lässt er Sandy unter dem Netz hindurch in die Röhren gleiten, und blitzschnell ist sie verschwunden. Auf der anderen Seite lässt er Nora in den Bau. Aus ein paar Metern Entfernung beobachten wir, was jetzt passiert. Sehr bald schon kommen ein paar Kaninchen aus den Röhren unter dem Container und verfangen sich in den Netzen. Blitzschnell ist Eddy da, macht eine rasche Bewegung, und der Kopf baumelt locker am Rumpf.

Ein Stück weiter flutscht ein Kaninchen am Netz vorbei, doch Luna packt es und rennt mit ihm weg. Nur mühsam bringt Eddy den Hund dazu, das Tier zu apportieren. «Immerhin beißt er es nicht mehr kaputt», sagt er, als er dem Münsterländer das Kaninchen abgenommen hat.

Unter dem Container hören wir die Glöckchen der Frettchen bimmeln. Sandy streckt den Kopf nach draußen, Eddy nimmt sie und setzt sie in eine andere Röhre. Aber sie kommt jetzt so oft nach draußen, dass Eddy sie in ihre Kiste steckt. Nicht weit von uns entfernt bimmelt Noras Glöckchen unter dem Container, immer an derselben Stelle. Wir nehmen die Netze weg, um zu einem anderen Bau zu gehen, doch Nora lässt auf sich warten. Ich horche an einem Spalt im Container. «Ich glaube, sie ist hier drin», sage ich.

«Normalerweise nicht», erwidert Eddy und holt seinen Empfänger hervor. Der fängt an zu piepen. Nora bleibt verschwunden. Wir warten noch zehn Minuten, während der er die Blasen der toten Kaninchen ausdrückt, indem er mit dem Daumen kräftig von der Mitte des Bauchs in Richtung Blume fährt, so dass der Urin herausfließt. Tut man das nicht, schmeckt später das Fleisch nach Harn. «Das sollte man nicht sofort machen», empfiehlt Eddy, «zuerst muss sich die Blase entspannen.» Er steckt die toten Kaninchen in seine Jagdtasche.

Nora bleibt weiterhin verschwunden, und Eddy geht zum Büro von Fun Valley, um den Containerschlüssel zu holen. «Es kommt jemand», sagt er. Wir warten. Daran ist er gewöhnt. Früher, als es noch keine Sender für die Frettchen gab, musste er manchmal stundenlang warten, bis das Frettchen herauskam. «Einmal hat es sogar fünf Tage gedauert», berichtet er. Er hat noch nie ein Frettchen zurückgelassen, das ist gegen seine Ehre. In seinem Auto liegt ein Spaten mit einem langen Blatt, das genauso schmal ist wie eine Kaninchenröhre. Manchmal läuft es nämlich darauf hinaus, dass er das Frettchen ausgraben muss, aus bis zu anderthalb Metern Tiefe. Seit es Sender gibt, weiß er zumindest, wo er graben muss. Allerdings verlieren die Tiere auch hin und wieder ihr Geschirr.

Nach einer Weile kommt ein junger Mann vom Team und schließt den Container auf. Darin befinden sich Surfbretter und Segel. Der Wachmann leuchtet mit der Taschenlampe, und sehr bald entdecken wir das Frettchen. Nora ist ziemlich durcheinander und lässt sich nicht einfach so aufnehmen. Immer, wenn ich sie fast habe, entwischt sie mir. Schließlich fängt Eddy sie.

Wir gehen weiter zu einem Bau mit lauter Röhren. Hier und da liegt loser gelber Sand, was auf eine frisch gegrabene Röhre hindeutet. Die Hunde schnüffeln wie wild herum. Doch dieser Bau ist zu groß. Ehe wir alle Röhren mit Netzen versehen haben, ist die Stunde vorbei, die uns noch bleibt, bevor Eddys Tochter aus der Schule kommt. Wir gehen zu einem kleineren Bau zwischen Bäumen und Sträuchern. Auch hier stecken die Hunde ihre Schnauzen laut schnaufend in die Röhren. Die Kaninchen sind also daheim.

Wir verhängen die Röhren mit Netzen. Ich schaue mir alles bei Eddy ab. Er hat nichts dagegen. Das erste Netz verknote ich völlig, bevor mir klar wird, dass ich an den beiden Ringen, durch die eine dicke Schnur führt, ziehen muss. Es ist dieselbe Bewegung wie beim Strecken eines

Kaninchens. Die Netze müssen, wenn man von der Schnur, die zum Hering führt, einmal absieht, freiliegen. Sie dürfen sich nicht an Zweigen oder Steinen verhaken.

Wir warten und schauen. Die Hunde auch, das heißt, der Kleine Münsterländer Luna. Er steht sogar immer wieder wie ein vorbildlicher Jagdhund da: aufmerksam, die Ohren aufgerichtet, ein Vorderlauf abgeknickt angehoben. Äußerste Konzentration, der schönste Moment bei der Jagd. Menschen und Hund auf ein und dasselbe fokussiert. Da! Die mittlere Röhre. Wir stehen in der Nähe. Der Hund springt darauf zu, Eddy bückt sich rasch hinab. Das Kaninchen entwischt, der Hund jagt hinterher, schnappt es, kommt mit dem Tier in der Schnauze unwillig zurück und versucht zunächst noch, nicht in die Reichweite von Eddy zu geraten. Doch schließlich bleibt ihm nichts anderes übrig, als zu gehorchen.

«Darf ich es machen?», frage ich. Ich bekomme es nicht über die Lippen: töten, totmachen, darf ich es totmachen – als wäre es ein netter Job. Mein Eifer erscheint mir bizarr, aber ich habe mir vorgenommen, heute eigenhändig ein Kaninchen zu töten.

Er reicht mir das Tier. Ich fühle seinen weichen Balg, den dünnen Hals, ich umfasse ihn von oben und drücke mit der rechten Hand den Kopf nach hinten. Das Kaninchen kreischt in meinen Händen, noch einmal, es erschlafft, aber ich spüre kein Knacken. Eddy schaut zu.

«Ist es jetzt tot?», frage ich und drücke ihm das Tier schnell in die Hände. Er wiederholt die Bewegungen. Jetzt auf jeden Fall, der Kopf baumelt herab. Er zeigt mir, dass ich meine linke Hand stärker drehen muss, Gegendruck aufbauen muss, und dass ich den Nacken abrupter und schneller nach hinten drücken muss.

«Hat es Schmerzen empfunden?», frage ich naiv.

Eddy zuckt kaum sichtbar die Achseln und sagt: «Du musst es einfach so schnell wie möglich machen.» Und kurze Zeit später: «Ich habe es auch lernen müssen.» Er nimmt Sandy, die aus einer Röhre herausschaut, und lässt sie auf einem Hügel mit jungen Bäumen in einer anderene Röhre suchen. Dann geht es schnell. Ein Kaninchen flitzt ins Netz,

Luna ist schneller als das Licht dort, und wir rennen hin. Schon hat Eddy das Kaninchen gepackt und reicht es mir. Ich befreie den Kopf, klemme eine Hand um den Nacken, und mit einer raschen, kraftvollen Bewegung drücke ich den Kopf nach hinten, während ich mit links dagegendrücke. Knack. Das Kaninchen zappelt noch mit den Läufen, als es in meiner Hand erschlafft und der Kopf zur Seite sinkt.

Im Auto auf dem Weg nach Amsterdam höre ich das Kaninchen wieder schreien. Ich höre es sogar besser als in dem Moment selbst, da hatte ich keine Zeit, mir über das klar zu werden, was ich fühlte. Ich musste mich zusammenreißen, denn nur eins zählte: Das Kaninchen musste sterben, schnell und sanft. Jetzt springt mir das Grauen mit seinen Krallen in den Nacken. Mein erster Versuch, die Beute mit bloßen Händen zu töten, war unsauber, nicht entschlossen. Ich habe das Tier gequält, aus Unfähigkeit. Und dennoch habe ich einen zweiten Versuch unternommen.

Jeder tötet schon mal unabsichtlich ein Tier. Man sieht den Igel eine Sekunde zu spät, und schon hört man: Kawumm. Als würde man mit dem Reifen über einen Stein fahren. Man schaudert kurz, nicht mehr daran denken. Eine zerdrückte Nacktschnecke klebt unter deinem bloßen Fuß, oder du trittst, knack, auf eine Schnecke mit Häuschen, und wenn du mutig bist, trittst du noch einmal drauf, damit sie wirklich tot ist. Das Messer des Rasenmähers zerhackt eine Kröte, schneidet eine Blindschleiche mittendurch, sie windet sich noch kurz.

Für das Tier macht es keinen Unterschied, ob es zufällig oder mit Absicht getötet wird. Es versucht, Schmerz und Leiden zu vermeiden, eigenen Schmerz und eigenes Leiden jedenfalls. Andere Tiere sind ihm egal. Ein Raubtier setzt seine Beute außer Gefecht, ob sie noch lebt, wenn es sie verspeist, interessiert es nicht. Es fängt mit den Weichteilen seiner Beute an, mit den Eingeweiden, denn instinktiv weiß es, dass dieses Fleisch schnell verdirbt. So wie Jäger, die das Wild gleich aufbrechen – mit einem Unterschied jedoch: Sie haben es vorher getötet.

Leben ist töten. Doch töten wie ein Tier, das ist uns nicht gegeben.

Wir sind auch Menschen, und wir leben, wie auch immer, mit einer Moral. Nicht wenige Menschen halten das mutwillige Töten von Tieren für moralisch verwerflich. Keine Tiere töten, das hört sich gut an, doch in letzter Konsequenz kann man gemäß dieser Forderung nicht leben. Als Fleischesser, Lederträger, Tablettenschlucker, als Wissenschaftler, Vegetarier, Veganer – kurzum: als moderner Mensch delegiert man das Töten von Tieren so oder so an andere. Uns allen ziemt Bescheidenheit, wir töten Tiere – aber wir fragen uns auch warum und wie.

Ich weiß nicht, was ich schwieriger finde: töten mit dem Gewehr oder mit meinen Händen. Die Gewalt eines Gewehrs ist explosiver, blutiger, aber auch distanzierter, abstrakter. Es gibt keine direkte physische Konfrontation, das Ganze ist kühler, ich kann mich selbst mehr heraushalten. Ohne Hilfsmittel mit meinem eigenen Körper zu töten, macht mich erst richtig zum Tier, es macht mich verletzlich, meine Überlegenheit schrumpft, ich breche dir das Genick, ich zieh dir das Fell ab, esse dich auf – ohne dass irgendwer oder irgendwas zwischengeschaltet ist. Und das Töten mit dem Messer, mit der blanken Waffe, steht irgendwo in der Mitte zwischen dem Töten mit der Feuerwaffe und dem mit bloßen Händen. Das Abstechen eines Rehs oder eines Wildschweins ist blutig und direkt, du bist der gefährlichere Feind, doch körperlich ebenfalls beteiligt, es ist ein Kräftemessen und daher auch riskanter.

Wie dem auch sei, denke ich, als ich auf den Autobahnring um die Stadt fahre, als Mensch ist man Tier und Prädator. Das habe ich heute zum ersten Mal auch mit bloßen Händen gefühlt. Im Kofferraum liegen vier Kaninchen, die Eddy mir mitgegeben hat.

Wo und wie zerlegt man in einem Apartment in der Stadt Wild? Ich habe keine große Wanne, keinen Fleischerhaken. Ich habe sogar meine Messer in Deutschland gelassen, und eine Kühlzelle habe ich hier schon mal gar nicht. Mit einem gewissen Widerwillen habe ich nach meiner Rückkehr im Kühlschrank Platz gemacht.

Am nächsten Morgen klappe ich den Wäscheständer im Badezimmer aus und stelle Eimer, Schüsseln, Messer, Zange, Schnur, Küchenrolle, Tiefkühlbeutel und Müllsäcke bereit. Jetzt muss ich mich nur noch umziehen, dann kann es losgehen. In meiner Stadtgarderobe finde ich keine verschlissenen Sachen, keine alten Schuhe, das habe ich alles in meinen Kuhstall geschafft. Schließlich stehe ich als schwarz gekleideter Metzger vor dem Spiegel und frage mich, warum mir das Ganze so widerstrebt. Was mache ich hier mit vier toten Tieren?

Ich hole sie aus dem Kühlschrank, sie liegen dort nun einmal, ich kann nicht vor ihnen weglaufen. Mit abgewandtem Blick stecke ich unerschrocken meine rechte Hand in die Tüte und kann den Drang, sie zurückzuziehen, kaum unterdrücken. Ich hatte erwartet, Kälte und Starre zu spüren, aber ich fühle weich gefüllte, warme Spielzeugkaninchen. Am Lauf ziehe ich eins heraus, und einen Moment lang bin ich versucht, seinen Balg an meine Wange zu halten. Aber die Tiere dünsten einen penetranten Geruch aus, das ganze Badezimmer stinkt nach Bauernhof, sie gehören hier nicht her.

Mit Sisalschnur binde ich sie an den Wäscheständer, mit gespreizten Hinterläufen, wie auch immer, sie müssen schön hängen, symmetrisch, es waren doch lebende Wesen. Von Eddy weiß ich, dass es sich um Häsinnen handelt, er hat mit seinen kurzen Fingern den Balg unter dem Bauch abgetastet. Man kann den Unterschied besser fühlen als sehen.

Der Moment rückt näher, in dem das weiß geflieste Badezimmer zum Schlachthaus wird, und es dauert auch nicht lange, bis die ersten Blutspritzer zu sehen sind: der rote Tod auf weißen Wänden. Das Tier wird Fleisch. Dann muss es jetzt eben geschehen, denn ich muss vier Tiere zerlegen. Rasch mache ich mich an die Arbeit.

Ich steche das Messer in den weichen Bauch des Kaninchens, und mir fällt ein, dass ich nichts über die Tiere weiß. Ich habe mich nicht gefragt, wie alt sie sind, ich habe nicht in ihr Maul geschaut, als es sich noch öffnen ließ, ich habe nicht in ihre Augen gesehen, um zu kontrollieren, ob an ihnen noch etwas zu erkennen war. Das ist mir noch nie passiert. Ich rieche nicht an ihnen, im Gegenteil, ich wende meine Nase ab und berühre sie nicht mehr als unbedingt erforderlich. Ich habe nicht einmal ihre Löffelohren angefasst. So bin ich mir selbst fremd. Wo ist die Jägerin geblieben?

Als das zweite Kaninchen in Schrumpffolie verpackt in einem beschrifteten Gefrierbeutel im Tiefkühlschrank liegt, hänge ich mir meine Jagdjacke über die Schultern und setze mich kurz in die Kälte auf dem Balkon. Die vier Kaninchen hätten ebenso gut vier Klone sein können, ich hätte es nicht bemerkt. Offenbar bin ich noch nicht in der Lage, mehrere Tiere nacheinander zu zerlegen, ohne ihre absolute Einzigartigkeit aus den Augen zu verlieren. Oder verhält es sich genau umgekehrt, und ich gewöhne mich so schnell an das Zerlegen, dass ich bei vier Tieren kaum noch Fragen stelle? Nüchtern? Ja, ich kann auch sagen, dass ich nüchterner werde.

Eigentlich geschah das bei den Drückjagden auch schon, als ich ein Wildschwein, ein Reh, ein Stück Damwild nach dem anderen aufgebrochen habe. Doch damals verwirrte mich das kaum. Ich war auf dem Land zusammen mit Jägern und Treibern in einem alten Stall aus Beton beschäftigt. Zeit und Ort der Handlung passten zueinander, ich war identisch mit mir.

Jetzt bin ich das nicht, jetzt passt nichts zusammen. Ich schaue auf meine nackten, blutverschmierten Hände und denke an gestern, das Umklemmen, das schnelle, entschlossene Drücken, die Bewegungen zittern in meinen Fingern und meiner Handfläche nach. Ich spüre kein Grauen mehr und auch kein Bedauern. Es ist etwas anderes, ich fühle mich als Jäger fremd in der Stadt, in meiner Stadtwohnung, das ist es, was mich verwirrt, das beschäftigt mich.

Fröstelnd kehre ich ins Badezimmer zurück, um die Arbeit zu beenden. Ich klammere mich an die Kaninchen am Wäscheständer, und während ich sie zu Fleisch verarbeite, überlege ich zum ersten Mal, was ich mit meiner Beute machen werde, wem ich ein Kaninchen schenken will, wie ich sie zubereiten, mit wem ich sie essen werde. Und ich denke an das neue Jagdjahr, in dem ich öfter in den Niederlanden Beute machen und mit ihr im Aufzug nach oben sausen werde. Auch daran werde ich mich gewöhnen.

Das Badezimmer ist im Handumdrehen wieder limonenfrisch und weiß. Ich werfe den Müllsack draußen in den Container. Dann klingele ich beim Nachbarn unten, dem Gärtner, der die meisten Zäune um unsere Stadtparkbeete gezogen hat, und freue mich auf sein Gesicht, wenn ich ihm ein küchenfertiges Kaninchen überreiche.

Als ich wieder in meine Wohnung komme, duftet es bereits nach dem Kaninchen, das langsam im Ofen schmort. Kurz vor dem Essen kommt Boom heim, und ich stelle – tatatata – den Bräter auf den Tisch. Das Kaninchen fällt nicht von den Knochen, ich glaub' es einfach nicht. Wo ist das zarte Tier aus dem Rezept? Widerwillig würgen wir es runter. Vielleicht hätte ich nicht ohne zu überlegen nach Rezept kochen sollen. Möglicherweise handelte es sich auch um eine steinalte Häsin. Wie dem auch sein mag, was Kaninchen angeht, fehlt es mir noch an Erfahrung, ich hätte besser aufpassen sollen. Es tut mir für das Tier leid, dass es uns nicht einmal schmeckt.

Schonzeit

«Sie wissen genau, wann die Jagdzeit vorüber ist», sagt ein Jäger aus dem Nachbarrevier, als ich mich darüber wundere, dass ein Rudel Damhirsche auf dem Acker neben dem Kreisverkehr liegt – am helllichten Tag. Immer, wenn ich dort vorbeikomme, liegen die Tiere majestätisch im Blickfeld. Ich zähle die Schaufelgeweihe und fahre um ein Haar gegen einen Baum.

Um den Kuhstall herum ist es genauso. Als ich in der Morgendämmerung aufwache, sehe ich, wie neunzehn Stück Kahlwild auf die Wiese kommen, ein junges Rudel, ich zähle sechs Kälber mit noch kurzen Bambiköpfen, die Hälfte mit Pinsel und struppigem Haar dort, wo das Geweih wachsen wird. Als sie ihren Hunger gestillt haben, bummeln sie einfach herum. Sie lausen sich gegenseitig Rücken, Träger und Haupt, ein Kalb knabbert am Lauscher seiner Mutter. Ein Alttier schiebt sein Kalb vorwärts, die Brust an seinen Hintern drückend. Ein Hirschkalb reckt sein Maul in die Luft, schürzt die Lippen und gähnt umständlich.

Auf dem Rapsfeld bemerke ich einen hellen Fleck: Da ist es wieder, das weiße Alttier. Durchs Fernglas sehe ich noch mehr Damwild näher kommen. Sie ruhen sich vor meiner Nase auf dem Hang aus. Die Sonne geht auf, das Licht ist sanft, ein wenig Nebel hängt noch in der Luft. Ich erschaudere und stehe auf.

Um das Damwild nicht zu vertreiben, lasse ich die Läden unten geschlossen. Ich stehe am breiten Fenster und schaue mir die Tiere durchs Fernglas der Reihe nach an. Auf dem Hügelrücken tut sich was, ein schwankendes Geweih, und noch eins. Ein Rudel Hirsche trabt über den Hügel heran, ich kenne sie noch aus der Brunftzeit: das Urtier mit dem ausladenden Geweih, das auf der linken Seite eine Krebsschere hat, der kleine Hirsch mit dem großen Geweih, der aussieht, als sei er aus einem Wildgehege entflohen, der Halbschaufler mit der abgebrochenen Stange. Noch mehr Halbschaufler, Löffler, Knieper, und ein ganzer Haufen Spießer, das gesamte Spektrum: von kaum sichtbaren Knospen bis hin zu Stangen von zweieinhalb Dezimetern. Als mein Blick wieder auf den Hügelrücken fällt, bemerke ich auch sechs Rehe, die dort äsen. Sie bewegen sich langsam nach Osten, während die Hirsche sich zum Kahlwild gesellen. Ich zähle rund siebzig Tiere. Das weiße Alttier legt sich schwesterlich zum Halbschaufler mit der abgebrochenen Stange. Nach einer Stunde ziehen die meisten weiter zum Feldweg und auf die Hohe Wiese. Ich wechsle den Standort und schaue jetzt durch das Stallfenster über der Futterrinne. Die jungen Hirsche fangen an zu toben, wehren sich ihrer Haut, stoßen dicht über dem Boden mit den Häuptern zusammen und fechten Scheinkämpfe aus. Hirsche sind viel verspielter und beweglicher als Alt- und Schmaltiere – langweilige Weiber, murre ich. Dann aber fällt mir ein, dass sie ja alle beschlagen sind.

Plötzlich drängt sich das Damwild zusammen, in der Ferne flackert ein orangefarbenes Licht, der Müllwagen, alle schauen aufmerksam zu ihm hinüber. Die Nasen in dieselbe Richtung, das kann Damwild par excellence, als geborene Rudeltiere. Schließlich geht ein erfahrenes Alttier los, an den Kastanien vorbei zum Bauwagen, hinein in den Wald. Die Rudel gruppieren sich wieder und setzen sich ganz beiläufig in Bewegung, das Kahlwild in Richtung Froschteich, die Hirsche zu der Hohen Wiese. Ein junger Hirsch zögert und folgt dann doch dem Kahlwild.

Ich schaue noch eine Weile auf den verlassenen Acker, der immer angefressener aussieht und mit kahlen Stellen übersät ist. Der Raps hat unter dem hungrigen Wild mächtig zu leiden.

Es ist draußen noch farbloser geworden, noch fahler, als hätte die Natur sich noch weiter zurückgezogen. Die Tage sind grau und nasskalt. Ich säge tiefhängende Äste von den Eichen auf der Wiese, köpfe ein paar Weiden und schneide die verwilderten Weinranken an der südwestlichen Mauer. Kaum zwanzig Zentimeter hoch waren die Eichen, als wir herkamen, inzwischen sind sie zu Bäumen geworden, über sieben Meter hoch. Ich messe meine eigene Zeit daran.

Wenn ich selbst keine Geräusche mache, fällt erst auf, wie still es ist, als wäre die Zeit stehen geblieben. Ich schaue zum Himmel hinauf. Bald ist Vollmond, die Wetteraussichten sind weiterhin schlecht, diesen Monat wird es nichts. Erneut eine verpasste Chance, ein Wildschwein zu erbeuten. Aber nach Ansicht des Jägers aus dem Nachbarrevier ist der Zeitpunkt sowieso schlecht, die Bachen haben gerade gefrischt und bleiben in ihren Kesseln, die zukünftigen Überläufer – aus dem letztjährigen Wurf – trauen sich auf eigene Faust noch nicht weiter als fünfhundert Meter vom Muttertier fort. Der April und der Mai eigneten sich besser für die Wildschweinjagd, meint er. Allerdings hat er mir im vorigen Jahr gesagt, gerade im April müsse man bei den Schweinen vorsichtig sein: ehe man es sich versehe, erlege man ein junges Muttertier. Ich denke an meine hochbeschlagene Überläuferbache.

Als ich am frühen Abend die Läden schließe, höre ich im Obstgarten ein Tier rufen und klagen. Im Dunkeln schleiche ich hin, warte, horche. Höre ich es noch? Ja, ich höre es noch. Doch was habe ich eigentlich vor?

Ich höre ein Tier, das in Not ist, und gehe hin, um es aus seiner schwierigen Lage zu befreien. Es sitzt in den Schlehen. Ich taste in meiner Jacke nach der Taschenlampe. Es muss mich doch schon längst bemerkt haben. Wieder höre ich es rufen. Ich kann das Geräusch nicht einordnen. Ich gehe weiter, ein Zweig knackt unter meinen Füßen. Ich horche, aus der Hecke dringt nichts als Stille. Verhält es sich ruhig, oder ist es doch in dem Moment geflüchtet, als ich aufgrund meiner eigenen Bewegungen seine nicht gehört habe?

Nochmals, was habe ich vor, abgesehen davon, dass ich ihm in seiner Not noch mehr Angst einjage? Es befreien, wenn es feststeckt? Es wird sich mit allem, was es hat, wehren, es wird flattern, beißen, kratzen, picken. Was sagen ihm meine guten Absichten, ich kann nichts für es tun.

Ich denke an das Kaninchen, das den Tod in «den warmen Händen eines Menschen» findet, an einen Zeitungsbericht – mit Foto – über ein tödlich angefahrenes Reh. In seiner Todesangst musste es den Polizisten ertragen, der nicht von seiner Seite wich, der es tröstend streichelte, bis der Jäger kam, um dem Tier den Gnadenschuss zu geben. Der Polizist hat sich bestimmt gut gefühlt, angenehme Stoffe werden freigesetzt, wenn wir anderen Wesen helfen. Das Reh wird währenddessen tausend Ängste ausgestanden haben, es ist blind für gute Absichten und die Aussicht auf den Gnadenschuss. Das Reh will überleben, und das hört erst auf, wenn es sich irgendwo in den Sträuchern verkriecht, weil es nicht mehr weiterkann. Nicht, wenn ein Mensch, ein Feind, an ihm herumfummelt.

Da stehe ich also vor dem Tier in Not, so stark ist der Reflex also auch in mir noch, beschämt kehre ich um.

«Schießen», sagt Uwe, «wenn du ein verletztes oder krankes Stück siehst, erschieß es.» Ich habe ihm eine Aufnahme der Wildkamera von einem Rehbock unten im Brachland gezeigt. Er hatte ein kräftiges Bastgeweih mit dicken Stangen, die eine mit drei Sprossen, die andere eine kürzere Gabel. Sein Rumpf war zum Teil hinter dem hohen Schilf verborgen.

Der Bock war mir bereits früher aufgefallen, als ich in der Kanzel auf der Hohen Wiese saß. Er war vom Acker auf den Feldweg gesprungen und verhielt sich merkwürdig, als stünde die Rehbrunft vor der Tür, die aber noch gut drei Monate auf sich würde warten lassen. Er bewegte sich eifrig und munter, machte seltsame Sprünge und kratzte fanatisch mit den Vorderhufen über den Boden, links, dann rechts, dann links; das machen Böcke, wenn sie ihr Territorium markieren. Die Hormone des Bocks machten sich bereits geltend, vielleicht benahm er sich deshalb so irrwitzig. Und bildete ich mir das nur ein, oder hing da tatsächlich ein sehr großer Sack unter seinem Bauch? Als er dann auch noch mit gekrümmtem Rücken und hängendem Kopf sehr lange urinierte, als verursache ihm dies Schmerzen, da wusste ich Bescheid: Das Tier war krank.

Am Abend nach meinem Besuch bei Uwe sitze ich wieder in der

Kanzel und warte auf den Bock. Wenn er auftaucht, erlege ich ihn, ein astreiner Hegeabschuss. Und er kommt, eine halbe Stunde vor dem Büchsenlicht nähert er sich bis auf zwanzig Meter. Trotzdem greife ich nicht nach dem Gewehr. Ich zweifle, ist der Sack wirklich so groß? Vielleicht sollte ich lieber noch ein paar Mal genauer hinsehen, damit ich sicher bin, dass ihm etwas fehlt und mir meine Phantasie keinen Streich gespielt hat. Man sieht leicht, was man sehen will, es ist verführerisch, denn dann kann man eingreifen. Hegeabschuss, das fühlt sich gut an, rational – vielleicht ja zu gut. Ich komme mir wichtig vor, und genau das macht mich misstrauisch, ich tue verdammt nochmal so, als wäre ich ein Tierarzt, und das passt mir nicht.

Der Bock geht zum Acker und schaut zu den vier Ricken, die in der Traktorspur im Raps vorbeigehen. Der Einzelgänger, der zur Gruppe schaut, voller Sehnsucht, und der weiß, dass er nicht dazugehört. Ich lasse mich schamlos von dem mitreißen, was ich sehe, und ich weiß längst, dass ich ihn nicht erlegen werde. Nicht heute und vielleicht auch später nicht.

Gerade weil wir noch so wenig über das Wild wissen, erhält jedes Gelegenheitsargument eine Chance, und Jäger verwenden solche Argumente häufig. Das Reh, das hinkt, wird auch weiterhin hinken und wird daher erlegt, auch in der Schonzeit. Das Wildschwein, dem man in den Lauf geschossen hat, wird von selbst wieder gesund, also muss man nicht nachsuchen. Jeder ist sein eigener Maßstab, redet sich sein Verhalten schön, dichtet Tieren das an, was ihn von Schuld freispricht. Anstatt sich von unseren Allmachtsvorstellungen bezüglich der Natur zu verabschieden und sich in eben diese Natur hineinzustellen als das, was wir sind, menschliche Prädatoren.

Vor unserem Haus hat ein Rüssel gewühlt, überall sind etwa fünf mal fünf Zentimeter große Kuhlen. Das muss der Dachs gewesen sein, er ist also wieder da, die Tiere erwachen aus ihrem Winterschlaf. Ich hänge die Wildkamera auf und ertappe den Dachs bei seinen nächtlichen Runden. Auch die Waschbären sind im Dunkeln wieder unterwegs.

Als ich einen Stapel Feldsteine forttrage, bevor sie inmitten der aufschießenden Brennnesseln nicht mehr wiederzufinden sind, sehe ich, dass die ersten Triebe darunter bereits vor Wachstumskraft strotzen. So zart und schwach der Frühling auch aussehen mag, er ist zugleich der brutale Wille zum Leben und lässt sich durch nichts aufhalten.

Die Zweige der Bäume wirken allmählich weniger schütter und kahl, sie bekommen einen rotbraunen oder grünen Schimmer, ihre Knospen schwellen. Die Kraniche tanzen umeinander herum, der Rote Milan segelt mit dem Wind, in der Dämmerung raschelt ein Tier in den Wallhecken.

Nicole, Uwes Tochter, kommt vorbei und berichtet, dass die Wildschweine auf ihrem Grundstück gewühlt haben, am Ufer des Froschteichs. Es waren Überläufer, sie hat sie sogar bei Tageslicht beobachtet. Der Wind steht günstig, und deshalb sitze ich um fünf Uhr mit meinem Gewehr auf Nicoles Bank am Hang und schaue auf den Teich. Von hier ist er schöner, als ich ihn kenne, ich habe bis zum Grenzwald ungehinderten Blick auf die Ausläufer des Gewässers und auf die mit Schilf bewachsene Insel. Am Rand bauen zwei Schwäne eifrig an ihrem Nest, Wildenten landen und fliegen wieder davon. Ich bin mir ziemlich sicher, dass die Überläufer von links kommen, vom Graben her, wo die große Kiefer steht. Aber es bleibt ruhig.

Dann zeichnet sich vor dem hellen Schilf ein dunkler Fleck ab: ein Schwein. Noch nicht erwachsen, aber auch kein Jungspund mehr. Mit dem Feldstecher scanne ich die Umgebung. Als das Tier auf die offene Fläche kommt, bewegt sich das dürre Gras, da, da tummeln sich gestreifte Frischlinge – gute Tarnfarbe. Meine Muskeln entspannen sich, ein junges Muttertier also, und daher keine Beute. Ich gebe mir Mühe, die Knirpse zu zählen, doch das gelingt mir erst, als die Bache weitergeht und die Frischlinge ihr ordentlich in einer Reihe folgen; ich komme auf sechs. Sie müssen auf der Insel zur Welt gekommen sein. Ein sicherer Ort, denn Raubwild wird sich kaum dorthin verirren, und Jäger sitzen hier auch nie an. Kein Wunder, dass die Bache sich bereits bei Tageslicht aus der Deckung wagt. Sie wühlt Erdbrocken los und wirft sie mit einem kräftigen Schwung ihres Kopfs hoch in die Luft, hoppa, es macht ihr Spaß. Dann verschwinden die Schweine langsam im Schilf.

Eine Weile später höre ich es bei der Kiefer grunzen, dort erwachen Sauen zum Leben. Ich nehme das Gewehr, sie müssen sich jetzt allerdings beeilen. Auf der anderen Seite des Teichs, hinten auf dem Brachland, erscheint das weiße Alttier. Ich sehe es kaum noch und schaue durch mein Zielfernrohr. Für heute ist Schluss. Im Dunkeln kehre ich nach Hause zurück und tröste mich mit den Jagdchancen der Wölfe. Laut dem Verhaltensforscher Frijlink kehrt ein Wolfsrudel auch oft unverrichteter Dinge von der Jagd zurück: Nur bei einem von zehn Raubzügen erlegt es Beute, meint er, und das sei optimistisch geschätzt.

Die Gerüchteküche brodelt immer heftiger, Nicole hält mich auf dem Laufenden. Teichmann geht ihrem Vater aus dem Weg, und auch wenn der noch seinen Kopf in den Sand steckt, am Ende muss auch er den Tatsachen ins Auge sehen. Jäger, die ein Revier pachten wollen, stehen permanent bei den Grundeigentümern auf der Matte, um für ihr Anliegen zu werben.

Ich verfolge das Ganze genau, bin und bleibe aber ein Außenstehender, denn unser Grundstück gilt nicht als bejagbare Fläche. Ich habe daher kein Stimmrecht und kann nur abwarten. Wenn Uwe Pächter bleibt, ist mir seine Zustimmung, weiterhin jagen zu dürfen, sicher, bei einem neuen Pächter nicht.

Mitte März kommt Nicole mit Neuigkeiten. Teichmann hat sich mit einem anderen Jagdpartner zusammengetan, einem jungen Landwirt, Wido Droste zu Beck. Ich kenne ihn von der Kublitzer Drückjagd, er hat bei Hubert Falkner gearbeitet. Wido und seine Kompagnons besitzen Land in unserem Revier, und er will selbst gegen Wildschäden vorgehen. Dann werde es zumindest ordentlich gemacht, sagt er. Darunter kann ich mir etwas vorstellen. Uwe bleibt nichts anderes übrig, als allein ein Angebot zu machen.

Ehe ich mich schlafen lege, stehe ich lange in der Giebelöffnung und schaue auf das Jagdgebiet unten, als wäre es für mich schon verloren. Der zunehmende Mond steht hoch im Süden, links hinter der Abwassergrube bewegen sich Flecke. Durch meinen Feldstecher sehe ich zwei Tiere buddeln. Es sind Marderhunde. Mein Gewehr, ich erwache aus der Versunkenheit, ich muss mein Gewehr holen.

Gestern jubelten über dem Weidentümpel zum ersten Mal die Feldlerchen. Und ich jubelte mit ihnen: Sie sind wieder da! Und sie müssen bleiben, also müssen die Marderhunde verschwinden, denn es gibt schon genug kleine Raubtiere, die die Gelege der Feldvögel plündern. Doch ehe ich mein Gewehr geholt habe, werden sie wohl schon außer Schussweite sein. Voller Bedauern schaue ich den Marderhunden hinterher, während sie über die Wiese laufen und hinter dem Weidentümpel verschwinden. Morgen nehme ich mein Gewehr mit ins Bett.

Im rosafarbenen Morgenlicht erschallt der Ruf des Kranichs, von Brandenburg her nähert sich lautstark ein Schwarm grauer Gänse, es sind die letzten, die Richtung Osten aufbrechen. Auf dem Grundstück zwitschern und zirpen bereits zahllose kleine Vögel, ein Entenpaar landet schnatternd auf dem Weidentümpel, der jedes Frühjahr voller Wasser ist – erst zu Beginn des Sommers trocknet er dann aus. Es ist noch nicht mal sechs, und ich bleibe eine Weile in meiner warmen Höhle liegen, ich lausche und schaue und lausche, Tautropfen glitzern im schwankenden Schilf, die ersten Sonnenstrahlen werfen lange grüne Streifen durch den Raps. Frühling, der Frühling setzt sich durch, der Winter ist endlich vorüber.

Ich bin unruhig, nervös, ich will auf die Jagd, wer weiß, möglicherweise jagen in zwei Wochen rund um unser Grundstück andere Jäger. Als ich zur Kirrung gehe, um Mais und Hundebrocken unter die Felgen zu streuen, denke ich missmutig: Wie oft noch? Und ich spaziere durch den Weiler, um auf den Feldern an der Kastanienallee nach Schweinespuren zu suchen. Die Sonne scheint, weiße Wolken ziehen vorüber. Bei der großen Kiefer bemerke ich frische Wildwechsel von Überläufern, doch Ansitzen hat dort keinen Zweck, weil der Wind aus der falschen Richtung kommt. Ich überquere das Getreidefeld, und als ich gerade die Leiter der Kastanienkanzel hinaufsteige, erscheint etwas am Waldrand, ein kleiner rotbrauner Haufen Bewegung. Für kleine Füchse ist es noch zu früh. Marderhunde? Dann sehe ich durch meinen Feldstecher, dass es sich um Frischlinge handelt, schon etwas größer, aber immer noch gestreift, keine Jagdbeute also. Der Wind weht aus ihrer Richtung, aber dennoch bemerken sie mich sofort. Rasch ziehen sie sich zurück. Dort muss mindestens eine Rotte hausen.

Vor Einbruch der Dämmerung bin ich wieder zur Stelle, jetzt mit Gewehr. Ich sitze bis zum letzten Büchsenlicht, doch die Sauen kommen nicht. Auf den Mond brauche ich nicht zu warten, das Wetter hat umgeschlagen, der Himmel ist dicht bewölkt. Zu Hause stelle ich mein Gewehr in den Waffenschrank, werfe einen Scheit in die schwelende Glut im Ofen und bin schon wieder draußen. Noch rasch auf der Hohen Wiese nachsehen. Was ich dort vorzufinden hoffe, weiß ich nicht. Die Dämmerung, die in die Nacht übergeht? Ein Tier, das vor mir die Flucht ergreift?

Zwischen den Wolken blinzelt ein Stern hervor. Ich klettere die Leiter zur Kanzel hinauf und bleibe draußen auf der obersten Sprosse sitzen, solange, bis sich meine Augen an die Dunkelheit gewöhnt haben. Ich starre zur Salzwiese hinüber, doch die bekommt heute kaum Licht ab. Es ist kein Tier zu entdecken, ich sehe nichts als die Dunkelheit, höre nichts als den Wind. Wie eine Fliege klebe ich an der Kanzel. Als wäre ich in der Landschaft aufgegangen, aufgesogen von all den zeitlosen Stunden, die ich hier mit meinem Gewehr gesessen habe.

Und dann gehe ich tastend durchs Gras zurück, über den Feldweg, meine Füße können das Gelände beinahe träumen. Auf der Ecke zwischen Brachland, Acker und Grundstück, wo die Wagenspur zum Weidentümpel abbiegt, höre ich den Wind hoch oben in der Luft, huh-huhuh, huh-huhuh, ich ziehe die Schultern zusammen, der Wind heult träge und unheilverkündend, immer an dieser Stelle, bereits seit Jahrhunderten muss er hier so mit dieser fernen, beängstigenden Stimme blasen, und er wird es noch tun, wenn ich schon längst nicht mehr bin.

Ich bin ein Nu, der ihn heulen hört, sein gnadenloses langgezogenes Huh-huhuh, huh-huhuh, ich bin ein Nu, allein mit dem Wind in der Höhe.

Befremdet schaue ich zum erleuchteten Kuhstall, ein warmer Fleck im öden Land. Da drinnen wohne ich, sitze ich Abend für Abend. Dort sitzt ein Mensch in einem Stall, wie ein Tier in seiner Höhle, und geht auf in seiner eigenen Innenwelt.

Einen kurzen Moment lang wähne ich mich drinnen und draußen zugleich, doch das kann nicht währen, denn die Zeit schreitet weiter, alles fließt, immer wieder fällt man in den nächsten Moment, und der vorige liegt hinter einem. Ich weiß, dass ich es nie begreifen werde, ich bedaure es auch nicht, ich lebe von dem, was sich nie vollkommen preisgibt.

Am Abend darauf sitzen wir dicht gedrängt in Uwes kombüseartiger Küche, eine kleine Gesellschaft, die murrt und grollt über das, was die Jagdgenossenschaft beschlossen hat, die sich ereifert, jetzt, da die Würfel gefallen sind. Uwe ist raus, Wido ist dabei. Ich lausche den grimmigen Berichten und fantastischen Geschichten, wir trinken Bier und Schlehdornlikör, knabbern an Hähnchenkeulen, schütteln den Kopf und machen uns gegenseitig Mut. Wieder zu Hause, schaue ich verwirrt in die Nacht.

Am frühen Morgen werde ich von Drosseln geweckt, die überschwänglich in den Weiden singen. Nichts in mir singt mit ihnen, irgendwas stimmt nicht, ich öffne meine schweren Lider und schaue bestürzt hinaus ins Jagdgebiet. Heute ist Vollmond, vielleicht mein letzter hier als Jäger.

Mir bleibt nichts anderes zu tun als das, was ich sonst bei Vollmond mache. Gerade jetzt. Am Computer schaue ich, wie das Wetter wird und woher der Wind kommt. Nur heute Abend habe ich noch eine Chance, die restliche Woche ist es bewölkt. Für die Hohe Wiese steht der Wind falsch, er würde meine Witterung zur Kirrung wehen. Also gehe ich auf die Sauen bei der großen Kiefer. Rasch mache ich mich auf den Weg und streue Mais beim Schlammloch auf dem Getreidefeld. Dort wimmelt es von großen und kleinen Trittsiegeln.

Am Nachmittag rufe ich Wido an, um Klarheit darüber zu bekommen, wie im neuen Jagdjahr meine Chancen stehen. Doch Wido weicht aus, es herrsche großes Durcheinander, sagt er, im ganzen Kreis müssten die Reviergrenzen neu festgelegt werden, die Jagdbehörde mache Überstunden. Er selbst müsse sich auch erst einen Überblick verschaffen, ständig klingele sein Telefon, doch er fange mit zwei Freunden an und wolle die Gruppe klein halten. Er müsse sich erst einmal alles in Ruhe ansehen.

Am frühen Abend gehe ich mit meinem Gewehr, dem Zielstock und einem Klappstuhl zur Kastanienallee. Das Schlammloch liegt zu weit von der Kanzel weg, daher setze ich mich mit dem Stuhl an den Ackersaum, etwa fünfzig Meter vom Lockfutter entfernt. Ich lade das Gewehr und kämpfe gegen das hartnäckige Gefühl der Vergeblichkeit. Ich sitze hier irgendwo in der Landschaft, nahe am Boden, auf gut Glück, ohne Übersicht. Nur die Trittsiegel und die Maisspur, die ich gelegt habe, halten mich hier, und der helle, ruhige Abendhimmel.

Durch einen schütteren Ausläufer des Grenzwalds dringt das erste Mondlicht, groß und orangefarben, es wird langsam weißer, heller und kleiner, während der Mond über den Baumwipfeln seine Bahn zum höchsten Punkt im Süden zieht. Ich zittre, es wird frisch. Wann ist etwas eigentlich auf gut Glück und vergeblich? All die Stunden, in denen kein Wild zu sehen ist, wie jetzt? All die Male, die ich ohne Beute nach Hause kam? Es ist Frühling, und in wenigen Tagen beginnt das neue Jagdjahr – so oder so.

Ich schrecke auf. Hör ich da was? Bewegt sich dort etwas, drüben bei der Kiefer? So ist das mit Sauen, man denkt, sie kommen nicht. Man sitzt einfach nur da und geht fast auf in der Landschaft – und dann erscheinen sie plötzlich doch.

Aus dem Graben bei der Kiefer kommen sie zum Vorschein, junge Tiere? Durch den Feldstecher sehe ich, wie sie den Acker überqueren und zum Schlammloch laufen, eine Rotte Frischlinge, in wenigen Tagen sind sie Überläufer, *Halbstarke*, wie man hier sagt. Noch nicht lange allein unterwegs, unerschrocken aufgrund jugendlicher Dummheit. Ich zähle fünf. Kommt nur, Jungs, mein Gewehrlauf liegt bereits auf dem Zielstock, der rote Lichtpunkt im Visier ist an. Ich lächle zum Mond hinauf, *partner in crime*. Jetzt ganz ruhig, kein Geräusch, alles langsam und mit Bedacht. Sie schnüffeln bereits beim Schlammloch. Gierig machen sie sich über den Mais her, laufen sich gegenseitig in den Weg, schnauben und beißen. Gut so, Jungs, jagt die beiden Winzlinge ruhig ein bisschen an den Rand. Ich entsichere das Gewehr, schalte den Stecher ein, meine linke Hand umfasst den Zielstock, ich richte den roten Lichtpunkt auf eine Stelle über dem Vorderlauf des Kleinsten. Atme tief ein und aus, ein und aus, dann flacher, ruhig, ruhiger.

Ich berühre den Abzug, die Kugel fliegt mit einem Knall. Das Schwein wirft den Kopf in die Höhe und fällt um. Die anderen flitzen über den Acker.

Ich will aufspringen, jubeln, einen Freudentanz im Mondlicht machen, lehne mich aber nur auf dem Klappstuhl zurück. In meinem Körper rast es, mein Schädel pocht. War mir kalt? Flammen schlagen aus mir heraus. Ich strecke die Beine, lasse die Arme hängen, schaue hinüber zu dem braunen Etwas im Schlamm, zum Mond, und sitze immer noch da in der klaren Stille des Abends. Obwohl nichts mehr wie vorher ist.

Los, an die Arbeit. Ich gehe zu dem kleinen Wildschwein mit den steifen Läufen, noch vor der Blüte gebrochen, denke ich, obwohl das Bild überhaupt nicht zu dem urtümlichen Tier im Schlamm passt. Der Schuss sitzt gut, aber das wusste ich. An den Hinterläufen schleife ich das Stück zur Kastanienallee, zwischen fünfundzwanzig und dreißig Kilo, schätze ich, etwas mehr als ein Sack Kalk oder Mais. Das schaffe ich. Schnell die Schubkarre holen.

Ich laufe durch den Weiler nach Hause, schicke Boom und Uwe eine SMS, schalte die Kühlzelle ein, schlüpfe in eine alte Jacke und eile zurück, in der Angst, der Fuchs könnte sich bereits über meine Beute hergemacht haben. Dann zerre ich an dem Tier, Vorsicht, mein Rücken, schwitzen – geschafft. Liegst du gut?, frage ich. Denn auch wenn es tot ist, es muss schön liegen, finde ich.

Zu Hause hänge ich den Baustrahler nach draußen und breche das Schwein auf, zufrieden darüber, wie routiniert ich darin inzwischen bin. Nur die Lungen sind kaputt. Während der nächsten Tage esse ich wieder Innereien, ich gehe mit frischer Beute ins neue Jagdjahr. Vielleicht ja meine letzte aus diesem Revier, denke ich, plötzlich wieder verärgert, während ich die Tüte mit den Proben für die Trichinenschau zum Schwein in die Kühlzelle lege. Auf einmal bin ich hundemüde. Uwe hat eine SMS geschickt, und Nicole, die auch schon Bescheid weiß: Weidmannsheil!

Zwei Tage später sitze ich in einer dicken Weste auf dem Treppenabsatz und frühstücke Brot mit kalten Leberscheiben. Ich schaue hinüber zu dem Hasen, der auf dem am Gemüsebeet entlangführenden Weg hoppelt. Es ist der Hofhase, wie ich ihn nenne, groß und stattlich, er ist hier zu Hause. Zu dieser Jahreszeit flüchtet er nicht einmal vor mir. Die Hasen haben viel zu tun, sie rennen über das Feld, verfolgen einander. Es ist die Zeit der Hasenhochzeit.

Hinter den Kastanien höre ich ein Auto näher kommen. Wer fährt dort? Ich bin noch irritierter als sonst. Es ist Uwes Pick-up, dahinter ein Anhänger mit flacher Ladefläche. Darauf liegt der Hochsitz, den Uwe Anfang Dezember hinter dem Froschteich aufgestellt hat. Es ist nur ein Drückjagdbock, beruhige ich mich selbst, die geschlossenen Kanzeln wird er bestimmt Wido überlassen. Ich hebe grüßend die Hand.

Kurze Zeit später ruft Nicole mich aufgeregt an: «Mein Vater bringt jetzt die erste Kanzel weg und holt nachher auch deine auf der Hohen Wiese ab. Komm schnell dorthin.» Ehe ich mich von dem Schreck erholt habe, steht sie bereits vor meiner Tür, ich nehme meinen Fotoapparat, und wir eilen zur Kanzel. Da steht sie, auf ihren hohen Beinen, am oberen Rand der abfallenden Wiese. Ich kenne es nicht anders. Als ich 1996 zum ersten Mal zum Vorwerk kam, stand dort bereits eine

Kanzel. Was ist die Hohe Wiese ohne Kanzel? Nicht mehr lange, und ich werde es wissen. Die Demontage des Reviers hat begonnen.

Rasch klettere ich hinauf, Luken auf, wie eine Wahnsinnige mache ich Fotos, als bedauerte ich, vorher nie welche gemacht zu haben, als könnte ich in diesem Moment noch schnell all das dokumentieren, was ich gesehen habe, was es dort gab. Ich weiß, dass das nicht geht, es ist nicht zu sehen, und dennoch, das Licht und der Himmel, das Wetter, die Kälte, die Gräser und Bäume, die Kirrung, die Sträucher, die Wildwechsel, die Farben, sie sind nicht zu riechen oder zu hören, die Gerüche, die Geräusche – und das Wild, all die Tiere, die ich von hier aus gesehen habe. Ich fotografiere immer weiter, bis Uwes Pick-up über den Feldweg näher kommt. Er parkt neben der Kanzel und steigt aus, zusammen mit einem Freund und einem Angestellten.

Wir reichen einander schweigend die Hand. Uwe wirkt gestresst, hektisch, er schwitzt, dirigiert, macht Scherze. Ich klettere wieder hinauf, rolle den Schreibtischstuhl zur Tür und reiche ihn hinunter, das Brett, eine Latte. Ich schließe die Luken, die Tür und steige hinunter.

Die Männer lösen die Stahlseile, mit denen die Kanzel an allen vier Ecken an dicken Rohren im Boden befestigt war. So hat sie all die Jahre hoch oben auf der Ebene Wind und Wetter getrotzt. Da geht sie hin, meine Tarn- und Spähhütte auf Stelzen, zu fünft kippen wir sie vorsichtig auf die Ladefläche. Auf der Seite liegend sieht sie lächerlich aus. Sie wird mit Spanngurten gesichert und dann abtransportiert. Ich schaue der Fuhre hinterher, bis sie am Maisfeld zur Chaussee abbiegt.

Als ich zu meinem Kuhstall zurückgehe, schaue ich mich noch einmal um, die Hohe Wiese ist enthauptet, der Hang wirkt flacher denn je. Im noch winterlich blassbraunen Gras liegen meine beiden Autoreifen. Ich hole die Schubkarre, lade sie auf, das war dann also meine Kirrung. Ich habe hier nichts mehr verloren.

Zu Hause gehe ich ruhelos umher, ich schaue in der Kühlzelle nach dem Schwein. Es ist noch sehr frisch und kann noch ein paar Tage abhängen. Ich setze mich an meinen Computer, blättere durch alte Textdateien und stoße dabei auf eine Notiz von vor genau zwölf Jahren:

Auf dem Feldweg steht ein unbekanntes Auto mit einem Anhänger. Drei Männer lösen die hölzernen Bolzen des Hochsitzes. Auf dem Hänger hinter einem kleinen Traktor liegt bereits einer. Der Mann mit dem Jägerhut bindet ein Seil um den Hochsitz. Es ist R., von dem wir 2000 ein Wildschwein am Spieß gekauft haben. Er hört auf mit der Jagd, die Pacht seines Reviers ist in andere Hände übergegangen. Verbittert sagt er: «Zusammen ein Bier trinken ist leicht, aber zusammen jagen, das ist etwas vollkommen anderes.» Er habe andere Vorstellungen von der Jagd, sagt er. Ihm gehe es nicht ums Geld, die Tiere seien auch lebende Wesen. Wenn er einen gesunden Bock laufen lasse, höre er, wie er dort – er deutet über die Grenze, nach Brandenburg – abgeknallt werde.

Ungläubig lese ich meinen eigenen Text, die Geschichte wiederholt sich, ich hatte es total vergessen. Auch damals hörte ich also schon, dass Jäger einander nicht weidgerechtes Verhalten vorwerfen.

Mir schwirrt noch der Kopf, als ich mich draußen an die Gartenarbeit mache. Die Maulwurfshügel auf der Wiese müssen abgegraben und die Erde auf dem Gemüsebeet verteilt werden. Während ich mich schwitzend mit einer vollen Schubkarre abmühe, kommt vom Feldweg her nahezu geräuschlos ein unbekanntes Auto die Wagenspur entlanggefahren. Wido? Ich winke. Er nimmt den Fuß vom Gas, ich gehe in seine Richtung. Wido steigt aus, mit einem Kompagnon. Wir wechseln ein paar fremdelnde Sätze. Ich erwähne das viele Damwild, er deutet auf die kahlen Stellen im Raps.

«Doch was soll man machen?», sage ich. «Es ist Schonzeit.»

«Der Jagdpächter kann bei der Jagdbehörde Freistellung beantragen», sagt er. «Das hätte schon längst geschehen müssen.»

Wir reden über das Revier, über das Wild, das ist ein Anfang. Sobald der Papierkram erledigt sei, nehme er mit mir Kontakt auf, sagt er zum Abschied. Wir können einander nicht ignorieren. Wir sind hier nicht in der Stadt, wir sind auf dem Land. Er ist der neue Jagdpächter, ich wohne in seinem Revier – und bin Jägerin.

Als er wegfährt, wird mir klar, dass zwischen Januar und April die Damwildrudel auf dem Acker nie wieder so groß sein werden wie in den vergangenen Jahren. Abgesehen davon, dass Wido Jäger ist, ist er dafür zu sehr Landwirt.

Während der letzten Märztage streife ich wie eine Heimatlose durch das Jagdgebiet, über die Kastanienallee gehe ich zum Schlammloch. Dort ist nichts zu sehen, doch für mich wird es immer der Ort bleiben, wo ich im März 2016 ein junges Wildschwein erlegt habe. Ich schaue mich um, es klafft ein Loch in der Allee, bemerke ich jetzt, als hätte man einen Baum gefällt. Auch hier wurde die Kanzel abgebaut. Und die beim Maisfeld hat man ebenfalls schon abtransportiert, sah ich gestern. Was noch da ist, sind die alten halboffenen Kanzeln aus Rundhölzern, die immer schiefer dastehen, bis sie schließlich umfallen und in der Landschaft verschwinden.

Sogar in meinem Kuhstall ist jetzt alles anders, das Grundstück geht nicht fließend ins Jagdgebiet über, die Grenze ist schärfer, meine weite, leere Welt ist geschrumpft, das Jagdgebiet gehört nicht mehr dazu, ist nicht mehr «mein» Jagdgebiet. Ich bin hier wieder eine Jägerin ohne Gewehr, die sich an das Wild anpirscht und es beobachtet. Erbeuten darf ich es vielleicht nicht mehr, doch solange es lebt, gehört es niemandem.

Mit einem Spaten stehe ich am Knochenbeet an der Südwestmauer. Seit fast einem Jahr liegen nun die Köpfe der hochträchtigen Bache und des Gabelbocks hier. Ich habe keine Ahnung, ob das unterirdische Gewimmel sie bereits kahlgefressen hat. Zuerst rolle ich den Feldstein der Bache beiseite und stecke den Spaten vorsichtig in die Erde und schaufle sie beiseite. Sie ist körnig und locker. Sobald ich auf etwas Hartes stoße, nehme ich die Blumenschaufel und grabe weiter, suche mit den Händen nach den Konturen eines Schädels, kratze über eine harte, langgestreckte Oberfläche. Es ist das Nasenbein der Bache, gelbbrauner Knochen. Keine Haut, keine Härchen mehr, kein verwesendes Fleisch, kein Gestank, nicht einmal mehr wimmelndes Getier. Ich grabe den Schädel aus. Hier und da hängt noch weißes und gelbes Gewebe, Bindegewebe, Fett. In den Augenhöhlen und an der Kehle klebt Erde vermischt mit weichem Gewebe, ich pule es größtenteils heraus. Dass der Knochen in meiner Hand das lebende Tier war, dass er das tote Stück Fleisch war, das an der Leiter hing, oder dass er die Keule war, die im Ofen schmorte, die Koteletts über dem Feuer.

Ich lege den Schädel auf den Treppenabsatz und mache mich auf die Suche nach dem kleinen Rehbock, noch behutsamer, wegen des Geweihs. Auch der Bock ist leicht zu finden. Das Geweih wirkt kräftiger als im vorigen Mai, als es noch mit Basthaut umhüllt und von zwei großen Lauschern flankiert war. Die Rosenstöcke sind lang und dünn, die Rosen schön rund mit messerscharfen Perlen. Die Unterkiefer des Bocks haben sich am Kinn gelöst, die der Bache nicht, sie sind fest miteinander verbunden.

Ich stelle den gusseisernen Gasbrenner nach draußen, stelle einen großen Topf mit Wasser darauf und lege die Schädel hinein, um sie abzukochen, damit sie nicht zu stinken anfangen, wenn sie drinnen in der Vitrine liegen. Sie sollen, als erste Beute des Jagdjahrs, meine Trophäen sein. Die Grube habe ich nicht zugeschüttet, vielleicht bewahre ich den Schädel des neuen Schweins auch auf, die letzte Beute des Jahres.

Als ich nach einer Stunde den Deckel vom Topf nehme, raubt die Brühe von faulendem Fleisch mir den Atem: dass die paar Gewebereste so stinken! Als ich die Schädel herausgefischt und abgespült habe, bestätigt meine Nase das Klischee: Es ist vor allem das Schwein, das so stinkt. Mit einer Zahnbürste putze ich die letzten Schmutzreste von den Knochen und den Zähnen.

Die Bache und der Bock ähneln einander, wie jung die beiden waren, als ich ihrem Leben ein Ende bereitete. Der vordere Teil ihrer Schnauzen besteht aus Knorpel, die Nähte auf ihren Nasen sind nicht verwachsen und geben noch nach, und von den vorderen Backenzähnen des Milchgebisses ist der hinterste bei beiden noch dreiteilig. Beim Bock drückt der zweiteilige Nachfolger ihn bereits beiseite, bei der Bache ist davon noch nichts zu sehen. Doch bei beiden sind die Kanten der Milchzähne schon abgeschliffen.

Ich stelle sie nebeneinander auf die Mauer des Innenhofs, damit sie weiter in der Sonne bleichen können. Sie stehen auf dem Balken, auf dem im Januar mein Gewehrlauf ruhte, als ich das Damkalb geschossen habe. Von dem Kalb ist nichts mehr übrig, außer einem Foto. Und einer Hinterkeule im Gefrierschrank. Wenn ich die Schädel hier draußen liegen lasse, wird der wilde Wein sie im Sommer mit seinen zarten hellgrünen Blättern bedecken.

Junges Leben

Ich sitze in der neuen Kanzel hinter dem Froschteich, meine Mauser neben mir. Die Sonne ist bereits hinter den Wipfeln des Landesforstes versunken. Es ist fast Vollmond, er schimmert im Südosten blass im rosafarbenen Widerschein. Durch die Bäume hindurch kann ich den Giebel meines Kuhstalls sehen. Ich richte das Fernglas dorthin, mein Bett kann ich gerade so nicht sehen.

Oft stehe ich dort oben und schaue hinüber zu der Stelle, wo ich jetzt sitze. Als ich Anfang Mai den ersten Schuss gehört habe, bin ich sofort auf den Heuboden geeilt. Ein Jäger saß in der Kanzel, er kletterte hinunter und verschwand zwischen den Bäumen. Kurz darauf kam er wieder und schleppte ein Reh hinter sich her. Ich wurde grün vor Jagdneid.

Bald kommt der längste Tag. Ich bin nicht in die Stadt zurückgekehrt. Ich konnte das Jagdgebiet nicht zurücklassen, ohne zu wissen, ob ich auch in Zukunft dort würde jagen dürfen. Zuerst wollte ich von Wido wissen, woran ich bin.

Er hat mich eine Weile zappeln lassen, doch dann kam das erlösende Wort. Er muss alles gegeneinander abgewogen haben. Ich wohne nun einmal in seinem Revier, und ich würde ihm mehr zur Last fallen, wenn er mich nicht jagen ließe. Ich würde in der Dämmerung herumstreunen, Wild beobachten. Verbieten kann er es mir nicht. Also sagte er, es sei in Ordnung, und seitdem sitze ich wieder regelmäßig still in der Kanzel und warte auf Wild.

Die Tage vergingen, neues Leben spross wieder aus dem Boden, die Luft war voller Geräusche und Gerüche, die Bäume blühten, die Schlehen schmückten die Landschaft wie eine Braut, das Rapsfeld leuchtete gelb. Meine Sinne labten sich nach den kargen Wintermonaten an der Fülle. Ich hatte Türen und Fenster weit geöffnet und die Wärmflaschen bis zum nächsten Herbst weggeräumt.

Ich blieb noch eine Weile, was hatte ich in der Stadt verloren? Boom kam ebenso gern hierher. Am Ende des Sommers würde ich mit ihm zurückgehen. Die Blüten taumelten zu Boden, Schlangen und Eidechsen flitzten zwischen den warmen Feldsteinen weg, der Froschteich erklang tausendstimmig in der Nacht. Vier Küken waren aus den Schwaneneiern geschlüpft, sie schwammen bereits herum. In der Morgendämmerung sah ich hin und wieder ein Kranichpaar mit einem schmutzig weißen Jungvogel in seiner Mitte durchs Brachland schreiten, vorsichtig, denn wegfliegen konnte das Junge noch nicht.

Und dann flogen die Schwalben in den Stall hinein und wieder hinaus. Fünf Jahre hatten sie dort nicht gebrütet, und jetzt bauten sie ihr Nest genau vor meiner Nase. Vom Sofa aus konnte ich sie durch den hohen Glasstreifen zwischen Wohnung und Stall hindurch beobachten. Ich hielt den Atem an, jeden Tag, jede Stunde schaute ich ängstlich zu ihnen rüber. Würden sie bleiben?

Gestern Morgen ragten vier Schnäbelchen auf langgestreckten Hälschen über den Nestrand, nichts als weit aufgerissener Hunger. Mit dem Fernglas holte ich sie mir ganz nah heran. Ich pendelte hin und her zwischen Sofa und Fenster, denn auf den kahlen Stellen im Raps tauchte das Schmalreh vom vorigen Sommer jetzt jeden Tag auf, mit eingefallenen Flanken und einem winzigen Kitz, das sich an es drängte. Eine Traktorspur weiter trabte hin und wieder ein Damtier mit einem Kalb im Kielsog vorüber; manchmal folgte ihm auch noch ein Spießer, sein Kalb vom vorigen Jahr.

In der Stille der Dämmerung höre ich plötzlich lautes Rascheln, ich schrecke auf in meiner Kanzel. Vor mir kommen zwei junge Rehe angerannt, sie verfolgen einander, sie laufen gleich unter mir entlang und sind schon wieder im Grenzwald verschwunden. Die nächste Generation. Jedes Mal hüpft mein Herz beim Anblick all des jungen Lebens, all der elterlichen Fürsorge, der unerschöpflichen Lebenslust und des nie endenden Fortpflanzungstriebs.

Mit einem leichten Schaudern denke ich auch: Das ist wieder neue Beute. Aber jetzt noch nicht, jetzt ist das Rehkitz noch zu jung, und es hat noch ein ganzes Leben vor sich. Andere jagende Tiere kümmert das überhaupt nicht. Die Schwäne hatten eines Tages nur noch drei Junge. Dann zwei. Und jetzt haben sie nur noch eins. Bestimmt waren die andern Leckerbissen, und junge Raubvögel und Füchse haben Hunger.

Diese Woche erschreckte mich ein kleiner Vogel, der durch die Tür in den Anbau geflogen war und durchs Fenster wieder hinaus wollte. Er flog gegen die Scheibe, plumps, sterbend zuckte er mit den Beinchen, und das war's. Eine einzige dumme Aktion, zwei Sekunden.

Ich finde viele tote Vögel. Junges Leben kennt die Gefahr noch nicht, junges Leben ist anfällig und dumm, junges Leben ist Beute, stillt Hunger. Darum gibt es immer wieder so viel davon. Auch ich werde meinen Lauf erneut auf junges Leben richten und abdrücken.

Glossar

abbaumen: vom Hochsitz heruntersteigen
abschwarten: häuten von Schwarzwild und Dachs
Alttier: weibliches Dam- und Rotwild nach dem ersten Kalben
Anschuss: Ort, an dem das Wild stand, als es beschossen wurde
ansprechen: ein Stück Wild richtig nach Art, Geschlecht, Alter und Zustand beurteilen
äsen: fressen, weiden bei Schalenwild, außer bei Schwarzwild
aufschärfen: aufschneiden
äugen: sehen bei allem Wild
Bache: ausgewachsenes weibliches Wildschwein
beschlagen: 1. Deckakt bei Schalenwild, 2. trächtiges Schalenwild ist beschlagen
Blatt: vorderes Rumpfteil des Schalenwilds
Blume: Schwanz von Hase oder Kaninchen, Schwanzspitze vom Fuchs
Branten: Pfoten von Fuchs, Dachs, Marder, Waschbär, Frettchen
breit stehen: das Wild steht so, dass es dem Jäger die ganze Flanke zeigt
Brunftrute: Glied des Hirsches
Büchse: Gewehr, mit dem Kugeln verschossen werden
Büchsenlicht: Zeitspanne während der Morgen- und Abenddämmerung, in der es gerade schon oder noch hell genug ist, um einen sicheren Schuss abzugeben
Decke: aus der Decke schlagen: das Fell allen Schalenwilds abziehen, außer des Schwarzwilds
Doppeltreffer: das Erlegen von zwei Stück Wild mit einem Schuss; gilt als nicht weidgerecht
Drossel: Luftröhre
Drosselknopf: Kehlkopf
Drückjagd: Bewegungsjagd, wobei Treiber das Wild aus seinen Ein-

ständen «drücken» in Richtung der ansitzenden Schützen; auch Treibjagd oder Gesellschaftsjagd genannt, wobei die benutzten Begriffe bundesweit nicht einheitlich sind

Drückjagdbock: leicht erhöhter, mobiler, rasch auf- und abbaubarer Ansitz

Entenstrich: beim Entenstrich werden Enten bejagt, wenn sie abends in der Dämmerung zur Äsung auf Gewässern einfallen

Fähe: weibliches Raubtier (wie Wolf, Fuchs, Dachs, Marder, Waschbär, Marderhund, Frettchen), außer Katzenartige

fegen: entfernen des Basts vom Geweih durch Reiben an Bäumen und Sträuchern

Feisthirsch: Hirsch in der Zeit vom Fegen bis zum Beginn der Brunft

Flinte: Gewehr, mit dem Schrot verschossen wird

frischen: werfen beim Schwarzwild

Frischlinge: Wildschweinjunge bis zum Ende des ersten Lebensjahrs bzw. des jeweiligen Jagdjahrs

Gabler: Hirsch und Rehbock, dessen Geweih oder Gehörn pro Stange nur zwei Enden hat

Gehörn: Kopfschmuck des Rehbocks (in der Umgangssprache – biologisch richtig – auch als Geweih bezeichnet)

Gewaff: die oberen und unteren Eckzähne des Keilers (Schwarzwildtrophäe)

Halbschaufler: Damhirsch, dessen Schaufeln noch nicht voll entwickelt sind

Haupt: weidmännische Bezeichnung für den Kopf von Dam- und Rotwild

hochmachen: das Wild dazu veranlassen, sich vom Boden zu erheben

Jährling: Rehbock im zweiten Lebensjahr

Kahlwild: weibliche Tiere und Kälber des Dam- und Rotwilds

Kessel: Lager einer Wildschweinrotte

Knieper: Damhirsch mit dem zweiten Geweih

Kirrung: Lockfutterstelle

krank schießen: ein Stück Wild durch einen Schuss nur verletzen

Lauf: Beine jagdbarer Säugetiere (außer Bär, Dachs und Marder) sowie des Hundes
Lauscher: Ohren des Schalenwilds, außer des Schwarzwilds
Lichter: Augen des Schalenwilds
Löffler: Damhirsch mit dem dritten Geweih
Lunte: Schwanz von Fuchs und Marder
Malbaum: Baum, an dem sich Schwarz- und Rotwild nach dem Suhlen scheuern
Nachsuche: ein krank geschossenes Tier suchen, meistens mit einem ausgebildeten Schweißhund
Perlen: körnige Erhebungen an den Stangen von Geweih oder Gehörn
Pinsel: Haarbüschel am Glied des männlichen Schalenwilds
Ricke: weibliches Reh nach dem ersten Setzen
Ringeln: neue, hygienischere Methode des Auslösens vom Weidloch (After)
Rose: kranzförmige Verdickung am unteren Ende der Stangen von Geweih oder Gehörn
Rosenstock: knöcherner Stirnzapfen, auf dem die Rosen aufsitzen
Rotte: Gruppe von Wildschweinen
Rüde: männliches Raubwild (wie Wolf, Fuchs, Dachs, Marder, Waschbär, Marderhund, Frettchen), außer Katzenartige
Saufänger: starkes Messer mit beidseitig geschliffener, mindesten 20 Zentimeter langer Klinge, zum Abstechen von Schwarzwild
Schalenwild: Wildarten, die zu den Paarhufern (Geweihträgern, Hornträgern und Schwarzwild) gehören, deren Klauen als Schalen bezeichnet werden
Schloss: Verbindung der beiden Beckenknochen
Schlund: Speiseröhre
Schmalreh: weibliches Reh im zweiten Lebensjahr
Schmaltier: weibliches Dam- und Rotwild im zweiten Lebensjahr
schnüren: trabende Fortbewegung von Fuchs, Wolf und Luchs, bei der das Trittsiegel eine einzige gerade Linie ergibt

schrecken: ausstoßen von Angst- und Warnrufen beim Reh-, Dam- und Rotwild

Schüsseltreiben: geselliges Beisammensein, meist nach einer Gesellschaftsjagd

Schwarzwild: Wildschweine

Schweiß: Blut von Wild und Hund, sobald es aus dem Körper austritt

Sechser: Rehbock mit ausgewachsenem Gehörn, d. h. mit drei Enden pro Stange

setzen: Werfen beim Schalenwild, außer bei Wildschweinen

Spiegel: die helle bis weiße Behaarung, die den After von Reh-, Dam- und Rotwild umgibt

Spießer: Reh-, Dam- und Rotwild, dessen erstes und manchmal auch zweites Geweih bzw. Gehörn noch keine Enden hat

Sprung: Gruppe von mehreren Rehen (vor allem im Winter)

Stange: linker bzw. rechter Teil eines Geweihs oder Gehörns

Stecher: Vorrichtung am Gewehrschloss, die ein leichteres Abdrücken ermöglicht

Stich: Halsgrube an der Vorderseite der Brust

Strecke legen: das bestimmten Brauchtumsregeln folgende Aufreihen des gesamten bei einer Jagd erlegten Wilds

Stück: Bezeichnung für ein einzelnes Wild

Teller: Ohren des Wildschweins

Tier: weibliches Dam- und Rotwild

Träger: Hals des Hirsches

Trittsiegel: Fußabdruck des Haarwilds

Überläufer: Wildschwein im zweiten Lebensjahr

verhoffen: wenn das Schalenwild verharrt, um zu sichern, verhofft es

Wedel: Schwanz des Dam- und Rotwilds